水利工程特色高水平骨干专业（群）建设系列教材

水力水文应用

主　编　杨林林　韩晋国
主　审　胡海生

中国水利水电出版社
www.waterpub.com.cn
·北京·

内 容 提 要

本书是高等职业院校水利类专业重要专业基础课程教材，主要介绍了水静力学、水流运动的基本原理、管流的水力计算、明渠水流的水力计算、常见水工建筑物的水力计算、河流水文、水文统计、设计年径流分析计算、由流量资料推求设计洪水、由暴雨资料推求设计洪水、水库调度及大坝安全监测等内容。

本书可作为高等职业院校水利水电工程技术、水文与水资源技术、智能水务管理、水环境智能监测与治理、给排水工程技术、港口与航道工程技术、水利水电建筑工程、水利工程等专业或其他相近专业的教学用书，也可供相关技术人员学习参考。

图书在版编目（CIP）数据

水力水文应用 / 杨林林，韩晋国主编. -- 北京 : 中国水利水电出版社，2022.3
水利工程特色高水平骨干专业（群）建设系列教材
ISBN 978-7-5226-0482-4

Ⅰ. ①水… Ⅱ. ①杨… ②韩… Ⅲ. ①工程水文学－教材②水力学－教材 Ⅳ. ①TV1

中国版本图书馆CIP数据核字(2022)第026543号

书　名	水利工程特色高水平骨干专业（群）建设系列教材 **水力水文应用** SHUILI SHUIWEN YINGYONG
作　者	主　编　杨林林　韩晋国 主　审　胡海生
出版发行	中国水利水电出版社 （北京市海淀区玉渊潭南路1号D座　100038） 网址：www.waterpub.com.cn E-mail：sales@mwr.gov.cn 电话：(010) 68545888（营销中心）
经　售	北京科水图书销售有限公司 电话：(010) 68545874、63202643 全国各地新华书店和相关出版物销售网点
排　版	中国水利水电出版社微机排版中心
印　刷	清淞永业（天津）印刷有限公司
规　格	184mm×260mm　16开本　14.5印张　353千字
版　次	2022年3月第1版　2022年3月第1次印刷
定　价	**56.00**元

前言

根据最新的职业院校人才培养方案及课程体系重构的需要，将《水力分析与计算》和《工程水文学》两门课程进行整合，编写《水力水文应用》，作为高等职业院校水利类专业重要的专业基础课程教材。本教材是由学校骨干教师、行业专家和企业一线技术骨干等共同参与，校企“双元”合作开发编写的，内容以理论知识适用、够用为度，注重基本原理和基本技能的实际应用，突出实用性，注重培养学生解决工程实际问题的能力。

本教材以水静力学、水流运动的基本原理，管流、明渠水流、常见水工建筑物的水力计算为水力分析与计算的主要内容；同时，以河流水文、水文统计、设计年径流分析计算、设计洪水推求、水库调度及大坝安全监测为水文分析与计算的主要内容。本教材共分11章，各章开篇明确了学习目标，结合典型例题进行讲解，依托知识与技能训练进行提升。结合水利工程类《水力水文应用》初、中级专业技术资格考试的重点内容，在教材相关章节的最后，以“知识应用”的形式，将涉及《水利专业基础与实务（中级）》考试大纲中的相关内容进行了提炼。

本教材由北京农业职业学院杨林林、北京京水建设集团有限公司韩晋国担任主编，北京农业职业学院樊慧菊、北京清河水利建设集团有限公司孙飞、北京市城市河湖管理处刘继琨担任副主编，北京市永定河管理处宣建斌担任参编，北京通成达水务建设有限公司胡海生主审。具体分工如下：第一、二、十一章由杨林林编写，第三、四章由韩晋国编写，第七、八章由樊慧菊编写，第五章由孙飞编写，第九、十章由刘继琨编写，第六章由宣建斌编写。杨林林承担了全书的统稿和校订工作。

本教材在编写过程中，参考引用了有关院校编写的教材，引用了大量的标准，借鉴了很多专业文献及资料，恕未在书中一一注明。在此，对有关作者表示诚挚的谢意。

由于编者水平有限，书中难免存在缺点和疏漏，恳请广大读者批评指正。

编者

2021 年 12 月

目录

第一章 水 静 力 学

【学习目标】

通过本章的学习，要了解静水压强与静水压力的基本概念，熟知压强的表示方法，理解静水压强的两大特征和基本规律，掌握测算静水压强的方法，能够绘制静水压强分布图和压力体，能够计算平面壁和曲面壁的静水总压力。

第一节 静水压强及其特征

一、静水压强

（一）静水压强的定义

图 1-1 为一公路路堤涵洞前设置的平板闸门。开启闸门需要很大的拉力，这是因为闸门承受了来自其四周水的压力。静止液体对其接触面所作用的全部压力称为静水总压力，简称静水压力。静水压力常用字母 P 来表示。静水压力具有大小、方向、作用点三要素。

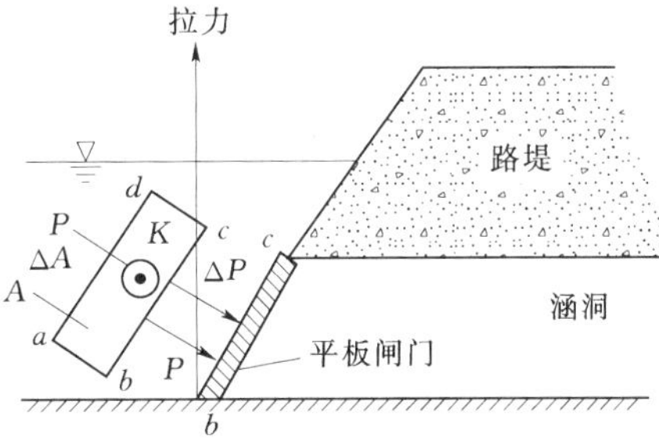

图 1-1

在图 1-1 所示平板闸门上任一点 K 取微小面积 ΔA，作用于 ΔA 面积上的静水总压力为 ΔP，在 ΔA 上各处，其单位面积所受的压力是不相等的，但平均而言，ΔA 上的单位面积所受的平均静水压力为

$$\overline{p}=\frac{\Delta P}{\Delta A}$$

$\overline{p}$ 反映了受压面 ΔA 上静水压强的平均值，称为平均静水压强。

当 ΔA 无限缩小并趋于一点时，把比值 $\frac{\Delta P}{\Delta A}$ 的极限定义为该点的静水压强，用字母 p 表示，即

$$p=\lim_{\Delta A\to 0}\frac{\Delta P}{\Delta A}$$

在国际单位制中，静水压力 P 的单位是牛顿（N）或千牛（kN），静水压强 p 的单位是 N/m^2 或 kN/m^2，又称帕（Pa）或千帕（kPa），$1N/m^2=1Pa$。

（二）静水压强的两大特性

1. 静水压强方向的垂直性

静水压强方向的垂直性是指静水压强的方向垂直并指向受压面。

为证明静水压强的方向和指向，在静止液体中取出一块液体，用 $N—N$ 面将其分割成Ⅰ、Ⅱ两部分，如图 1－2（a）所示。在分割面上存在Ⅰ、Ⅱ两部分液体之间的相互作用力，现以Ⅱ部分为研究对象进行分析。

假如分割面上任一点 K 处的静水压强 p 任意作用在分割面上，则 p 可以分解为切向分量 p_τ 和法向分量 p_n。但静止液体不能承受剪切和拉力，如果切向分量 p_τ 存在，则将使Ⅰ、Ⅱ部分发生剪切变形，从而破坏液体的静止平衡状态。若法向分量 p_n 存在，则Ⅰ、Ⅱ两部分存在拉力，液体的静止平衡状态也将遭到破坏。所以，静水压强 p 只能垂直并指向受压面。

2. 静水压强大小的等值性

静水压强大小的等值性是指静止液体中任何一点各个方向的静水压强的大小均相等，与作用面的方位无关。

如图 1－3 所示，取位于平衡液体中的一微小四面体 $oabc$ 为研究对象，为便于分析，令四面体的三条棱边 oa、ob、oc 相互垂直，并分别与 x、y、z 轴重合，其长度分别为 dx、dy、dz；倾斜面 abc 为任意方向，面积为 dA_n。

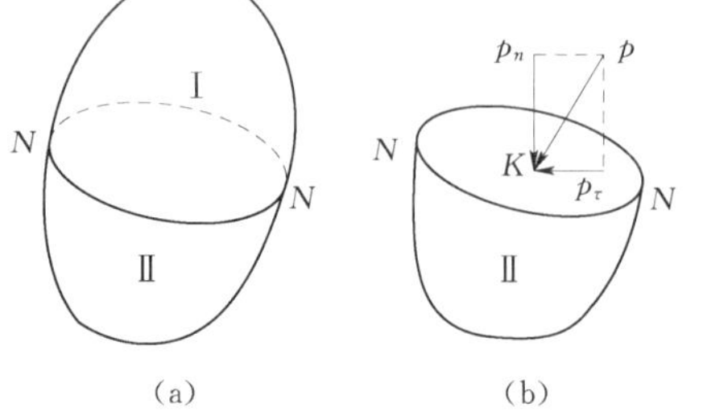

图 1－2

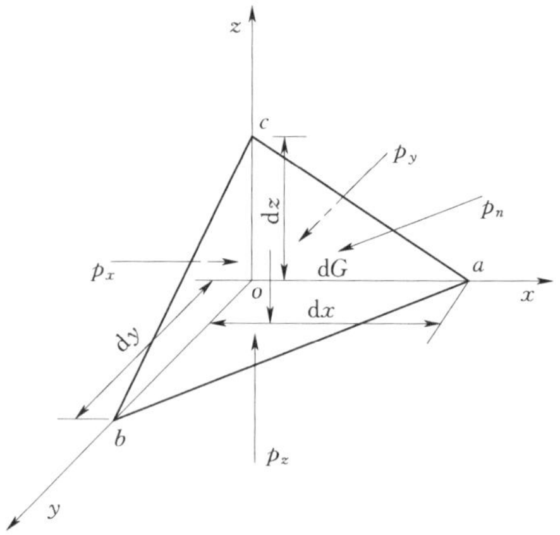

图 1－3

下面对微小四面体进行受力分析。作用在微小四面体上的力有表面力和质量力。表面力只有压力，设作用于四面体的四个表面 obc、oac、oab 及 abc 上的平均静水压强分别为 p_x、p_y、p_z、p_n。由于是微小四面体，可认为各微小面上的水深是不变的，静水压强分布是均匀的，作用在各个面上的静水压力等于各自面上的压强和相应面积的乘积，即

$$dP_x = p_x \times \frac{1}{2} dy dz$$

$$dP_y = p_y \times \frac{1}{2} dx dz$$

$$dP_z = p_z \times \frac{1}{2} dx dy$$

$$dP_n = p_z dA_n$$

作用在微小四面体上质量力仅有重力 dG，微小四面体的体积为 $V = \frac{1}{6} dx dy dz$，重力

$dG=\frac{1}{6}\rho g\,dx\,dy\,dz$。作用于微小四面体上的质量力 dG 在各坐标轴上的投影分别为

$$dG_x=0$$
$$dG_y=0$$
$$dG_z=\frac{1}{6}\rho g\,dx\,dy\,dz$$

由于液体处于静止状态，所以微小四面体在三个坐标轴方向上所受外力的合力应等于 0，即

$$x\text{ 轴：}\quad \frac{1}{2}p_x\,dy\,dz-p_n\,dA\cos(n,x)=0$$

$$y\text{ 轴：}\quad \frac{1}{2}p_y\,dx\,dz-p_n\,dA\cos(n,y)=0$$

$$z\text{ 轴：}\quad \frac{1}{2}p_z\,dx\,dy-p_n\,dA\cos(n,z)-\frac{1}{6}\rho g\,dx\,dy\,dz=0$$

式中，(n,x)、(n,y)、(n,z) 分别表示斜面法向 n 与 x、y、z 轴的夹角，当 dx、dy、dz 向 o 点缩小而趋近于 0 时，$\frac{1}{6}\rho g\,dx\,dy\,dz$ 属三阶无限小值，相对于前两项可略去不计，则

$$x\text{ 轴：}\quad \frac{1}{2}p_x\,dy\,dz-\frac{1}{2}p_n\,dy\,dz=0\Rightarrow p_x=p_n$$

$$y\text{ 轴：}\quad \frac{1}{2}p_y\,dx\,dz-\frac{1}{2}p_n\,dx\,dz=0\Rightarrow p_y=p_n$$

$$z\text{ 轴：}\quad \frac{1}{2}p_z\,dx\,dy-\frac{1}{2}p_n\,dx\,dy=0\Rightarrow p_z=p_n$$

由此可以证明：

$$p_x=p_y=p_z=p_n$$

需要说明的是，静水压强的第二个特性仅仅指的是同一点只有一个压强值，但不同点的压强一般是不相等的，静水中各点的压强大小仅是空间坐标的函数，即

$$p=p(x,y,z)$$

（三）压强的单位

1. 应力单位

应力即单位面积上所受的力，这是压强的基本表示方法，单位为 N/m^2，又称 Pa（帕）。$1N/m^2=1Pa$，1kPa 为 $10^3N/m^2$，可记为 $1kN/m^2$。

2. 工程大气压

在水利工程的水力计算中，常用工程大气压表示压强，即

1 工程大气压＝98kPa

3. 水柱高度

由于水的容重 γ 为常数，在水利工程中还常用水柱高度 $h\left(h=\frac{p}{\gamma}\right)$ 作为压强单位。

例如，1 工程大气压＝98kPa，如用水柱高表示，则为

$$h=\frac{p}{\gamma}=\frac{98\times10^3}{9.8\times10^3}=10(\text{m 水柱})$$

即：1 工程大气压相当于 10m 水柱。

另外，也可用水银柱高表示压强，因水银容重为 $\gamma_m=133.3\text{kN/m}^3$，故有

$$h=\frac{p}{\gamma_m}=\frac{98\times10^3}{133.3\times10^3}=0.735(\text{m 水银柱})$$

即：1 工程大气压相当于 735mm 水银柱。

（四）压强的表示方法

1. 绝对压强

绝对压强是以绝对真空状态为起量点的压强，用符号 $p_{绝}$ 表示。在计算中，大气压常用 p_a 表示，常按 $p_a=98\text{kPa}$ 计算。

2. 相对压强

相对压强是以当地大气压为起量点的压强，用符号 $p_{相}$ 表示。在水利工程中，很多建筑物表面和水面都受到大气压的作用，例如水闸闸门的上、下游受压面均受大气压作用，为简化水力计算，两侧都可以不计入大气压，只计算液体压强，这就是相对压强。

3. 真空压强

压强小于大气压的情况，通常就称真空。把绝对压强小于大气压的那部分压强称为真空压强，真空压强用符号 $p_{真}$ 表示。

真空值也可以用对应的液柱高度来表示，称为真空高度，真空高度用符号 $h_{真}$ 表示，$h_{真}=\dfrac{p_{真}}{\gamma}$。

各种压强表示方法之间的关系可参看图 1－4 所示，也可用以下关系式表示：

$$p_{真}=p_a-p_{绝}=|p_{相}|=-p_{相}$$

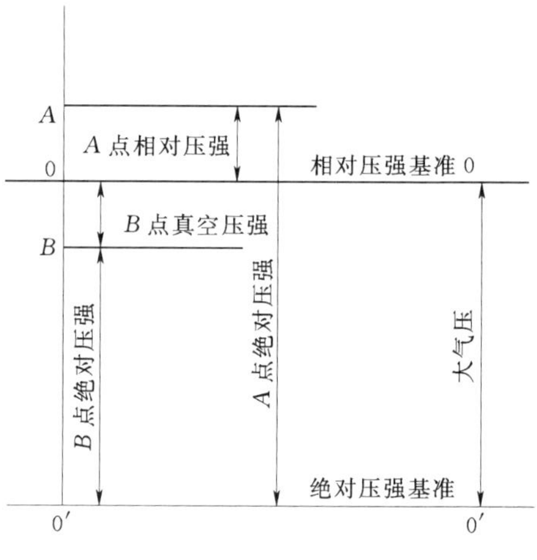

图 1－4

二、静水压强基本方程

（一）静水压强基本方程的推导

工程实际中经常遇到的液体平衡问题是液体相对于地球没有运动的静止状态，此时液体所受的质量力仅限于重力。下面通过力学分析的方法，讨论仅在重力作用下的静水压强变化规律。

如图 1－5（a）所示，水表面压强为 p_0，在静止液体中，选取位于水面下铅直线上的任意两点 1、2，欲研究 1、2 处压强 p_1 和 p_2 间的关系。围绕 1、2 两点分别取微小面积 ΔA，取以 ΔA 为底面积、Δh 为高的铅直小圆柱水体为脱离体，因 ΔA 是微小面积，可认为其上各点的压强是相等的。以 G 表示小水柱的重量，以下对脱离体进行受力分析。

脱离体在铅直方向上共受三个力，分别为

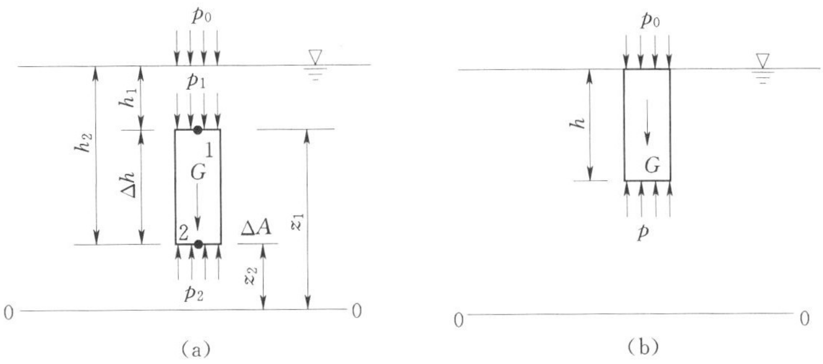

图 1－5

圆柱上表面的静水压力：　　　　$P_1=p_1\Delta A$

圆柱下表面的静水压力：　　　　$P_2=p_2\Delta A$

脱离体的重力：　　　　　　　　$G=\gamma\Delta A\Delta h$

因是静止液体，铅直方向合力必为0，取向上为正方向，列力的平衡方程得

$$p_2\Delta A-p_1\Delta A-\gamma\Delta A\Delta h=0$$

上式两端各除以 ΔA，则可变形为

$$p_2=p_1+\gamma\Delta h$$

上式即为任意两点静水压强的基本关系式。该公式表明：在质量力仅有重力作用的静水中，任意两点的压强关系为下面一点的压强等于上面一点的压强加上水容重与两点之间的水深差的乘积。

如果把铅直小圆柱体的上表面移至水面上，如图1－5（b）所示，有 $h_1=0$，$h_2=h$，$p_1=p_0$，$p_2=p$，公式 $p_2=p_1+\gamma\Delta h$ 可变为

$$p=p_0+\gamma h$$

上式是常用的静水压强基本方程式。它表明：在质量力仅有重力作用下的静水中，任一点的静水压强等于水面压强加上液体的容重与该点水深的乘积。

需要说明的是，当液体表面压强为大气压时，即 $p_0=p_a$。为简化计算，常取 $p_0=p_a=0$，只计算液体产生的压强，则静水压强方程式可写为

$$p=\gamma h$$

式 $p=\gamma h$ 表明：在静止液体中，任一点的压强（相对压强）与该点在水下的淹没深度呈线性关系。

如图1－5所示，选取基准面0—0，静水中任一点距基准面0—0的高度，称为该点的位置高度将 $\Delta h=z_1-z_2$ 代入公式 $p_2=p_1+\gamma\Delta h$，可得

$$p_2=p_1+\gamma(z_1-z_2)$$

即

$$z_1+\frac{p_1}{\gamma}=z_2+\frac{p_2}{\gamma}$$

上式是静水压强分布规律的另一表达方式。该式表明：在静止液体中，位置高度与压强的关系为位置高度 z 越小，静水压强越大；位置高度 z 越大，静水压强越小。

（二）静水压强基本方程的意义

1. 静水压强基本方程的几何意义

在图 1-6 所示的容器中，任取两点 1 和 2，并在该高度边壁上开小孔且外接垂直向上的开口玻璃管，称为测压管。如容器中的液体仅受重力的作用，液面上为大气压，则无论连在哪一点上，测压管内的液面总是与容器内液面齐平。

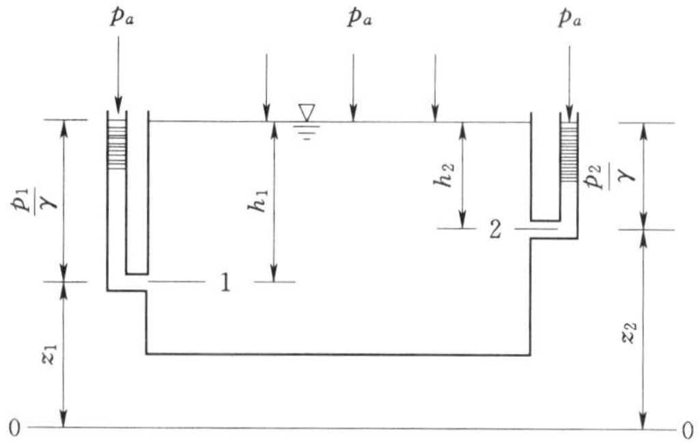

图 1-6

容器内 1、2 点的静水压强为

$$p_1=\gamma h_1,\quad p_2=\gamma h_2$$

因此测压管中液面上升的高度为

$$h_1=\frac{p_1}{\gamma},\quad h_2=\frac{p_2}{\gamma}$$

测压管液面到基准面的高度由 z 和 $\frac{p}{\gamma}$ 两部分组成，z 表示该点到基准面的位置高度，$\frac{p}{\gamma}$ 表示该点压强的液柱高度。在水力学中常用“水头”代表高度，所以 z 又称位置水头，$\frac{p}{\gamma}$ 又称压强水头，$\left(z+\frac{p}{\gamma}\right)$ 则称为测压管水头。重力作用下的静止液体内，各点测压管水头相等，即

$$z+\frac{p}{\gamma}=C$$

C 值的大小取决于基准面的选取，基准面选定后，C 值即可确定。

2. 静水压强基本方程的物理意义

在图 1-6 中的容器中，围绕 1 点取质量为 $\mathrm{d}m$ 的液体，则该液体的位置势能为 $\mathrm{d}mgz_1$；1 点的压强为 p_1，在该处安置测压管后，在压力的作用下，液面会上升的高度为 $h_1=\frac{p_1}{\gamma}$，也就是把压强势能转变为位置势能。对于重量为 $\mathrm{d}mg$、压强为 p_1 的液体，在测压管中上升 $h_1=\frac{p_1}{\gamma}$ 后，位置势能的增量 $\mathrm{d}mg\,\frac{p_1}{\gamma}$ 就是原来液体具有的压强势能。则位于 1 点的液体所具有的总势能为

$$\mathrm{d}mgz_1+\mathrm{d}mg\,\frac{p_1}{\gamma}=\mathrm{d}mg\left(z_1+\frac{p_1}{\gamma}\right)$$

单位重量的液体所具有的势能为

$$\frac{\mathrm{d}mgz_1+\mathrm{d}mg\,\frac{p_1}{\gamma}}{\mathrm{d}mg}=z_1+\frac{p_1}{\gamma}$$

式中　z_1——1 点处单位重量的液体所具有的位置势能，简称单位位能；

$\frac{p_1}{\gamma}$——1 点处单位重量的液体所具有的压强势能，简称单位压能；

$z_1+\frac{p_1}{\gamma}$——单位势能。

水静力学基本方程表明：仅在重力作用下的静止液体内各点单位重量液体所具有的势能相等，即

$$z+\frac{p}{\gamma}=C$$

【例题 1-1】 求水库中水深为 5m 处的静水压强，要求分别用相对压强和绝对压强表示。

解： 用式 $p=p_0+\gamma h$ 计算静水压强。

采用相对压强计算时，不计入大气压，则：$p_0=p_a=0$

水库水深 5m 处的相对压强：$p_{相}=\gamma h=9.8\times5=49(\text{kPa})$

采用绝对压强计算时，计入大气压，则：$p_0=p_a=98\text{kPa}$

水库水深5m 处的绝对压强：$p_{绝}=98+9.8\times5=147(\text{kPa})$

可见，相对压强的计算要比绝对压强的计算简单些。

【例题 1-2】 有一封闭水箱如图 1-7 所示，若水箱内水面上的相对压强 $p_0=-39.2\text{kN/m}^2$，水箱右侧测压管与大气相同。求：(1) h 值。(2) 水下 1m 处 M 点的压强。(3) M 点相对于基准面 0—0 的测压管水头。

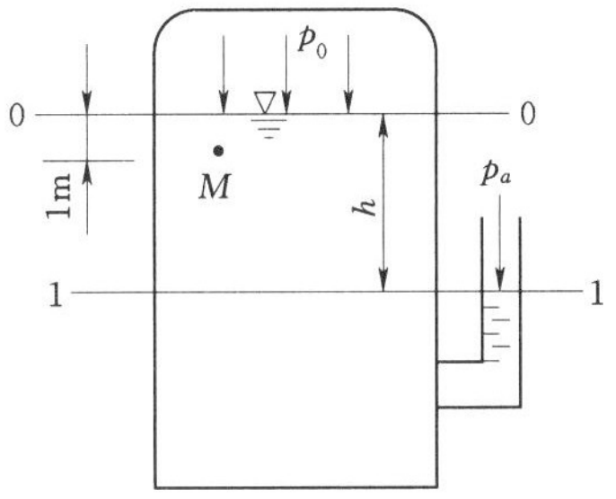

图 1-7

解： (1) 计算 h 值。

过右侧测压管水面画 1—1 水平面，测压管水面处为大气压，以相对压强表示则为零。根据等压面原理，得

$$p_0+\gamma h=0$$

则

$$h=-\frac{p_0}{\gamma}=-\frac{-39.2}{9.8}=4(\text{m})$$

(2) 计算 M 点的压强。

$$p_{M相}=p_0+\gamma h=-39.2+9.8\times1=-29.4(\text{kPa})$$

$$p_{M绝}=p_{M相}+98=-29.4+98=68.6(\text{kPa})$$

$$p_{M真}=-p_{M相}=29.4(\text{kPa})$$

$$h_{M真}=\frac{p_{M真}}{\gamma}=\frac{29.4}{9.8}=3(\text{m 水柱})$$

(3) M 点相对于基准面 0—0 的测压管水头。

欲求 M 点相对于基准面 0—0 的测压管水头，有 $z_M=-1\text{m}$，M 点测压管水头为

$$z_M+\frac{p_M}{\gamma}=-1+\frac{-29.4}{9.8}=-1-3=-4(\text{m})$$

三、静水压强的测算

(一) 测压管

最简单的测压管如图 1-8 所示，是一根直径为 8～10mm 的直玻璃管。其一端与欲测

压强的测点相连，另一端敞口并与大气相通。

测压管中液柱的高度就是容器或管道上所接测点的相对压强 p，$p=\gamma h$，其中 γ 为测压管内液体的容重，h 就是液柱的高度。

为了提高量测较小压强值的精度，可将测压管倾斜放置，如图 1-9 所示。测压管高度 $h=L\sin\alpha$，则 A 点的相对压强为

$$p=\gamma h=\gamma L\sin\alpha$$

另外，也可以用 γ 较小的轻质液体（如汽油）来测量压强，这样测量相等的压强可以获得较大的测压管高度，使测量精度更高。

（二）U 形水银测压计

当被测点的压强较大时，测压管高度会过大而带来诸多不便，则可采用 γ 值较大的 U 形水银测压计，如图 1-10 所示。

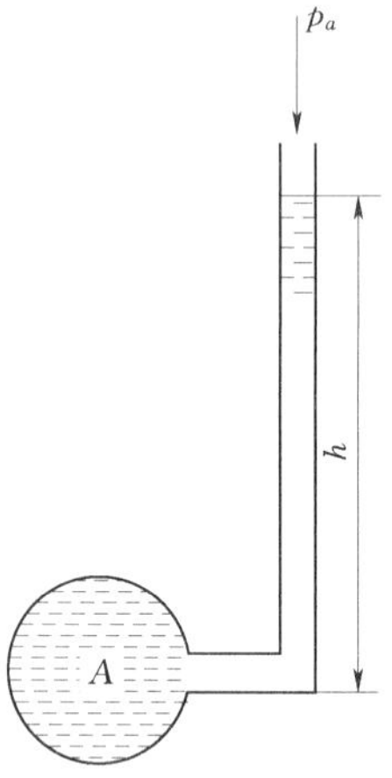

图 1-8

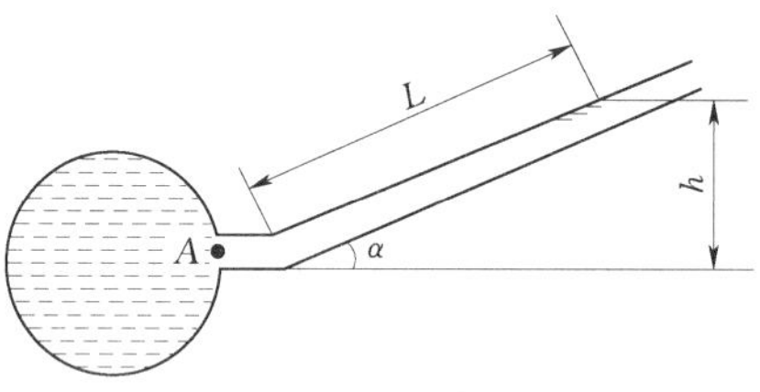

图 1-9

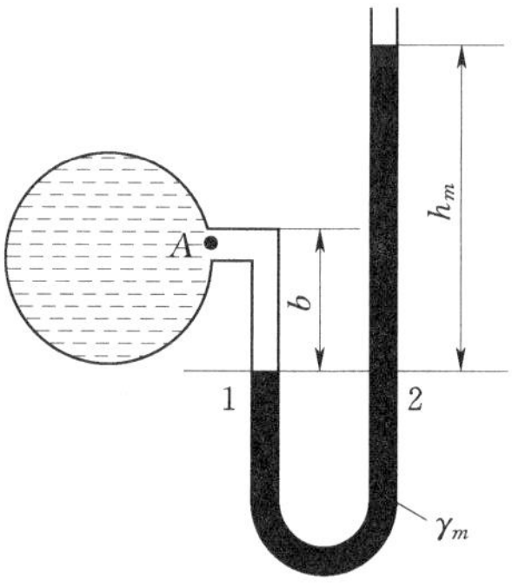

图 1-10

欲求被测点 A 的压强，应先找出 U 形管中的等压面 1—2，再对等压面列静水压强方程，联立求解便可求得 p_A。

水和水银的容重分别用 γ 和 γ_m 表示，用相对压强列静水压强方程。

1 点的相对压强为： $p_1=p_A+\gamma b$

2 点的相对压强为： $p_2=\gamma_m h_m$

因 $p_1=p_2$，所以 $p_A+\gamma b=\gamma_m h_m$

即 $p_A=\gamma_m h_m-\gamma b$

（三）比压计（压差计）

为量测两点的压强差，可在两断面间连接比压计，如图 1-11 所示，比压计又称压差计。比压计一般不直接测出任意两点的压强大小，而是直接找出两点间的压差。压差小时用空气压差计，如图 1-11（a）所示；压差大时用水银压差计，如图 1-11（b）所示。一般空气压差计管内的气压 $p_0\neq p_a$，因空气的容重很小，计算中不考虑空气柱的重量引起的压强差，认为空气中各点的 p_0 都相等。压差的求解思路仍是先找出等压面，再列静水压强基本方程。

图 1-11（a）是利用空气压差计来测定两管道 A、B 两点间的压强差，左右两侧管

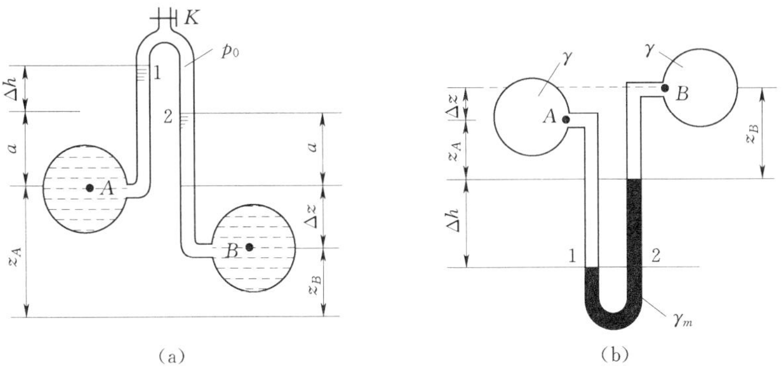

图 1-11

内液面 1、2 处的压强均为 p_0，可视为"等压面"。

1 点的压强为：$p_1=p_0=p_A-\gamma a-\gamma\Delta h$

2 点的压强为：$p_2=p_0=p_B-\gamma a-\gamma\Delta z$

因 $p_1=p_2$，所以 $p_A-\gamma a-\gamma\Delta h=p_B-\gamma a-\gamma\Delta z$

则两管道 A、B 两点间的压强差为：$p_A-p_B=\gamma(\Delta h-\Delta z)$

也就是说，对于空气压差计，只要测出左右支管中液体高差 Δh 及 A、B 两点间的高差 Δz，即可求出 A、B 两点间的压强差。

若采用水银比压计，如图 1-11（b）所示，设 A、B 两点处液体的容重为 γ，水银的容重为 γ_m，根据连通器原理，1—2 为等压面。

1 点的压强为：$p_1=p_A+\gamma z_A+\gamma\Delta h$

2 点的压强为：$p_2=p_B+\gamma z_B+\gamma_m\Delta h$

因 $p_1=p_2$，所以 $p_A+\gamma z_A+\gamma\Delta h=p_B+\gamma z_B+\gamma_m\Delta h$

则两管道 A、B 两点间的压强差为：$p_A-p_B=(\gamma_m-\gamma)\Delta h+\gamma\Delta z$

【例题 1-3】 已知某容器（图 1-12）中 A 点的相对压强为 0.8 个工程大气压，设在此高度上安装测压管，问至少需要多长的玻璃管？如果改装水银测压计，当 $h'=0.2$m 时，水银柱高度 h_p 是多少？

解：（1）按相对压强，利用静水压强计算公式，得

$$p_A=\gamma h=9.8h=0.8\times 98(\text{kPa})$$

则

$$h=\frac{0.8\times 98}{9.8}=8(\text{m})$$

所以，至少需要 8m 的玻璃管。

（2）根据连通器原理计算。

$$p_A+\gamma h'=\gamma_m h_p$$

则

$$0.8\times 98+9.8\times 0.2=133.3h_p$$

$$h_p=\frac{80.36}{133.3}=0.603(\text{m})$$

【例题 1-4】 已知 $z=1$m，$h=2$m，试利用图 1-13 中的装置测量 A 点的压强值，要求分别以绝对压强、相对压强、真空压强、真空高度表示。

解：空气压差计中空气各处压强相等，即 $p_1=p_2$。

1 点的相对压强为：$p_1=p_{A相}-\gamma z$

2 点的相对压强为：$p_2=0-\gamma h$

所以 $p_{A相}-\gamma z=0-\gamma h$

则
$$p_{A相}=\gamma z-\gamma h=9.8\times(1-2)=-9.8(\text{kPa})$$
$$p_{A绝}=-9.8+98=88.2(\text{kPa})$$
$$p_{A真}=-p_{A相}=9.8(\text{kPa})$$
$$h_{A真}=\frac{p_{A真}}{\gamma}=\frac{9.8}{9.8}=1(\text{m 水柱})$$

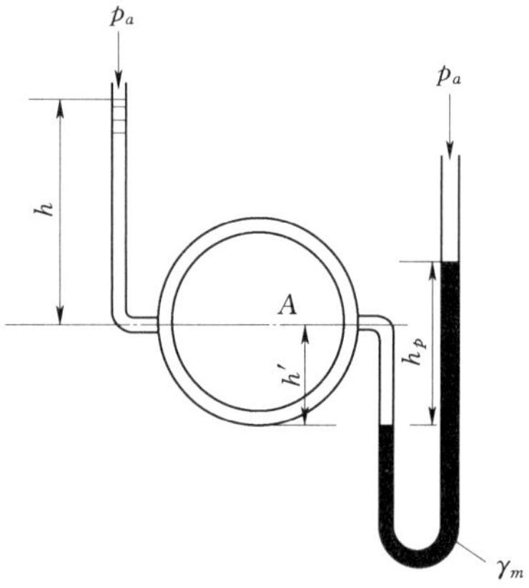

图 1-12

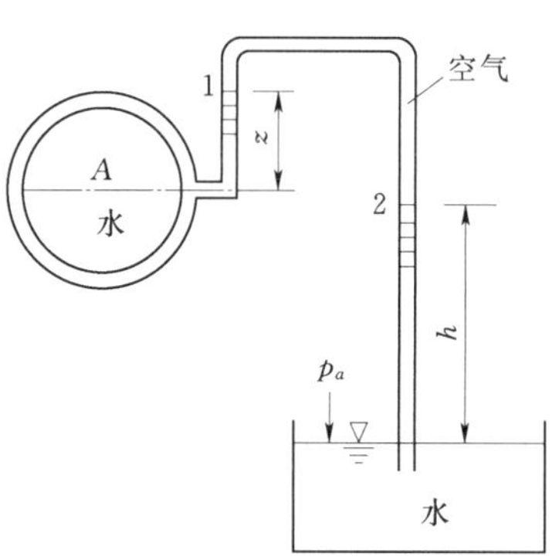

图 1-13

第二节　平面上的静水总压力

水利工程中，常需要计算作用在建筑物上的静水总压力，而建筑物的受压面有平面和曲面之分。例如平板闸门、大坝的坝面、水池的池壁等为平面壁，拱坝坝面、弧形闸门、闸墩及边墩等为曲面壁。本节先介绍平面壁上静水总压力的计算方法。

平面壁又分为矩形平面和任意平面，其中矩形平面可用图解法计算静水总压力，任意平面可用解析法计算静水总压力。

一、矩形平面壁上静水总压力的图解法

图解法计算静水总压力的步骤是：首先绘制静水压强分布图，然后根据公式确定静水总压力的大小、方向、作用点。但需要注意的是，图解法的使用条件是：矩形平面表示宽度的一边必须平行水面，否则不能应用。

（一）静水压强分布图

在水利工程中表面压强多为大气压，由静水压强基本公式 $p=\gamma h$ 可知，静水压强 p 与水深 h 呈线性函数关系，把受压面上压强与水深的这种函数关系表示成几何图形，即静水压强分布图。

绘制静水压强分布图的具体做法为：

（1）用公式 $p=\gamma h$ 来确定水中任一点压强的大小，用一定的比例线段代表该点静水压强的大小。

（2）根据静水压强的特性确定其方向，用箭头表示静水压强的方向，必须垂直并指向受压面。

（3）连接上下线段的尾部构成几何图形，即为受压面上的静水压强分布图。

【例题 1-5】 绘制矩形闸门 AB 平面的静水压强分布图，见图 1-14。

解：（1）首先确定 A、B 两点静水压强的大小，$p_A=0$，$p_B=\gamma H$。

（2）再画线段，A 点的长度为 0，B 点静水压强方向是垂直并指向 AB 面，静水压强大小为 $p_B=\gamma H$。

（3）连接 A、B 两点线段的尾端 A、C；标注 B 点线段所表示的压强数值 γH，$p_A=0$ 可不必标注。

（4）在图形内部画若干带箭头的线条表示各点的压强大小及方向。

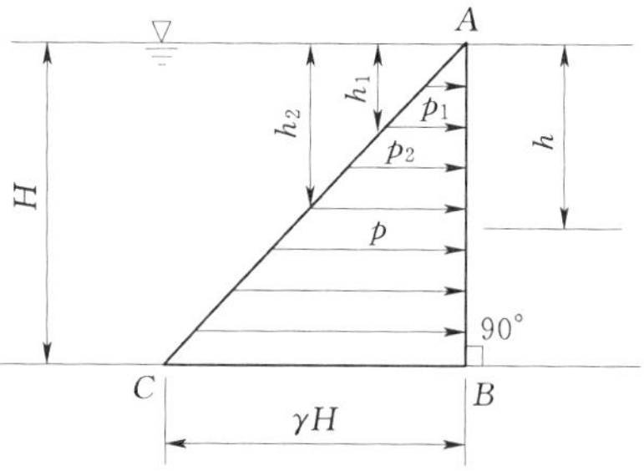

图 1-14

图 1-15 给出了工程中有代表性受压面的相对压强分布图。

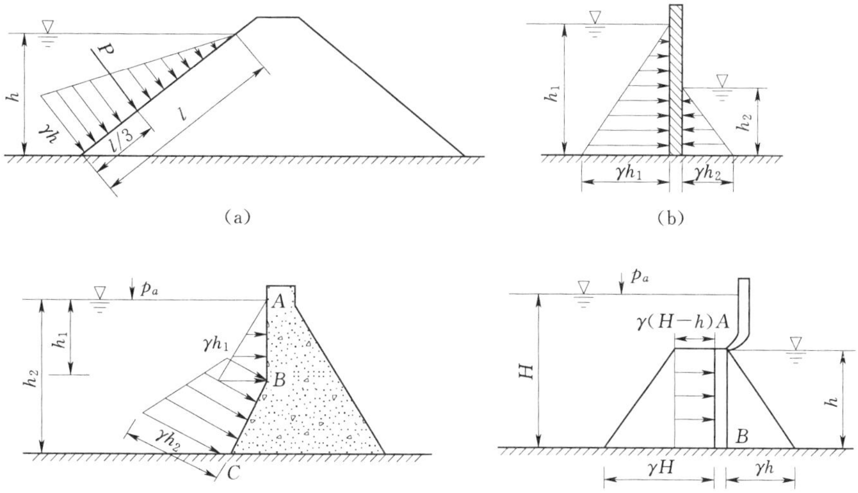

图 1-15

对于建筑物上、下游都受水压力的情况，静水压强分布图可以叠加。图 1-15（b）为上下游静水压强没有叠加，图 1-15（d）对上下游静水压强进行了叠加。

（二）静水总压力计算

静水总压力的计算包括确定静水总压力的大小、方向和作用点。

1. 静水总压力的大小

静水总压力一般用 P 表示。图 1-16 为一任意斜置的矩形平板闸门 AB，闸门宽度方

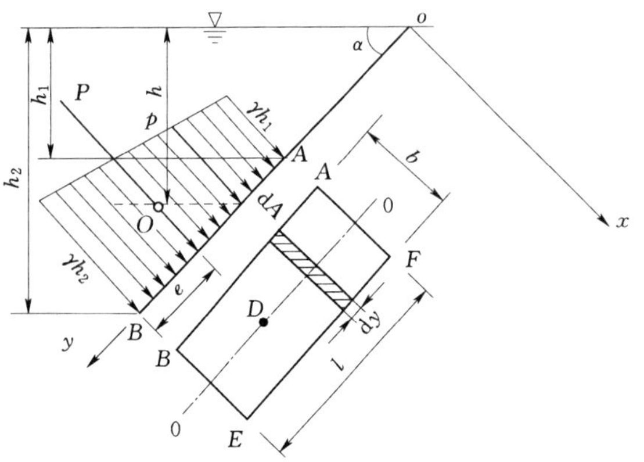

图 1-16

向与水面平行。闸门长度为 l，宽度为 b，A 点的水深为 h_1，B 点的水深为 h_2。在水面下任一深度 h 处取微小面积 dA，$dA=b dy$，因微小面积 dA 上各点的压强均为 p，则微小面积 dA 上的静水压力为 $dP=pb dy$。所以，整个受压面上的静水总压力为

$$P=\int_A dP=b\int_0^l p dy$$

由于 $\int_0^l p dy$ 是压强分布图面积 Ω，即整个矩形面积所受的静水总压力等于压强分布图面积 Ω 乘以受压面宽度 b，即

$$P=\Omega b$$

当压强分布图为梯形时，静水总压力为

$$P=\frac{\gamma}{2}(h_1+h_2)bl$$

当压强分布图为三角形时，静水总压力为

$$P=\frac{\gamma}{2}hbl$$

2. 静水总压力的方向

静水总压强的方向总是垂直并指向受压面，因此静水总压力的方向必然垂直并指向受压面。

3. 静水总压力的作用点

静水总压力的作用点可根据合力矩定理来确定。总压力 P 作用点应在受压面的纵向对称轴 0—0 上，同时，总压力 P 的作用线必然通过压强分布图的形心 O。静水总压力的位置用压力中心 D 至受压面底边缘的距离 e 表示，由压强分布图的面积特性可知：

对梯形分布图：
$$e=\frac{l}{3}\times\frac{2h_1+h_2}{h_1+h_2}$$

对三角形分布图：
$$e=\frac{l}{3}$$

式中 h_1、h_2——受压面上、下边缘的水深；

l——受压面长度。

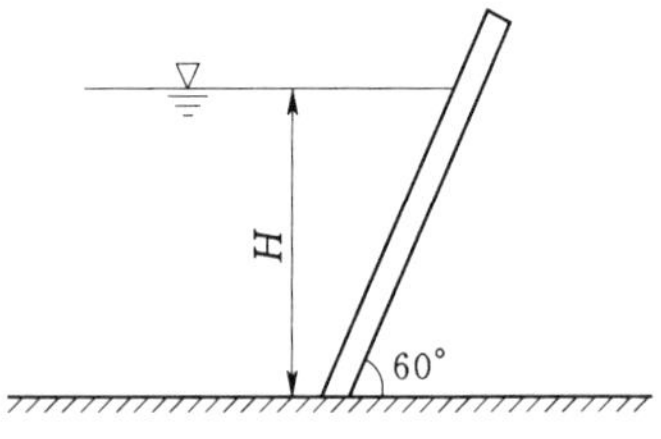

图 1-17

【例题 1-6】 图 1-17 所示为一渠道上设置的水平闸门，已知闸门宽 $b=4$m，闸门在水深 $H=2.5$m 条件下工作。试求：

(1) 当闸门铅直放置时所受的静水总压力是多少？

(2) 当闸门斜放 $\alpha=60°$ 时受到的静水总压力又是多少？

解：(1) 当闸门铅直放置时。

压强分布图面积：$\Omega=\frac{1}{2}\gamma H^2=\frac{1}{2}\times9.8\times2.5^2=30.63(m^2)$

静水总压力大小：$P=\Omega b=30.63\times4=122.5(kN)$

静水总压力方向：垂直指向受压面。

静水总压力作用点：$e=\frac{H}{3}=\frac{2.5}{3}=0.83(m)$

(2) 当闸门斜放 $\alpha=60°$ 时。

压强分布图面积：$\Omega=\frac{1}{2}\gamma H\times\frac{H}{\sin60°}=\frac{1}{2}\times9.8\times2.5\times\frac{2.5}{\sin60°}=35.36(m^2)$

静水总压力大小：$P=\Omega b=35.36\times4=141.46(kN)$

静水总压力方向：垂直指向受压面。

静水总压力作用点：$e=\frac{l}{3}=\frac{H}{3\sin60°}=\frac{2.5}{3\sin60°}=0.96(m)$

二、任意平面上的静水总压力的解析法

如图 1-18 所示为倾斜放置于水中的任意形状的受压面 EF，该受压面与水平面的夹角为 α，面积为 A，形心点位 C。

为便于分析，取坐标平面 xoy 与受压面 EF 重合，ox 轴垂直于纸面，oy 轴沿平面 EF 方向，将 ox 轴绕 oy 轴旋转 90°，就可以将受压面 EF 转展在纸面上。

1. 静水总压力的大小

在受压面 EF 上 M 点任取微小面积 dA，该微小面积 dA 处的水深为 h，因为 dA 极小，可认为 dA 上各点压强都等于 γh，则 dA 上的静水总压力为

$$dP=p\,dA=\gamma h\,dA$$

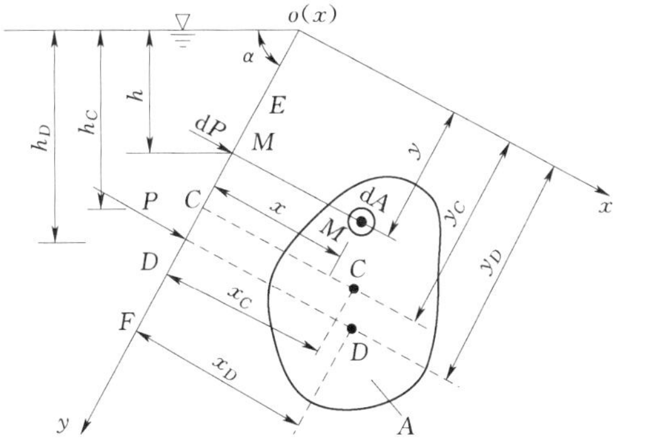

图 1-18

整个受压面上的静水总压力为

$$P=\int_A dP=\int_A\gamma h\,dA=\int_A\gamma y\sin\alpha\,dA=\gamma\sin\alpha\int_A y\,dA$$

由工程力学可知，$\int_A y\,dA$ 为 EF 面对 ox 轴的面积矩，其值等于平面 EF 的面积 A 与其形心坐标 y_C 的乘积，因此：

$$P=\gamma\sin\alpha\int_A y\,dA=\gamma\sin\alpha y_C A=\gamma h_C A=p_C A$$

式中　h_C——平面 EF 的形心 C 点处的水深；

p_C——形心 C 点的静水压强。

上式表明：任意形状平面壁上所受静水总压力的大小，等于受压面形心点的静水压强与受压平面面积的乘积。

2. 静水总压力的方向

静水总压力的方向垂直并指向受压面。

3. 静水总压力的作用点

设静水总压力的作用点为 D 点，其坐标为（x_D，y_D），确定 D 点的位置，即是求解其坐标值 x_D、y_D。

水利工程中的受压面常为具有纵向对称轴的对称平面，静水总压力的作用点必位于对称轴上，所以一般无需计算 x_D，只需计算静水总压力作用点的纵向坐标 y_D 即可。

利用理论力学中的合力矩定理，即合力对任一轴的力矩等于各分力对该轴力矩的代数和，首先对 ox 轴求力矩：

$$Py_D=\int_A yp\,\mathrm{d}A=\int_A y\gamma h\,\mathrm{d}A=\int_A y\gamma y\,\mathrm{d}A\sin\alpha=\gamma\sin\alpha\int_A y^2\,\mathrm{d}A=\gamma\sin\alpha I_{ox}$$

上式中，$I_{ox}=\int_A y^2\,\mathrm{d}A$ 表示平面 EF 对 ox 轴的惯性矩。

根据惯性矩的平行移轴定理可得

$$I_{ox}=I_C+y_C^2A$$

式中　I_C——面积 A 对通过其形心且与 ox 轴平行的轴的惯性矩；

y_C——受压面形心点 C 至 ox 轴的距离。

所以

$$Py_D=\gamma\sin\alpha I_{ox}=\gamma\sin\alpha(I_C+y_C^2A)$$

$$y_D=\frac{\gamma\sin\alpha(I_C+y_C^2A)}{P}=\frac{\gamma\sin\alpha(I_C+y_C^2A)}{\gamma y_C\sin\alpha A}=\frac{I_C}{y_CA}+y_C$$

由于 $\frac{I_C}{y_CA}>0$，故一般情况下 $y_D>y_C$，即作用点在受压面形心以下。只有当受压面水平时，D 点才会与 C 点重合。

计算常见平面壁静水总压力及其作用点位置时，可参阅表 1-1。

表 1-1　　常见平面图形的 A、y_C 及 I_C 值

几何图形及名称	面积 A	形心坐标 y_C	对通过形心点 ox 轴的惯性矩 I_C
矩形 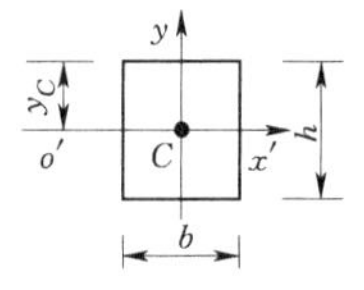	bh	$\frac{h}{2}$	$\frac{bh^3}{12}$
三角形 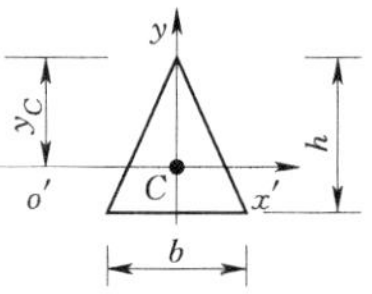	$\frac{bh}{2}$	$\frac{2h}{3}$	$\frac{bh^3}{36}$

续表

几何图形及名称	面积 A	形心坐标 y_C	对通过形心点 ox 轴的惯性矩 I_C
梯形 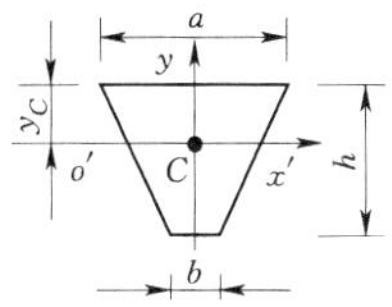	$\frac{h(a+b)}{2}$	$\frac{h}{3}\left(\frac{a+2b}{a+b}\right)$	$\frac{h^3}{36}\left(\frac{a^2+4ab+b^2}{a+b}\right)$
圆 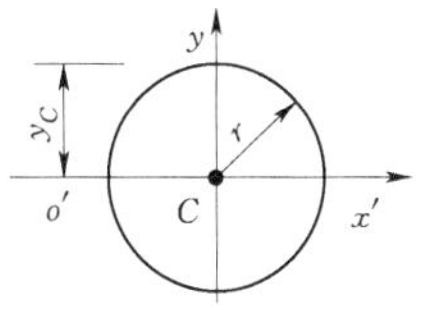	πr^2	r	$\frac{\pi r^4}{4}$
半圆 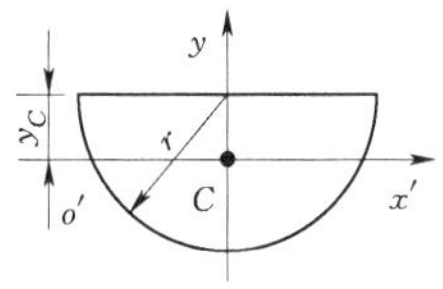	$\frac{\pi r^2}{2}$	$\frac{4r}{3\pi}$	$\frac{9\pi^2-64}{72\pi}r^4$

【例题 1-7】 如图 1-19 所示，在渠道侧壁上，开有圆形放水孔，放水孔直径 $d=1\text{m}$，孔顶至水面深度 $h=2\text{m}$，试求放水孔闸门上的静水总压力。

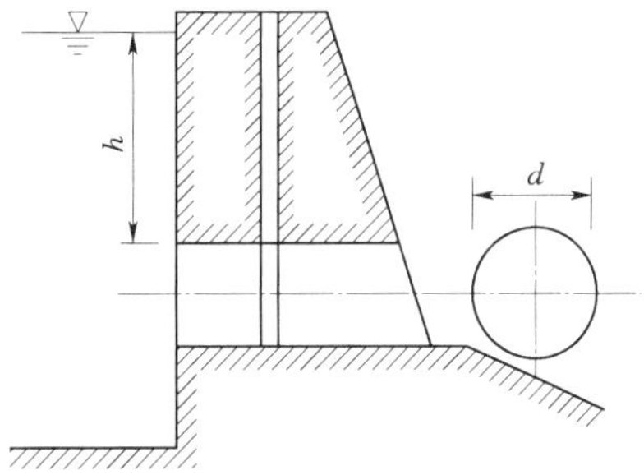

图 1-19

解：本题属任意形状平面壁上静水总压力计算。

静水总压力的大小：

$$P=\gamma h_C A=9.8\times\left(h+\frac{d}{2}\right)\times\frac{\pi d^2}{4}$$

$$=9.8\times\left(2+\frac{1}{2}\right)\times\frac{3.14\times1^2}{4}=19.23(\text{kN})$$

静水总压力的方向：垂直指向受压面。

静水总压力的作用点：

$$y_D=\frac{I_C}{y_C A}+y_C=\frac{\frac{\pi}{4}\left(\frac{d}{2}\right)^4}{\left(h+\frac{d}{2}\right)\times\frac{\pi}{4}d^2}+\left(h+\frac{d}{2}\right)=2.53(\text{m})$$

所以，静水总压力的作用点与水面距离为 2.53m。

【例题 1-8】 设有一铅直放置的水平底边矩形闸门，如图 1-20 所示。已知闸门高度 $H=2\text{m}$，宽度 $b=4\text{m}$，闸门上缘到水面的距离为 $h_1=1\text{m}$。试分别用图解法和解析法求解作用于闸门的静水总压力。

解：(1) 图解法。

绘制静水压强分布图 $ABFE$，如图 1-20 所示。则静水总压力大小为

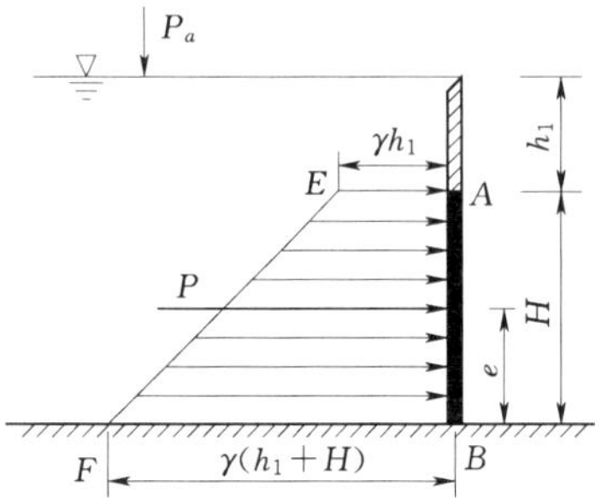

图 1-20

$$P=\Omega b=\frac{\gamma}{2}(h_1+h_1+H)Hb$$
$$=\frac{9.8}{2}\times(1+1+2)\times2\times4$$
$$=156.8(\text{kN})$$

静水总压力的方向：垂直指向闸门平面。

静水总压力的作用点：

$$e=\frac{H}{3}\times\frac{2h_1+(h_1+H)}{h_1+(h_1+H)}=\frac{2}{3}\times\frac{2\times1+(1+2)}{1+(1+2)}=0.83(\text{m})$$

所以，静水总压力作用点距离闸门底部的距离为 0.83m，其距离水面的距离为 2.17m。

（2）解析法。

解析法计算静水总压力公式为

$$P=\gamma h_C A=\gamma\left(h_1+\frac{H}{2}\right)bH$$
$$=9.8\times\left(1+\frac{2}{2}\right)\times4\times2=156.8(\text{kN})$$

静水总压力的方向：垂直指向闸门平面。

静水总压力的作用点：

$$y_D=\frac{I_C}{y_C A}+y_C=\frac{\frac{bH^3}{12}}{\left(h_1+\frac{H}{2}\right)Hb}+\left(h_1+\frac{H}{2}\right)=2.17(\text{m})$$

所以，静水总压力作用点距离水面的距离为 2.17m。

第三节 曲面上的静水总压力

在实际工程中也常会遇到受压面是曲面的情况，例如拱坝坝面、弧形闸门、U 形液槽、泵的球形阀等。这就要求确定作用于曲面上的静水总压力。因曲面上各点压力互不平行，求解平面静水总压力的方法就不再适用了。

作用于曲面上任意点的静水压强也是沿着作用面的法线指向受压面。一般将静水总压力 P 分解为水平分力 P_x 和铅直分力 P_z，只要求出 P_x 和 P_z，那么合力 P 就可求得。

如图 1-21 所示，以弧形闸门 AB 为例，讨论柱状曲面静水总压力的计算问题。已知闸门宽度为 b，为计算水平分力 P_x 和铅直分力 P_z，取 ABC 水体为脱离体，如图 1-21（b）所示，研究该水体的平衡。

一、静水总压力的水平分力 P_x

脱离体在水平方向上是静止的，故该方向合力应为 0，又根据作用力和反作用力大小相等、方向相反的原理，闸门受到的水平分力为

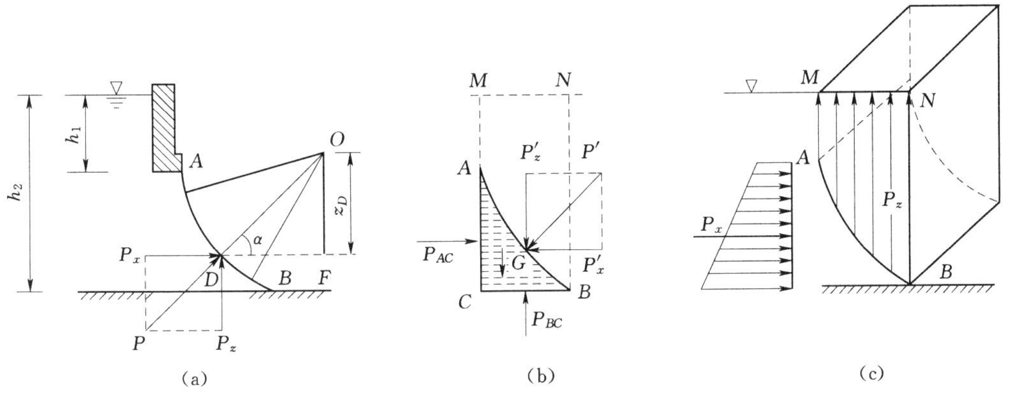

图 1-21

$$P_x = P_{AC}$$

这说明，曲面壁静水总压力的水平分力 P_x 等于曲面壁铅直投影面上的静水总压力。柱状曲面的铅直投影面为矩形平面，所以可以按确定平面壁静水总压力的图解法或解析法求解。

如采用图解法，曲面壁静水总压力的水平分力 P_x 即为

$$P_x = \Omega b$$

式中　Ω——AB 曲面的铅垂投影面上的静水压强分布图面积。

二、静水总压力的铅直分力 P_z

脱离体在铅直方向也是静止的，故铅垂方向合力也应为 0，即

$$P_z = P'_z = P_{BC} - G$$

$$P_{BC} = \gamma h_2 A_{BC} = \gamma V_{MCBN}$$

$$G = \gamma V_{ACB}$$

则
$$P_z = P_{BC} - G = \gamma V_{MCBN} - \gamma V_{ACB} = \gamma V_{MABN} = \gamma V_{压} = \gamma A_{剖} b$$

式中　P_{BC}——BC 平面上受到的静水总压力；

G——脱离体 ABC 的重力；

$V_{压}$——压力体，$V_{压} = V_{MABN}$；

$\gamma V_{压}$——压力体水重。

上式说明：静水总压力的铅垂分力等于压力体内的水重。也就是说，在实际计算中，只要计算出压力体剖面图面积 $A_{剖}$，即可计算出 P_z。

三、压力体的绘制

单个曲面壁的压力体由三个部分组成：①曲面本身；②液面或液面的延长面；③曲面的四个周边向液面或液面的延长面所做的铅垂平面。

绘制单个曲面壁压力体的步骤如下：

第二章　水流运动的基本原理

【学习目标】

通过本章的学习，了解水流运动的描述方法，熟知水流运动要素，掌握水流运动的类型和判定要点，能够熟练应用恒定总流的连续性方程、能量方程和动量方程，判定水流形态，并能计算沿程水头损失和局部水头损失。

第一节　水流运动的描述

一、描述水流运动的方法

水力学中描述水流运动常用的方法有两种，即质点系法和流场法。

（一）质点系法

质点系法是以液体中各质点为研究对象，跟踪每个质点，考察分析质点所经过的轨迹及其运动要素的变化规律，把每个液体质点的运动情况综合起来获得整个液体的运动规律。

质点系法研究液体运动实质上与研究一般固体力学方法相同，着眼于研究液体中的各个质点，初看起来，概念清楚，简单易懂。但液体与固体不同，因液体存在易流性和黏滞性，在运动过程中质点会不断变形；同时，液流中每个质点的运动轨迹各不相同，没有规律性。因此，用质点系法来研究水流运动是非常困难的。

（二）流场法

水力学中，通常将液体流动所占据的空间称为流场。流场法是以流动的空间作为研究对象，不再跟踪每个质点，而是着眼于研究液体质点在通过固定空间点时运动要素（速度、压强等）的变化情况来获得整个液体的运动规律。

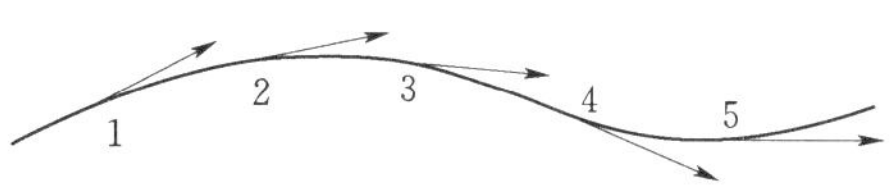

图 2－1

流场法是用流线来描述水流运动的，是力学中研究水流运动时常采用的方法。流线是指某一瞬时在流场绘出的一条曲线，在该曲线上所有液体质点在该时刻的流速矢量都与这一曲线相切，如图 2－1 所示。也就是说，流线能够表示某时刻各点的流动方向。

某一瞬时，在运动液体的整个空间绘出的一系列流线所构成的图形称为流线图。流线图形象地描绘出该瞬时整个液流的流动趋势，如图 2－2 所示。

流场法是水力学中研究水流运动时常采用的方法。

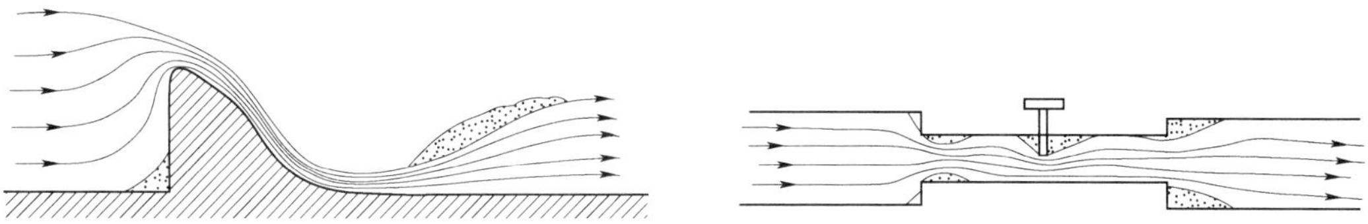

图 2-2

二、水流运动要素

（一）过水断面

与液流运动方向（流线）正交的液流横断面称为过水断面。过水断面可能是平面，也可能是曲面，其形状主要与流线分布情况有关。当流线相互平行时，过水断面为平面；否则过水断面为曲面。

（二）流量

单位时间内通过某一过水断面的液体体积称为流量，以 Q 表示，单位为 m^3/s 或 L/s。流量是衡量过水断面输水能力大小的物理量。

（三）断面平均流速

在总流中，过水断面上各点流速 u 不一定相同，且断面流速分布不易确定。为计算方便，实际工程中常引入断面平均流速的概念，这是一个理想的流速。

总流的流量 Q 等于断面平均流速 v 与过水断面面积 A 的乘积。即

$$Q=vA$$

【例题 2-1】 某渠道的过水断面面积 $A=5m^2$，现测得该渠道的断面平均流速 $v=1.5m/s$，试求通过该渠道过水断面的流量 Q。

解：

$$Q=vA=1.5\times5=7.5(m^3/s)$$

所以，通过该渠道过水断面的流量为 $7.5m^3/s$。

【例题 2-2】 有一圆形横断面管道，直径 $d=1.2m$，圆形管道充满水，当通过该管道的流量 $Q=3m^3/s$ 时，试求该管道的断面平均流速 v。

解： 过水断面面积 A：

$$A=\frac{\pi d^2}{4}=\frac{3.14}{4}\times1.2^2=1.130(m^2)$$

断面平均流速 v：

$$v=\frac{Q}{A}=\frac{3}{1.130}=2.654(m/s)$$

（四）动水压强

静止液体中任意一点各方向的压强与作用面的方位无关。但在运动液体中，由于黏滞力与压应力同时存在，从各个方向作用于一点的压强并不相等，此时液体中任意点的压强称为动水压强。对于实际液体，任意一点任取彼此垂直的三个方向上动水压强的平均值是一常数。所以，通常所说的实际液体某点的动水压强指三个方向压强的平均值。

三、水流运动的类型

实际水流的运动情况非常复杂，为了便于研究水流运动规律，常根据水流运动要素的大小和方向是否随时间和空间位置的变化而变化，把水流运动分成以下几种类型。

（一）恒定流与非恒定流

根据液流的运动要素是否随时间变化，可将液流分为恒定流和非恒定流。

如流场中各空间点上的所有运动要素都不随时间变化，这种水流称为恒定流。也就是说，恒定流情况下，任意空间点上，无论哪个液体质点通过，其运动要素都不随时间变化，它只是空间坐标的连续函数。

相反，若液体质点的运动要素随时间和空间位置的变化而变化，这种水流称为非恒定流。

如图 2－3（a）所示，在水箱侧壁上开一小孔，水从孔口流出，若保持水箱内水面不变，孔口泄流的形状、尺寸及运动要素均不随时间而变，这就是恒定流。如图 2－3（b）所示，如关闭进水管阀门，随着孔口泄流，水箱内水位从 t_1 时刻的 H_1 连续下降到 t_2 时刻的 H_2，孔口泄流的流线也相应发生了变化，此时，孔口泄流的形状、尺寸及运动要素都随时间变化，这就是非恒定流。

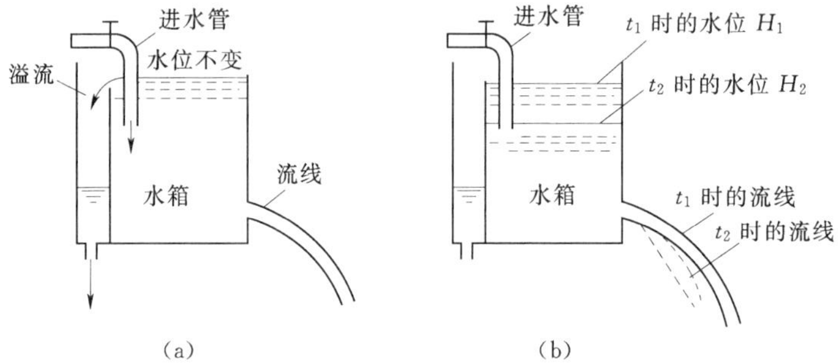

图 2－3

（二）均匀流与非均匀流

在恒定流中，根据液流的运动要素是否沿流程变化，又可将液流分为均匀流与非均匀流。

凡位于同一流线上各液体质点的流速大小和方向均沿程不变的流动，称为均匀流。均匀流中，流线为一组相互平行的直线，过水断面为平面，且过水断面的形状和尺寸均沿程不变。例如在宽、窄、水深都沿程不变的顺直渠道中的水流就是均匀流。

当流线上液流质点的运动要素沿程发生变化，这种水流称为非均匀流。非均匀流中，流线不是平行直线，其过水断面为曲面。例如变径或弯管中的水流，或宽、窄、水深沿程变化的河道中的水流，均属于非均匀流。

（三）渐变流与急变流

在非均匀流中，根据流线的不平行程度或弯曲程度，可将其分为渐变流与急变流。

如流线间的夹角很小，流线的曲率不大，流线可近似地认为是平行的直线，这种水流称为渐变流，如图 2－4 所示。

如流线的曲率较大或流线间夹角较大，这种水流称为急变流。

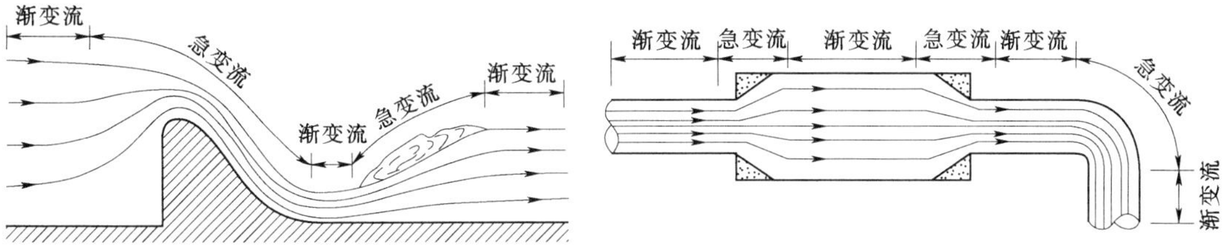

(a)　　　　(b)

图 2-4

如图 2-4 所示，水流是渐变流还是急变流，与水流固体边界的纵向形状有密切的关系。在纵向边界的突变处，水流一定是急变流。如河道的转弯段，管径突变处，河渠中水工建筑物附近的上、下游段等都是急变流。

由于渐变流中流线近似平行，近似为直线，故可认为渐变流的过水断面近似为平面。因急变流的流线已不再是一组平行的直线，故急变流的过水断面为曲面。

以上水流分类可总结如下：

- 水流
  - 恒定流
    - 均匀流
    - 非均匀流
      - 渐变流
      - 急变流
  - 非恒定流

（四）有压流与无压流

若液体沿流程整个周界都与固体壁面接触，且无自由表面，依靠外部压力作用流动，这种液流称为有压流。如自来水管、水电站的压力管中的水流都是有压流。

若液体沿流程一部分周界与固体壁面接触，另一部分与空气接触，且有自由表面，主要依靠自身重力作用而流动，这种液流称为无压流。如渠道、未充满管道中的水流均属于无压流。

第二节　恒定总流的连续性方程

一、公式推导

水流和其他物质一样，在运动过程中也必然遵守质量守恒定律。

如图 2-5 所示，在恒定总流中任取一段微小流束为研究对象，设微小流束上游过水断面 1—1 的面积为 dA_1，下游过水断面 2—2 的面积为 dA_2，两个过水断面的流速分别为 u_1 和 u_2。考虑到恒定总流中的流线位置和形状不随时间变化，水流不可能从微小流束的侧壁流入或流出。也就是说，

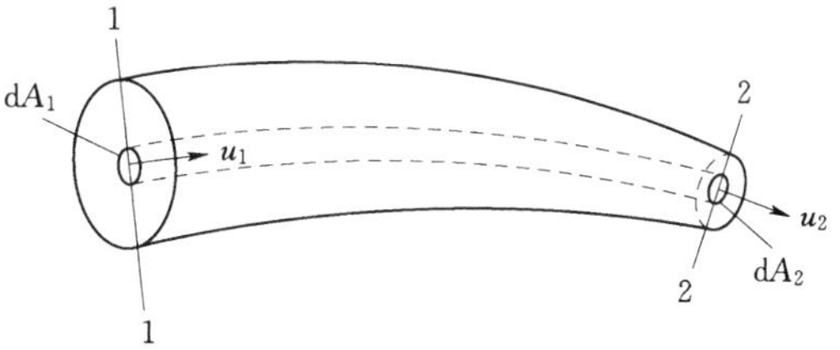

图 2-5

水流只能从两段的过水断面流入或流出，在 dt 时段内流经过水断面 1—1 的水流质量应等于流经过水断面 2—2 的水流质量，即

$$\rho_1 u_1 dA_1 dt = \rho_2 u_2 dA_2 dt$$

对于不可压缩液体有 $\rho_1=\rho_2$，上式可简化为

$$u_1 dA_1 = u_2 dA_2$$

或

$$u_1 dA_1 = u_2 dA_2 = dQ = 常数$$

上式即为恒定流微小流束的连续性方程。

因为总流是由无数个微小流束组成的，将微小流束的连续性方程在总流过水断面上积分，便可得到总流的连续性方程，即

$$\int_Q dQ = \int_{A_1} u_1 dA_1 = \int_{A_2} u_2 dA_2$$

设总流过水断面 1—1 和断面 2—2 的面积分别为 A_1、A_2，断面平均流速分别为 v_1、v_2，上式可改写为

$$Q = v_1 A_1 = v_2 A_2 = 常数$$

或

$$\frac{v_2}{v_1} = \frac{A_1}{A_2}$$

上两式即为恒定总流连续性方程。

恒定总流连续性方程表明：恒定流中任意两断面，其过水断面平均流速与过水断面面积成反比，即过水断面面积越大，断面平均流速越小；过水断面面积越小，断面平均流速越大。

需要注意的是，对于沿程有流量汇入或分出的情况，连续性方程在形式上应作相应变化。

当有流量汇入时，如图 2－6（a）所示，其连续性方程为

$$Q_1 + Q_3 = Q_2$$

当有流量分出时，如图 2－6（b）所示，其连续性方程为

$$Q_1 = Q_2 + Q_3$$

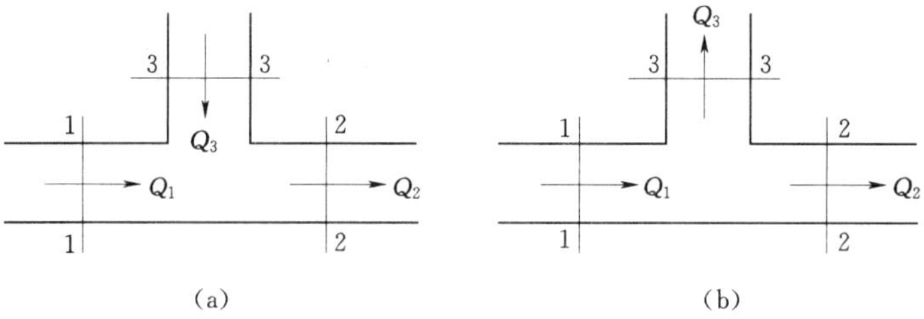

图 2－6

二、连续性方程的应用

【例题 2－3】 有一压力管道，如图 2－7 所示，已知 $d_1=300$mm，$d_2=200$mm，$d_3=125$mm，且第三段管中的平均流速 $v_3=2$m/s。试求管道中的流量 Q 及第一段、第二段管道中的平均流速 v_1 和 v_2。

解： 管道流量 Q 为

$$Q = v_3 A_3 = 2 \times \frac{\pi}{4} \times 0.125^2 = 0.025(\mathrm{m^3/s})$$

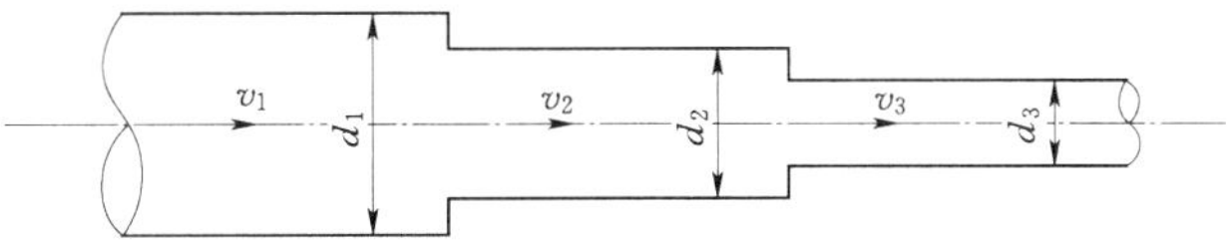

图 2-7

根据连续性方程有

$$\frac{v_1}{v_3}=\frac{A_3}{A_1}=\left(\frac{d_3}{d_1}\right)^2 \quad 和 \quad \frac{v_2}{v_3}=\frac{A_3}{A_2}=\left(\frac{d_3}{d_2}\right)^2$$

则

$$v_1=v_3\left(\frac{d_3}{d_1}\right)^2=2\times\left(\frac{0.125}{0.3}\right)^2=0.35(\mathrm{m/s})$$

$$v_2=v_3\left(\frac{d_3}{d_2}\right)^2=2\times\left(\frac{0.125}{0.2}\right)^2=0.78(\mathrm{m/s})$$

【例题 2-4】 如图 2-8 所示，某主河道的总流量 $Q_1=1800\mathrm{m^3/s}$，上游两个支流的断面平均流速分别为 $v_2=0.92\mathrm{m/s}$、$v_3=1.25\mathrm{m/s}$，若两个支流的过水断面面积之比为 $A_2:A_3=4:1$。试求两个支流的过水断面面积 A_2 和 A_3。

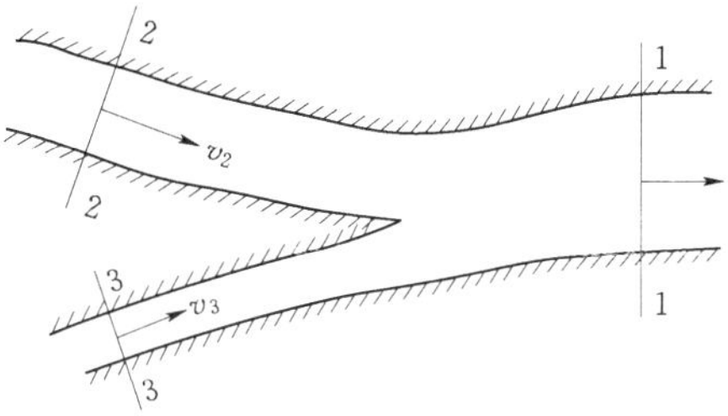

图 2-8

解： 根据连续性方程有

$$Q_2+Q_3=Q_1$$

即

$$v_2A_2+v_3A_3=Q_1$$

将 $A_2=4A_3$，$v_2=0.92\mathrm{m/s}$，$v_3=1.25\mathrm{m/s}$，$Q_1=1800\mathrm{m^3/s}$ 代入上式，得

$$A_3=\frac{Q_1}{4v_2+v_3}=\frac{1800}{4\times0.92+1.25}=365.11(\mathrm{m^2})$$

$$A_2=4A_3=4\times365.11=1460.45(\mathrm{m^2})$$

第三节　恒定总流的能量方程

液体和其他任何物体一样，在重力作用下作机械运动时，都遵守能量守恒和转化定律，即物体的动能和势能可以相互转化；同时运动过程中，部分机械能也可能转化为热能消失，但不论能量怎么转化，其总和均不变。只是液体在做机械运动时，除位置势能和动能外，还有压力势能存在。

下面将讨论反映能量守恒和转化定律的恒定总流能量方程。

一、公式推导

（一）微小流束的能量方程

如图 2-9 所示，在恒定总流中选取断面 1—1 与断面 2—2 之间的水体作为研究对象，

2. 动能类积分

$$\gamma\int_Q \frac{u^2}{2g}\mathrm{d}Q=\gamma\int_A \frac{u^2}{2g}u\,\mathrm{d}A=\gamma\int_A \frac{u^3}{2g}\mathrm{d}A$$

在实际水流中，流速在过水断面上的分布是不均匀的，而且其分布规律很难确定，所以直接对该项进行积分有难度。如果用断面平均流速 v 代替断面上各点的流速 u 来表示动能，即用 $\int_A \frac{v^3}{2g}\mathrm{d}A$ 来代替 $\int_A \frac{u^3}{2g}\mathrm{d}A$，则可方便地进行积分计算。

因为 v 是断面上各点流速 u 的平均值，$u^3>v^3$，在此引入动能修正系数 α，且令 $\alpha=\frac{\int_A u^3\mathrm{d}A}{v^3A}$，则

$$\gamma\int_A \frac{u^3}{2g}\mathrm{d}A=\frac{\gamma\alpha v^3A}{2g}=\frac{\alpha v^2}{2g}\gamma Q$$

需要说明的是，动能修正系数 α 值取决于总流过水断面上流速分布情况，流速分布越均匀，α 值越接近 1。当水流为渐变流时，一般取 $\alpha=1.05\sim1.1$。实际工程中为计算方便，常取 $\alpha=1.0$。

3. 能量损失类积分

$$\gamma\int_Q h'_w\,\mathrm{d}Q$$

h'_w 是单位重量水体从 1—1 断面移动到 2—2 断面的能量损失，但各微小流束中单位重量水体的能量损失并不相等。设 h_w 为总流单位重量液体在这两个断面间的各微小流束中的平均机械能损失，则

$$\gamma\int_Q h'_w\,\mathrm{d}Q=h_w\gamma Q$$

这样就可将上式变形为

$$\left(z_1+\frac{p_1}{\gamma}\right)\gamma Q+\frac{\alpha_1v_1^2}{2g}\gamma Q=\left(z_2+\frac{p_2}{\gamma}\right)\gamma Q+\frac{\alpha_2v_2^2}{2g}\gamma Q+h_w\gamma Q$$

将上式各项均除以 γQ，得

$$z_1+\frac{p_1}{\gamma}+\frac{\alpha_1v_1^2}{2g}=z_2+\frac{p_2}{\gamma}+\frac{\alpha_2v_2^2}{2g}+h_w$$

上式即为不可压缩液体恒定总流的能量方程。上式中各参数的意义如下：

z——总流过水断面上单位重量液体具有的单位位能，几何上称位置高度或位置水头；

$\frac{p}{\gamma}$——总流过水断面上单位重量液体具有的单位压能，几何上称测压管高度或压强水头；

$z+\frac{p}{\gamma}$——总流过水断面上单位重量液体具有的单位势能，几何上称为测压管水头；

$\frac{\alpha v^2}{2g}$——总流过水断面上单位重量液体具有的单位动能，几何上称为流速水头；

$z+\frac{p}{\gamma}+\frac{\alpha v^2}{2g}$——总流过水断面上单位重量液体的总能量，几何上称为总水头；

h_w——总流单位重量液体从一个过水断面流到另一个过水断面克服水流阻力所做的功，即机械损失，几何上称为水头损失。

恒定总流的能量方程反映了恒定水流在流动过程中，各种机械能发生转化时所具有的共同规律：水从任一渐变流断面流到另一渐变流断面的过程中，它所具有的机械能的形式可相互转化，但沿流程前一断面水流具有的单位总能量一定等于后一断面水流的单位总能量加上两断面之间的单位能量损失。

二、能量方程的图示——水头线

恒定总流的能量方程中各项都具有长度的量纲，为更加形象地反映总流沿程各种能量的变化规律及相互影响，可把能量方程用图形描绘出来。

如图 2-10 所示，在实际液体恒定总流中取一个流段，选 0—0 为基准面，以水头为纵坐标，按一定比例把沿程各过水断面的 z、$\frac{p}{\gamma}$、$\frac{\alpha v^2}{2g}$分别绘于图上。其中，z 值一般选取断面形心点的数值来标绘，相应的$\frac{p}{\gamma}$亦选用形心点的动水压强来标绘。

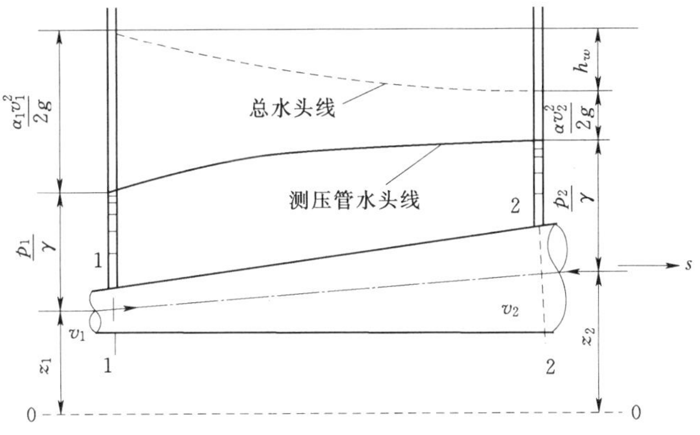

图 2-10

把各个断面表示 z 值的点连接起来得到位置水头线。

把各个断面表示 $z+\frac{p}{\gamma}$值的点连接起来得到测压管水头线。测压管水头线反映了水流中势能沿流程的变化规律，测压管水头线在位置水头线之上，则压强为正；反之为负。

把各个断面表示 $z+\frac{p}{\gamma}+\frac{\alpha v^2}{2g}$值的点连接起来得到总水头线。总水头线反映了水流总机械能沿流程的变化规律。

对于实际液体，水头损失肯定是沿流程不断增加的，所以实际液体的总水头线必定是沿流程逐渐下降的。任意两个断面之间的总水头线的降低值，即为该两个断面间的水头损失 h_w。在水力学中，总水头线沿流程的下降情况常用单位流程上的水头损失，即水力坡降 J 来表示。

当总水头线为直线时，水力坡降 J 为

$$J=\frac{H_1-H_2}{l}=\frac{h_{w1-2}}{l}$$

当总水头线为曲线时，水力坡降 J 为

$$J=\frac{\mathrm{d}h_w}{l}=-\frac{\mathrm{d}H}{l}$$

因总水头损失的增量 $\mathrm{d}H$ 一定是个负值，为使水力坡降 J 为正值，故在上式中加负号。

需要理解的是，测压管水头线沿流程可升可降，也可能是一条水平线。对于河渠中的渐变流，其测压管水头线就是水面线。

三、能量方程的应用

（一）文德里流量计

文德里流量计是一种测量有压管道中流量大小的装置，它由收缩段、喉管、扩散段三部分组成，安装在需要测定流量的管道中，如图 2-11 所示。在断面 1—1 和断面 2—2 处分别安装一根测压管，也可直接设置压差计，通过断面 1—1 和断面 2—2 测压管水头差 Δh 值，即可根据能量方程计算出管中流量。其原理如下：

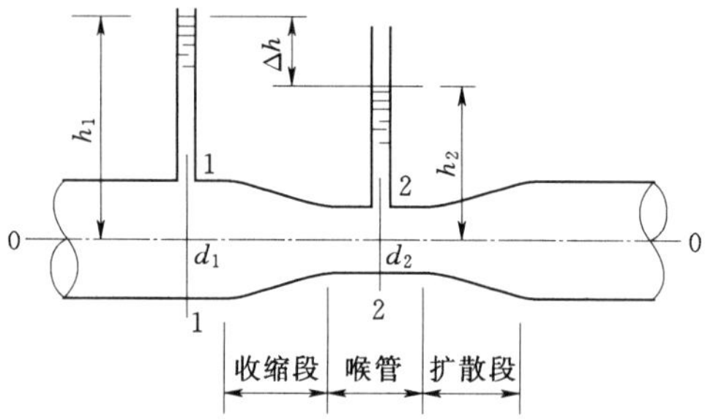

图 2-11

将管道水平放置，取管轴线所在的水平面 0—0 为基准面，建立断面 1—1 和断面 2—2 的能量方程，且暂不考虑水头损失，有

$$z_1+\frac{p_1}{\gamma}+\frac{\alpha_1 v_1^2}{2g}=z_2+\frac{p_2}{\gamma}+\frac{\alpha_2 v_2^2}{2g}$$

因 $z_1=z_2=0$，$\frac{p_1}{\gamma}=h_1$，$\frac{p_2}{\gamma}=h_2$，取 $\alpha_1=\alpha_2=1.0$，则

$$h_1-h_2=\frac{v_2^2}{2g}-\frac{v_1^2}{2g}$$

设断面 1—1 和断面 2—2 处管道直径分别为 d_1、d_2，根据连续性方程：

$$v_1A_1=v_2A_2$$

$$v_2=v_1\frac{A_1}{A_2}=v_1\left(\frac{d_1}{d_2}\right)^2$$

将 v_1 与 v_2 的关系代入公式 $h_1-h_2=\frac{v_2^2}{2g}-\frac{v_1^2}{2g}$，得

$$\Delta h=\frac{v_1^2}{2g}\left[\left(\frac{d_1}{d_2}\right)^4-1\right]$$

或

$$v_1=\frac{1}{\sqrt{\left(\frac{d_1}{d_2}\right)^4-1}}\sqrt{2g\Delta h}=\frac{d_2^2}{\sqrt{d_1^4-d_2^4}}\sqrt{2g\Delta h}$$

因此，通过文德里流量计的流量为

$$Q=v_1A_1=\frac{\pi d_1^2\ d_2^2}{4\sqrt{d_1^4-d_2^4}}\sqrt{2g\Delta h}$$

令

$$K=\frac{\pi d_1^2\ d_2^2}{4\sqrt{d_1^4-d_2^4}}\sqrt{2g}$$

则

$$Q=K\sqrt{\Delta h}$$

当管道直径 d_1 和 d_2 确定后，K 为一定值，测得两测压管水头差 Δh 后，便可计算出流量 Q 值。

但由于实际液体存在水头损失，通过公式 $Q=K\sqrt{\Delta h}$ 计算的流量要比实际通过文德里流量计的流量要大，为此，引入流量系数 μ 加以修正，则实际流量公式为

$$Q=\mu K\sqrt{\Delta h}$$

式中　μ——文德里流量计的流量系数，一般为 0.95～0.98。

如当测压管水头差 Δh 较大，不便测读时，可在文德里流量计断面 1—1 和断面 2—2 处直接安装水银压差计，如图 2-12 所示。

由压差计原理可知：

$$\frac{p_1}{\gamma}-\frac{p_2}{\gamma}=\frac{\gamma_m-\gamma}{\gamma}\Delta h$$

因 $\gamma_m=133.3\text{kN/m}^3$，$\gamma=9.8\text{kN/m}^3$，则

$$\frac{p_1}{\gamma}-\frac{p_2}{\gamma}=\frac{\gamma_m-\gamma}{\gamma}\Delta h=\frac{133.3-9.8}{9.8}\Delta h=12.6\Delta h$$

式中　Δh——水银压差计两支水银面高差。

此时，文德里流量计的流量为

$$Q=\mu K\sqrt{12.6\Delta h}$$

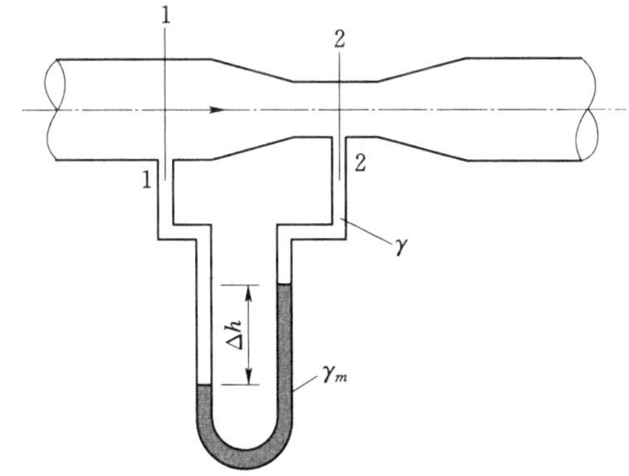

图 2-12

【例题 2-5】　有一文德里流量计，如图 2-12 所示，已知管径 $d_1=15\text{cm}$，$d_2=10\text{cm}$，水银压差计高差 $\Delta h=20\text{cm}$，实测管中流量 $Q=60\text{L/s}$，试求文德里流量计的流量系数 μ。

解：

$$\text{流量系数}\ \mu=\frac{Q_{\text{实测值}}}{Q_{\text{理论值}}}$$

$$Q_{\text{理论值}}=K\sqrt{12.6\Delta h}=\frac{\pi d_1^2 d_2^2}{4\sqrt{d_1^4-d_2^4}}\sqrt{2g}\sqrt{12.6\Delta h}$$

$$=\frac{3.14\times0.15^2\times0.1^2}{4\times\sqrt{0.15^4-0.1^4}}\times\sqrt{2\times9.8}\times\sqrt{12.6\times0.2}$$

$$=0.062(m^3/s)$$

$$流量系数\ \mu=\frac{Q_{实测值}}{Q_{理论值}}=\frac{0.06}{0.062}=0.968$$

（二）毕托管测流速

毕托管是一种应用于测量渠道和管道中液体流速的仪器，其测速原理就是液体的能量转化与守恒原理。

在运动液体中某点 B 放置一根弯成直角的两端开口的细管，即测速管，如图 2－13 所示。测速管的前端对准来流，另一端垂直向上，水流质点经 B 点沿细管进入，受弯管的阻挡，流速变为零，动能全部转化为压能，使得测速管中的水面上升至高度$\frac{p_B}{\gamma}$。在过 B 点的同一水平流线的上游，取一与 B 点非常接近的 A 点，在 A 点装一测压管，A 点流速为 u，测压管高度为$\frac{p_A}{\gamma}$。由于 A 点和 B 点很近，暂忽略两者之间的能量损失，取 A、B 两点所在平面为基准面，列 A、B 两点的能量方程：

$$\frac{p_A}{\gamma}+\frac{u^2}{2g}=\frac{p_B}{\gamma}$$

即

$$\frac{p_B}{\gamma}-\frac{p_A}{\gamma}=\Delta h=\frac{u^2}{2g}$$

$$u=\sqrt{2g\Delta h}$$

式中　Δh——两根测压管的液面差。

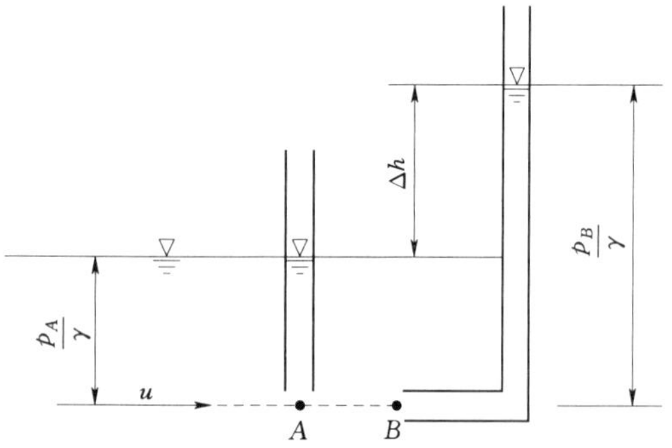

图 2－13

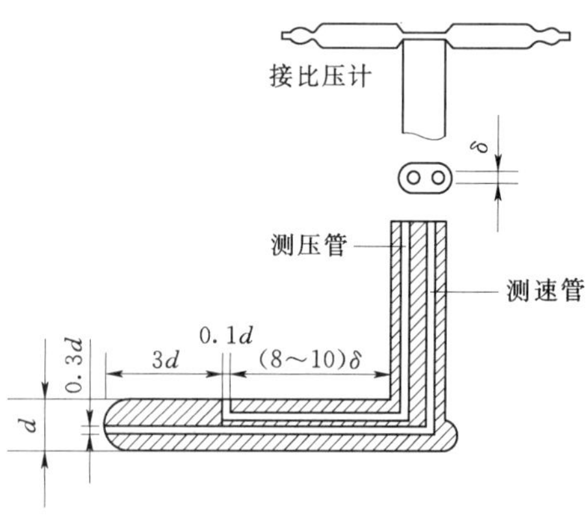

图 2－14

实际测量中是把两根管子并入一根弯管中，如图 2－14 所示。考虑到毕托管前端孔与侧面孔的位置不同，测得的不是同一点上的能量；而且考虑毕托管放入液体中会产生扰动，使得测压管液面差 Δh 可能与实际值有误差，应引入修正系数 μ，即

$$u=\mu\sqrt{2g\Delta h}$$

式中　μ——毕托管修正系数，一般为 0.98～1.0；当毕托管使用过久或测量精度要求较高时，μ 值应重新确定。

第四节　恒定总流的动量方程

在确定水流对闸门、溢流坝、桥墩的作用力，输水管中水流对管道的作用力，河道弯段中水流对凹岸的侧向作用力，以及射流的冲击力等时，由于这些力处于急变流段，无法用能量方程求解，可用恒定总流的动量方程解决此类问题。

一、公式推导

动量是指运动物体的质量与其速度的乘积。例如一运动物体的质量为 m，速度为 v，其动量等于 mv。动量是既有大小也有方向的矢量，其方向与速度的方向相同。

动量定律可表述为：运动物体在单位时间内动量的变化量等于物体所受所有外力的合力。其数学表达式为

$$\sum \vec{F}=\frac{m\vec{v}_2-m\vec{v}_1}{\Delta t}$$

式中　$\sum \vec{F}$——作用在运动物体上所有外力的合力；

$\vec{v}_2$——物体受力后的运动速度；

$\vec{v}_1$——物体受力前的运动速度；

Δt——外力作用在物体上的时段长。

下面推导恒定总流的能量方程。

在恒定流中取出一水流段（1—2 段）作为脱离体来研究，如图 2-15 所示。该流段的水体在外力作用下，经过 Δt 时段后，从 1—2 位置移到了 1′—2′位置。1′—2 段水体在 Δt 时段内，虽然水流质点总是在变化，但因水流是不可压缩、不能膨胀的连续介质恒定流，1′—2 段的水体质量和该位置上各点流速都不会改变，因此 1′—2 段的动量没有发生变化。则所研究脱离体经 Δt 时段的动量变化应该等于 2—2′段和 1—1′段的动量差。

考虑到过水断面上各点的流速大小分布的不均匀性，在用过水断面平均流速计算动量

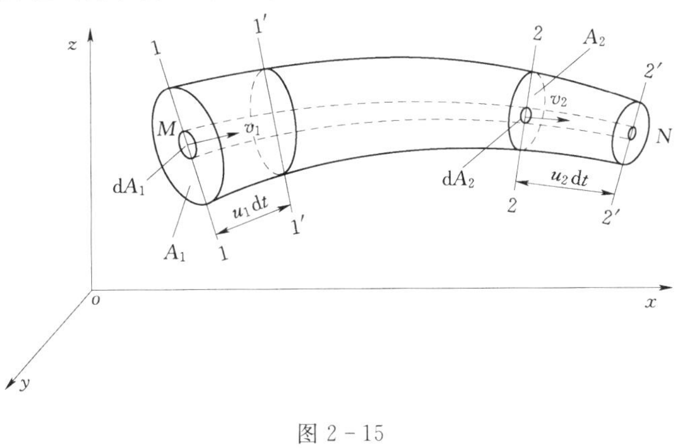

图 2-15

可以看到，断面 3—3 的测压管高度与断面 2—2 相比也有所下降，且断面 3—3 与断面 2—2 的距离小于断面 1—1 与断面 2—2 的距离，但其测压管高度下降量更大，这说明水流流经阀门时也有水头损失，且其损失往往比相等长度的直管段要大。

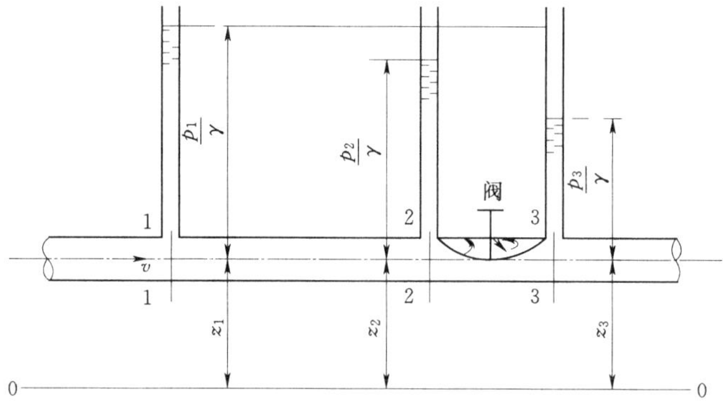

图 2-19

水流在不同边界情况下的运动情况十分复杂，为便于计算水头损失，通常把水头损失分为两类。

1. 沿程水头损失

当水流的边界条件不变，水流只受内摩擦力（黏滞力）作用时，所产生的阻力称为沿程阻力，水流克服沿程阻力而损失的水头称为沿程水头损失，用 h_f 表示。

沿程水头损失是沿程都有的，且随流程长度的增加而增加。在固体边界顺直的输水管道、隧洞及河渠中，都会产生沿程水头损失。图 2-19 中断面 1—1 和断面 2—2 之间的能量损失即为沿程水头损失。

2. 局部水头损失

由于水流局部边界条件急剧改变，使水流结构发生急剧变化所形成的阻力称为局部阻力，水流克服局部阻力所损失的水头称为局部水头损失，用符号 h_j 表示。

局部水头损失是在边界条件发生改变处的一段流程内产生的，如经常发生在管道过水断面突然扩大、缩小、转弯或安装阀门处。图 2-19 中断面 2—2 与断面 3—3 之间的水头损失主要为局部水头损失。

实际水流中，整个流程存在着各种局部水头损失和各流段的沿程水头损失，其总和称为该流程的水头损失，用 h_w 表示，即

$$h_w = \sum h_f + \sum h_j$$

式中 $\sum h_f$——全流程上各段沿程水头损失之和；

$\sum h_j$——全流程上各个局部水头损失之和。

二、水流运动的两种流态

（一）雷诺实验

1883 年，英国物理学家雷诺（O. Reynolds）通过大量试验研究，证明了水流运动存在层流、紊流两种流动形态，明确了水头损失与流速间的关系是由于水流的不同流态造成

的，阐明了水头损失的机理。

图 2－20 为雷诺试验装置示意图。试验时，管径不变，使水箱内水位保持不变，保证试验时管内的水流为恒定流。

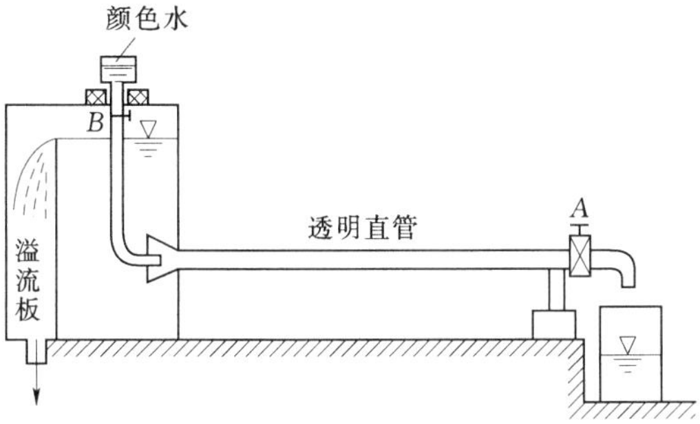

图 2－20

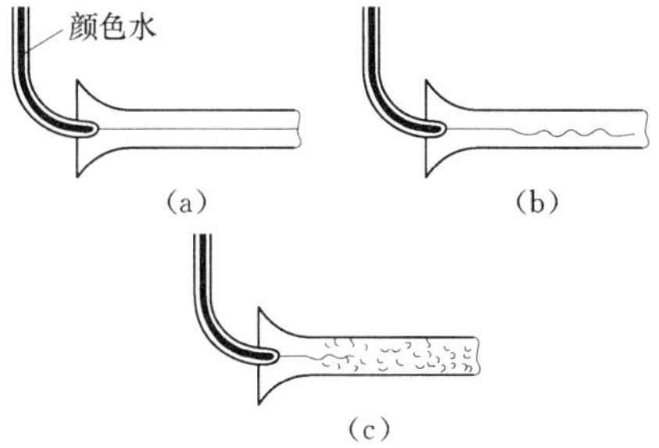

图 2－21

实验开始时，先将阀门 A 缓慢打开，使管内水流以很小的速度流动，然后打开颜色水阀门 B。随着颜色水流入玻璃管内，可以看到试验段的玻璃管内出现一条稳定而明显的着色流束，此着色水流不与管内未着色水流相互掺杂，如图 2－21（a）所示。这种水流质点形成有条不紊的分层流动形态，称为层流。

逐渐将阀门 A 开大，试验管段中的水流速度也逐渐增加，此时可以看到，玻璃管中的着色流束开始颤动，并弯曲成波形，如图 2－21（b）所示。如继续开大阀门 A，会发现着色流束逐渐变粗，先在个别地方出现断裂，失去了原来清晰的形状；最后，当流速达到某一定值时，着色流束完全破裂形成漩涡，向四周扩散，使全部水流染色，如图 2－21（c）所示。这种水流质点一边运动一边扩散，形成相互混掺的流动形态，称为紊流。

如果开始将阀门 A 全部打开，试验以相反的程序进行，则玻璃管中的水流也会由紊流变为层流，只是由紊流转变为层流的流速要比层流转变为紊流的流速小得多。

（二）水流形态的判别

雷诺通过大量实验得出，在层流与紊流的转变过程中总存在一种临界状态，此临界状态下，对于同一边界形状的流动，在不同液体、不同温度、不同边界尺寸的情况下，雷诺数 Re 为一常数。

管流雷诺数 Re 的表达式为

$$Re=\frac{vd}{\nu}$$

式中　Re——雷诺数；

v——断面平均流速；

d——管径；

ν——液体运动黏滞系数。

明槽流动中，雷诺数 Re 的表达式为

$$Re=\frac{vR}{\nu}$$

上式中，R 为水力半径，其计算公式为

$$R=\frac{A}{\chi}$$

式中　A——过水断面面积；

χ——湿周（水流与固体边界接触的周界长）。

层流和紊流转变时的雷诺数叫临界雷诺数，用 Re_k 表示。当实际雷诺数 $Re>Re_k$ 时，水流形态为紊流；当实际雷诺数 $Re<Re_k$ 时，水流形态为层流。

当过水断面为圆管时，临界雷诺数 $Re_k=2320$；当过水断面为明渠时，$Re_k=580$。

【例题 2－9】 某矩形明渠水流，底宽 $b=0.15$m，水深 $h=0.08$m，今测得其断面平均流速 $v=0.15$m/s，水温为 20℃，试判别水流流态（已知水温为 20℃时，其运动黏滞系数 $\nu=1.003\times10^{-6}\text{m}^2/\text{s}$）。

解：根据已知条件，计算水流的运动要素：

过水断面面积：$A=bh=0.15\times0.08=0.012(\text{m}^2)$

湿周：$\chi=b+2h=0.15+2\times0.08=0.31(\text{m})$

水力半径：$R=\frac{A}{\chi}=\frac{0.012}{0.31}=0.039(\text{m})$

雷诺数：$Re=\frac{vR}{\nu}=\frac{0.15\times0.039}{1.003\times10^{-6}}=5789>580$

因 $Re>Re_k$，则明渠中的水流为紊流。

【例题 2－10】 有一输水管，管径为 $d=0.2$m，管中通过的流量 $Q=10$L/s，水温为 10℃，试判别该水流的流态（已知水温为 10℃时，其运动黏滞系数 $\nu=1.306\times10^{-6}\text{m}^2/\text{s}$）。

解：输水管中水流速度：$v=\frac{Q}{A}=\frac{10\times10^{-3}}{\frac{\pi}{4}\times0.2^2}=0.32(\text{m/s})$

雷诺数：$Re=\frac{vd}{\nu}=\frac{0.32\times0.2}{1.306\times10^{-6}}=4.88\times10^4>2320$

因 $Re>Re_k$，则输水管中的水流为紊流。

三、沿程水头损失的计算

（一）沿程水头损失的理论计算公式

在均匀流中，对任意两断面列能量方程，并通过改变实验条件探讨影响沿程水头损失的因素，从而得到沿程水头损失的计算公式：

$$h_f=\lambda\frac{L}{4R}\frac{v^2}{2g}$$

式中　h_f——沿程水头损失，m；

λ——沿程水头损失系数，它反映了水流形态、边界粗糙程度对水头损失的影响，为无量纲系数；

L——计算段长度，m；

R——水力半径，m；

v——断面平均流速，m/s。

上式即为达西-魏斯巴赫公式。

对于圆管，因 $R=\dfrac{d}{4}$，则

$$h_f=\lambda\frac{L}{d}\frac{v^2}{2g}$$

式中　d——管道直径，m。

利用达西-魏斯巴赫公式计算沿程水头损失的关键是确定沿程水头损失系数 λ。λ 可由实验测得，也可查有关图求得，具体可查阅相关资料。

（二）沿程水头损失的经验公式

法国工程师谢才于 1769 年在总结了明渠均匀流的实测资料后提出了沿程水头损失计算的经验公式，称为谢才公式，其形式为

$$v=C\sqrt{RJ}$$

式中　R——水力半径，m；

C——谢才系数，$m^{1/2}/s$；

J——水力坡度，$J=\dfrac{h_f}{L}$；

v——断面平均流速，m/s。

将 $J=\dfrac{h_f}{L}$代入上式，得

$$h_f=\frac{v^2}{C^2R}L$$

如令 $C=\sqrt{\dfrac{8g}{\lambda}}$，并代入上式，则谢才公式可变形为

$$h_f=\frac{v^2}{C^2R}L=\lambda\frac{L}{4R}\frac{v^2}{2g}$$

以上变形说明谢才公式与达西-魏斯巴赫公式实质上是一致的。

谢才系数 C 的计算常用两个经验公式：

（1）曼宁公式。

$$C=\frac{1}{n}R^{1/6}$$

式中　n——粗糙系数，简称糙率，它是衡量边壁阻力影响的一个无量纲综合系数，可查阅表 2-1。

（2）巴甫洛夫斯基公式。

$$C=\frac{1}{n}R^y$$

式中　y——指数，可由公式 $y=2.5\sqrt{n}-0.13-0.75\sqrt{R}(\sqrt{n}-0.10)$ 计算获得。

四、局部水头损失的计算

局部水头损失产生处的边界条件非常复杂，目前还没有理论计算公式，常用经验公式，即

$$h_j=\zeta\frac{v^2}{2g}$$

式中 ζ——局部水头损失系数。

局部水头损失系数 ζ 可查阅相关资料选用，但必须注意的是，ζ 是对应于某一流速水头而言的，在选用时应注意两者的关系，应选用与 ζ 对应的流速水头。

【例题 2-14】 从水箱引出一直径不同的管道，如图 2-23 所示。已知 $d_1=200\text{mm}$，$L_1=30\text{m}$，$\lambda_1=0.032$，$d_2=125\text{mm}$，$L_2=30\text{m}$，$\lambda_2=0.036$，第二段管子上有一平板闸阀，其开度为 $a/d=0.5$。当输送流量 $Q=30\text{L/s}$ 时，试求：(1) 沿程水头损失 $\sum h_f$；(2) 局部水头损失 $\sum h_j$；(3) 水箱的水头 H。

解：(1) 沿程水头损失。

第一段管道断面平均流速：$v_1=\dfrac{Q}{A_1}=\dfrac{4\times0.03}{3.14\times0.2^2}=0.96(\text{m/s})$

第一段管道沿程水头损失：$h_{f1}=\lambda_1\dfrac{L_1}{d_1}\dfrac{v_1^2}{2g}=0.032\times\dfrac{30}{0.2}\times\dfrac{0.96^2}{19.6}=0.224(\text{m})$

第二段管道断面平均流速：$v_2=\dfrac{Q}{A_2}=\dfrac{4\times0.03}{3.14\times0.125^2}=2.45(\text{m/s})$

第二段管道沿程水头损失：$h_{f2}=\lambda_2\dfrac{L_2}{d_2}\dfrac{v_2^2}{2g}=0.036\times\dfrac{30}{0.125}\times\dfrac{2.45^2}{19.6}=2.637(\text{m})$

总沿程水头损失：$\sum h_f=h_{f1}+h_{f2}=0.224+2.637=2.861(\text{m})$

(2) 局部水头损失。

1) 进口处局部水头损失。直角进口处的局部水头损失系数 $\zeta_{进口}=0.5$，则

$$h_{f1}=\zeta_{进口}\frac{v_1^2}{2g}=0.5\times\frac{0.96^2}{19.6}=0.023(\text{m})$$

2) 断面突然缩小处局部水头损失。根据 $\dfrac{A_2}{A_1}=\left(\dfrac{d_2}{d_1}\right)^2=0.391$，查得 $\zeta_{缩}=0.5\times\left(1-\dfrac{A_2}{A_1}\right)=0.5\times(1-0.391)=0.305$，则

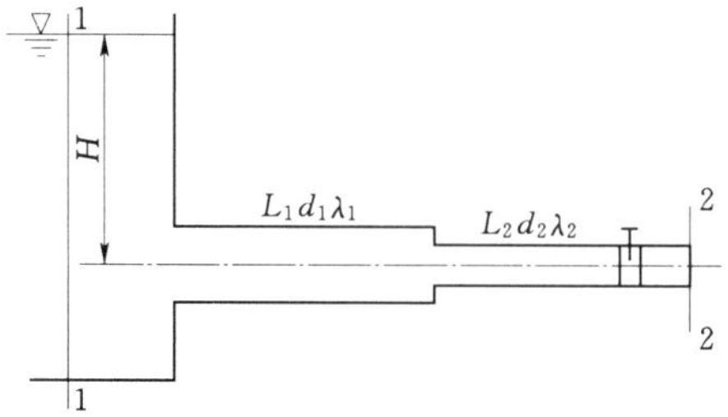

图 2-23

$$h_{j2}=\zeta_{缩}\frac{v_2^2}{2g}=0.305\times\frac{2.45^2}{19.6}=0.093(\text{m})$$

3) 闸阀处的局部水头损失。由平板闸阀的开度为 $a/d=0.5$，查得 $\zeta_{闸}=2.06$，则

$$h_{j3}=\zeta_{闸}\frac{v_2^2}{2g}=2.06\times\frac{2.45}{19.6}=0.629(\text{m})$$

总局部水头损失：$\sum h_j=h_{j1}+h_{j2}+h_{j3}=0.023+0.093+0.629=0.745(\text{m})$

(3) 水箱的水头 H。以管轴线为基准面，取水箱内断面 1—1 和管道出口断面 2—2 为两过水断面来研究。利用断面 1—1 和断面 2—2 之间的能量方程求解水箱的水头 H。

断面 1—1 代表点取在水面点，其位置高度为 H，压强为大气压，流速近似为零。断面 2—2 代表点取在管道中心点，位置高度为零，因断面四周为大气压强，故中心点也近似为大气压强，流速为 v_2。列断面 1—1 与断面 2—2 的能量方程，并整理得

$$
\begin{aligned}
H &= \frac{\alpha v_2^2}{2g} + h_w \\
&= \frac{\alpha v_2^2}{2g} + \sum h_f + \sum h_j \\
&= \frac{1 \times 2.45^2}{19.6} + 2.861 + 0.745 \\
&= 3.91(\text{m})
\end{aligned}
$$

知识与技能训练

2-1　总水头线是一条下降的线，测压管水头线一定是一条下降或上升的线，这种说法对吗？

2-2　引起液流水头损失的根本原因是什么？水头损失分为哪几类？实际水头损失应如何计算？沿程水头损失和局部水头损失各有何特点？

2-3　有一变径的压力水管如图 2-24 所示。已知各段管道的直径分别为 $d_1=250\text{mm}$，$d_2=200\text{mm}$，$d_3=150\text{mm}$，第三段管中的流速 $v_3=2\text{m/s}$。试求第一段和第二段管中的流速，并计算管中通过的流量。

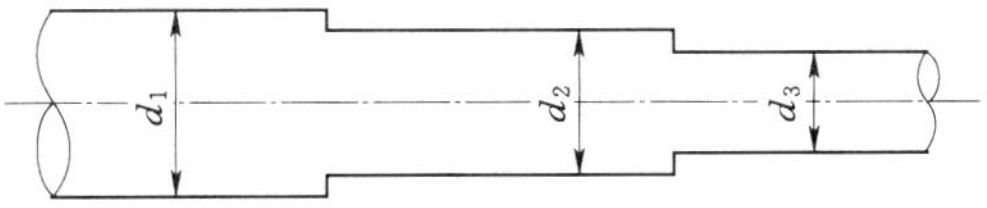

图 2-24

2-4　图 2-25 为一矩形断面平底渠道，宽 1m，河底上升的坎高 $p=0.5\text{m}$，坎前渐变流断面上的水深 $H=1.8\text{m}$，坎后水面下降 $\Delta z=0.4\text{m}$，坎顶水流为渐变流，上、下游河底为水平，忽略水头损失，求渠中通过的流量 Q。

2-5　图 2-26 为一铅直输水管，上游为一水池，出口接一管嘴，已知管径 $D=10\text{cm}$，出口径 $d=5\text{cm}$，流入大气。如不计水头损失，求管中 A、B、C 三点的压强。

2-6　如图 2-27 所示的某水管，已知管径 $d=100\text{mm}$，当阀门全关时，压力计读数为 0.5 个大气压。而当阀门开启后，保持恒定流，压力计读数降至 0.2 个大气压。若压力计前段的水头损失为 $2\dfrac{v^2}{2g}$，试求管中的流速和流量。

2-7　某泵站的吸水管路如图 2-28 所示。已知管径 $d=150\text{mm}$，流量 $Q=40\text{L/s}$，水头损失（包括进口）为 1.0m。若限制水泵进口前段面 A—A 的真空度不超过 7m 水柱，试确定水泵的最大安装高程。

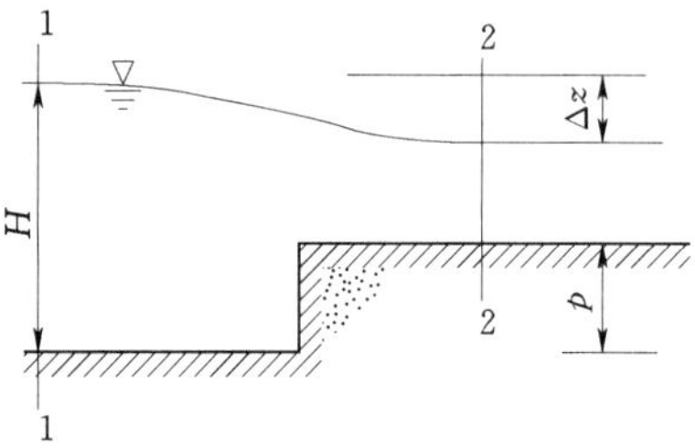

图 2-25

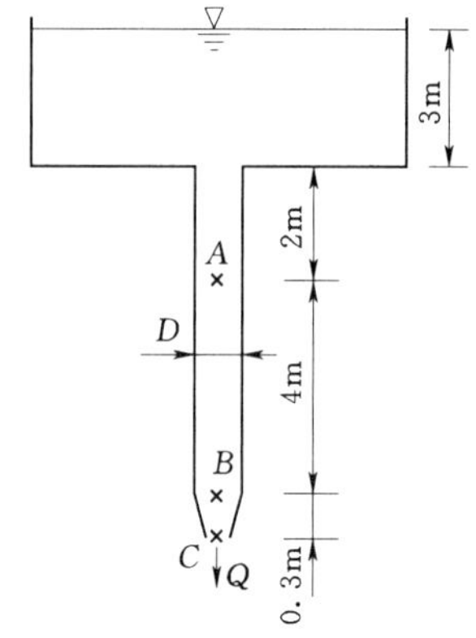

图 2-26

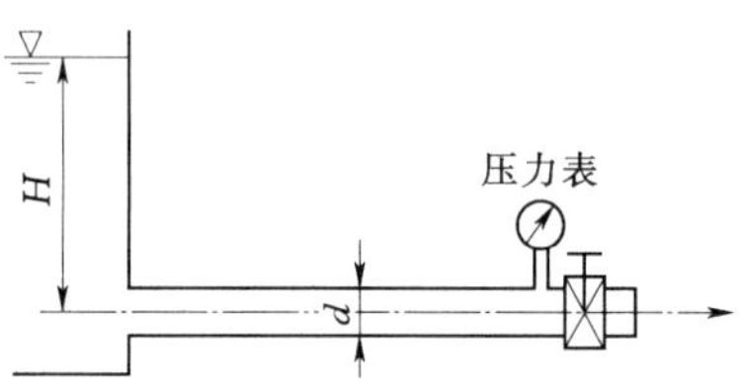

图 2-27

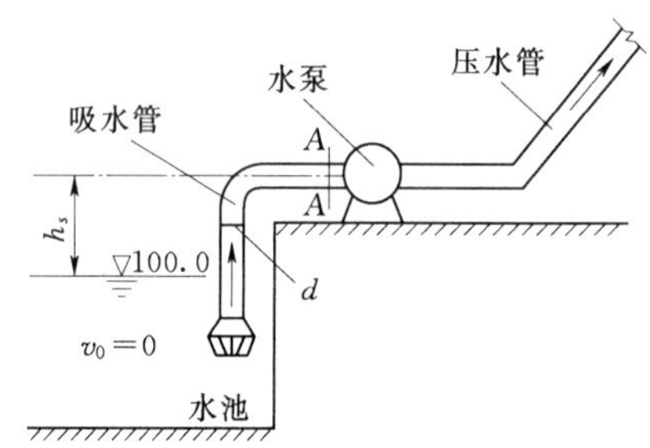

图 2-28

2-8　如图 2-29 所示为一矩形断面渠道，渠宽 $B=8$m，渠内插入一直立式平板闸门，已知闸前水深 $H=4$m，闸前行进流速 $v_0=0.96$m/s，闸门后收缩断面水深 $h_c=0.6$m，求水流对闸门的水平推力 R。

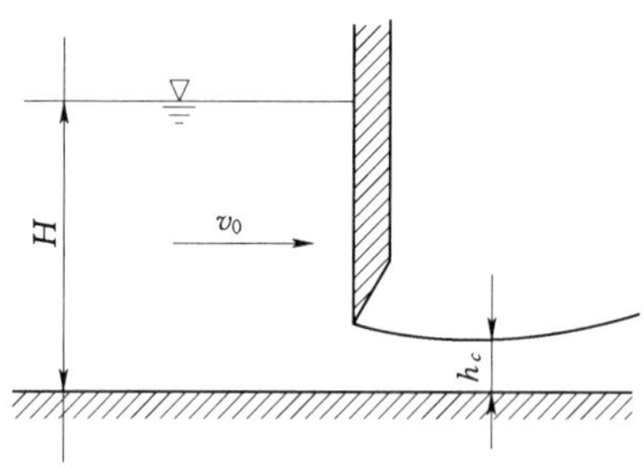

图 2-29

第三章 管流的水力计算

【学习目标】

通过本章的学习，要掌握简单短管和简单长管的判定标准，能够利用简单短管和简单长管的水力计算公式解决管道输水能力、作用水头、管道断面尺寸及断面压强计算等实际问题。

有压管道是指管道的整个横断面均被液体所充满，管内水流没有自由水面，管道的整个边壁处处受到动水压强作用，其值一般不等于大气压强。有压管道中的水流属于有压流，一般称为管流。水利工程中常见的有压隧洞、虹吸管、倒虹吸管以及抽水装置的吸水管，城市给排水工程中的自来水管，甚至人体中的血管都是有压管道。

第一节 简单短管的水力计算

简单短管是指管道中局部水头损失与流速水头两项之和大于沿程水头损失的5%，且局部水头损失和流速水头不能忽略的管道，简单管道的管径相等、无分支、沿程糙率及流量不变。水利工程中的虹吸管、倒虹吸管以及抽水装置的吸水管均属简单短管。利用简单短管的流量计算公式，进行管道输水能力、作用水头、管道断面尺寸及断面压强计算与设计，是十分重要的。

一、简单短管水力计算基本公式

根据管道出流条件，简单短管的水力计算可分为自由出流和淹没出流两种。

（一）自由出流

如图3-1所示，当管道出口水流流入大气，水流四周都受大气压强的作用，称为自由出流。

取通过管道出口断面中心点的水平面为基准面，取距管道进口有一定距离，水流满足

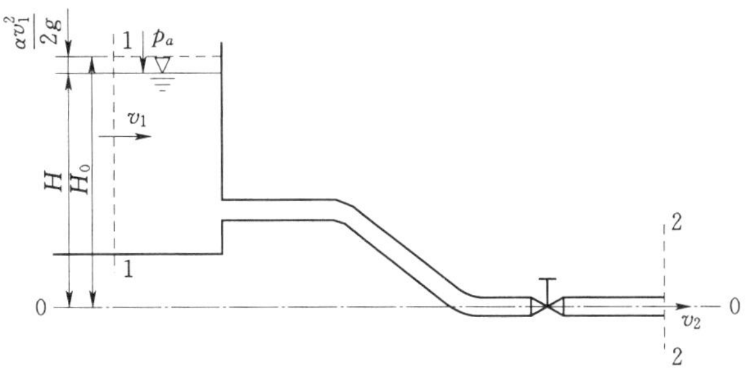

图3-1

渐变流条件的断面1—1和出口断面2—2为计算断面，以断面1—1水面上的点和出口断面中心点为代表点，对断面1—1和断面2—2列能量方程：

$$z_1+\frac{p_1}{\gamma}+\frac{\alpha_1 v_1^2}{2g}=z_2+\frac{p_2}{\gamma}+\frac{\alpha_2 v_2^2}{2g}+h_{w1-2}$$

因为 $z_1=H$，$p_1=p_2=0$，$z_2=0$，上式可写为

$$H+0+\frac{\alpha_1 v_1^2}{2g}=0+0+\frac{\alpha_2 v_2^2}{2g}+h_{w1-2}$$

令 $H_0=H+\frac{\alpha_1 v_1^2}{2g}$，$h_{w1-2}=h_f+h_j=\lambda\frac{L}{d}\frac{v_2^2}{2g}+\sum\zeta\frac{v_2^2}{2g}$，上式可变为

$$H_0=\left(\alpha_2+\lambda\frac{L}{d}+\sum\zeta\right)\frac{v_2^2}{2g}$$

取 $\alpha_2=1.0$，代入上式得

$$v_2=\frac{1}{\sqrt{1+\lambda\frac{L}{d}+\sum\zeta}}\sqrt{2gH_0}$$

令 $\mu_c=\frac{1}{\sqrt{1+\lambda\frac{L}{d}+\sum\zeta}}$，称为管道流量系数，则

$$v_2=\mu_c\sqrt{2gH_0}$$

则管道出流量 Q 为

$$Q=vA=\mu_c A\sqrt{2gH_0}$$

式中　A——管道过水断面面积，m^2；

H_0——包括行近流速水头在内的作用总水头。

公式 $Q=vA=\mu_c A\sqrt{2gH_0}$ 即为简单管道自由出流的流量公式，当断面1—1的平均流速 v_1 很小时，即 $v_1\approx0$，则

$$Q=\mu_c A\sqrt{2gH}$$

式中　H——上游水面到管道出口中心线的距离，称为作用水头，m。

（二）淹没出流

如图3-2所示，当管道出口淹没在水面以下，管道出口流量受到下游水位的影响，称为淹没出流。

当下游过水断面面积远大于管道过水面积，取管道出口下游水面0—0为基准面，以断面1—1和断面2—2水面上的点为代表点，对断面1—1和断面2—2列能量方程得

$$z_1+\frac{p_1}{\gamma}+\frac{\alpha_1 v_1^2}{2g}=z_2+\frac{p_2}{\gamma}+\frac{\alpha_2 v_2^2}{2g}+h_{w1-2}$$

因为 $z_1=z$（上下游水位差，称为作用水头），$p_1=p_2=0$，上式可写为

$$z+0+\frac{\alpha_1 v_1^2}{2g}=0+0+\frac{\alpha_2 v_2^2}{2g}+h_{w1-2}$$

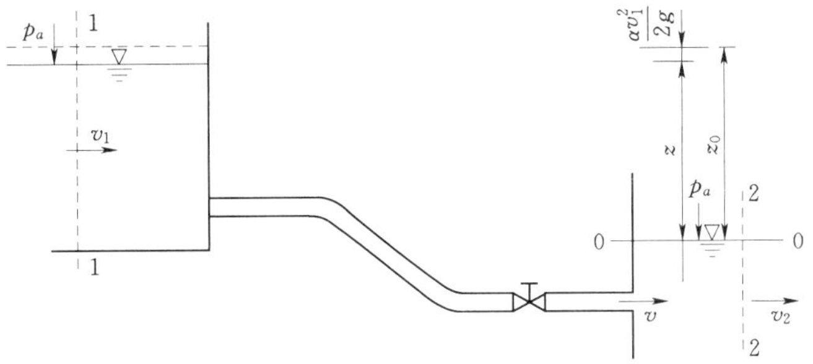

图 3-2

令 $z_0=z+\frac{\alpha_1 v_1^2}{2g}$，$h_{w1-2}=h_f+h_j=\lambda\frac{L}{d}\frac{v^2}{2g}+\sum\zeta\frac{v^2}{2g}$，因断面 2—2 面积很大，$\frac{\alpha_2 v_2^2}{2g}$可以忽略不计，上式可写成

$$z_0=\left(\lambda\frac{L}{d}+\sum\zeta\right)\frac{v^2}{2g}$$

式中　z_0——包括行近流速水头在内的上下游水位差，称为作用总水头。

管道中流速 v：

$$v=\frac{1}{\sqrt{\lambda\frac{L}{d}+\sum\zeta}}\sqrt{2gz_0}$$

令 $\mu_c=\frac{1}{\sqrt{\lambda\frac{L}{d}+\sum\zeta}}$，称为管道流量系数，则淹没出流的公式为

$$Q=vA=\mu_c A\sqrt{2gz_0}$$

当进口前断面 1—1 的断面平均流速 v_1 很小时，即 $v_1\approx 0$，则

$$Q=\mu_c A\sqrt{2gz}$$

需要强调的是，自由出流和淹没出流的主要异同有两个方面：①自由出流时的作用水头 H 为上游水面到管道出口中心线的距离，淹没出流时的作用水头 z 为上下游水位差；②同一管路两种出流情况下流量系数 μ_c 的计算公式形式不同，但当淹没出流下游水池流速很小，其他条件不变时，自由出流的流量系数与淹没出流的流量系数值大小相等。这是因为当管线布设条件相同时，淹没出流中局部水头损失比自由出流中局部水头损失多了管道出口处的局部水头损失，此处的局部水头损失系数近似为 1.0。

二、简单短管水力计算实例

（一）倒虹吸管的水力计算

当渠道与其他渠道、公路或河道等相交叉时，常常在公路或河道下面设置一段管道，这段管道叫倒虹吸管。如图 3-3 所示，倒虹吸管一般按简单短管进行水力计算。

【例题 3-1】 某渠道与一河道相交，拟采用钢筋混凝土管穿过河道，如图 3-3 所示。已知通过的流量 $Q=1.8\text{m}^3/\text{s}$，管径 $d=1\text{m}$，管长 $L=25\text{m}$，折角 30°处的局部水头损失

以上游渠道自由水面为基准面，对上游断面 1—1 及断面 2—2 列能量方程为

$$z_1+\frac{p_1}{\gamma}+\frac{\alpha_1 v_1^2}{2g}=z_2+\frac{p_2}{\gamma}+\frac{\alpha_2 v_2^2}{2g}+h_{w1-2}$$

因为 $z_1=0$，$p_1=0$，$p_2=-7.5$，上式可写为

$$0+0+\frac{\alpha_1 v_1^2}{2g}=h_s+(-7.5)+\frac{\alpha_2 v_2^2}{2g}+h_f+\sum h_j$$

取 $\alpha_1=\alpha_2=0$，$\frac{\alpha_1 v_1^2}{2g}\approx 0$，$v_2=\frac{Q}{A}=\frac{2.185}{\frac{3.14\times 1^2}{4}}=2.78$ (m/s)

$$h_s=7.5-\left(1+\lambda\frac{L_1+L_2}{d}+\zeta_{进}+\zeta_{弯}\right)\frac{v_2^2}{2g}$$

$$=7.5-\left(1+0.024\times\frac{18}{1}+0.5+0.365\right)\times\frac{2.78^2}{2\times 9.8}=6.57(\text{m})$$

故虹吸管的允许安装高度为 6.57m。

（三）水泵的水力计算

水泵是输送液体或使液体增压的机械。它将原动机的机械能或其他外部能量传送给液体，使液体能量增加。如图 3-5 所示为一抽水系统，由吸水管、压水管、水泵及其配套的动力机械和一些管道附件组成。

水泵的工作原理是：工作前，先将水泵的吸水管及水泵内充满水，水泵工作时是通过水泵叶轮转动的作用，将吸水管中的水输入压力管，在水泵进口端形成真空，水流在池面大气压作用下不断沿水管上升，水流流经水泵不断从水泵获得新的能量，进入压水管，再流入水池，这就是水泵的工作原理。

水泵叶轮轴线到上游水面的垂直距离为水泵的安装高度（h_s）。水泵的水力计算主要包括以下内容：①确定吸水管及压水管的管径；②计算水泵的安装高度；③确定水泵的扬程和水泵电动机的功率。

【例题 3-3】 一水泵装置如图 3-5 所示，水泵的抽水量为 $Q=30\text{m}^3/\text{h}$，吸水管长度 $L_{吸}=5\text{m}$，压水管长度 $L_{压}=20\text{m}$，沿程水头损失系数 $\lambda_{吸}=\lambda_{压}=0.046$。局部水头损失系数：进口 $\zeta_{网}=8.5$，90°弯头 $\zeta_{弯}=0.36$，其他弯头 $\zeta=0.26$，出口 $\zeta_{出}=1.0$，水泵的抽水高度 $z=20\text{m}$，水泵进口断面的最大允许真空度 $h_v=7\text{m}$。试确定以下内容：(1) 吸水管和压水管的管径；(2) 水泵的安装高度 h_s；(3) 水泵的扬程 H；(4) 水泵电动机的功率 N（水泵的效率 $\eta_{泵}=0.80$，电动机的效

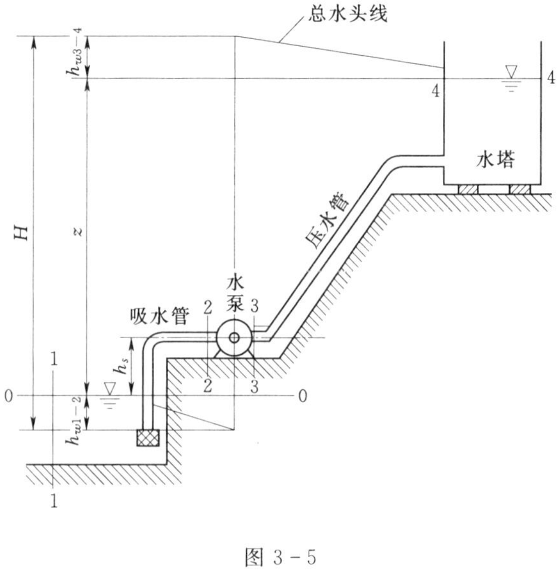

图 3-5

率 $\eta_{电}=0.90$）

解：（1）选定水泵管道直径。

水泵吸水管和压水管的直径一般根据管道的允许流速来确定。对于吸水管，其允许流速为 $v_{吸}=1.2\sim2.0\mathrm{m/s}$；对于压水管，其允许流速为 $v_{压}=1.5\sim2.5\mathrm{m/s}$。

依据上述允许流速的经验值，选取 $v_{吸}=2.0\mathrm{m/s}$，$v_{压}=2.5\mathrm{m/s}$，则相应的管径为

$$d_{吸}=\sqrt{\frac{4Q}{\pi v_{吸}}}=\sqrt{\frac{4\times30}{3.14\times2\times3600}}=0.073(\mathrm{m})$$

$$d_{压}=\sqrt{\frac{4Q}{\pi v_{压}}}=\sqrt{\frac{4\times30}{3.14\times2.5\times3600}}=0.065(\mathrm{m})$$

选取与计算结果接近并大于它的标准管径，故选取 $d_{吸}=d_{压}=75\mathrm{mm}$，则吸水管和压水管中的流速为

$$v_{吸}=v_{压}=\frac{Q}{A}=\frac{4\times30}{3.14\times0.075^2\times3600}=1.89(\mathrm{m/s})$$

吸水管和压水管符合允许流速要求。

（2）确定水泵的安装高度 h_s。

以水源水面为基准面，在水源中的渐变段内取过水断面 1—1，在水泵的进口（吸水管的末端）取过水断面 2—2，对断面 1—1 和断面 2—2 列能量方程得

$$0+\frac{p_a}{\gamma}+\frac{\alpha v_1^2}{2g}=h_s+\frac{p_2}{\gamma}+\frac{\alpha v_{吸}^2}{2g}+h_{w吸}$$

因为断面 1—1 的流速比吸水管的流速 $v_{吸}$ 小得多，故在计算中可近似地认为 $\frac{\alpha v_1^2}{2g}\approx0$，并取 $\alpha=1$。则

$$h_s=\frac{p_a-p_2}{\gamma}-\frac{v_{吸}^2}{2g}-h_{w吸}=\frac{p_a-p_2}{\gamma}-\left(1+\lambda\frac{L_{吸}}{d_{吸}}+\sum\zeta\right)\frac{v_{吸}^2}{2g}$$

其中，$\frac{p_a-p_2}{\gamma}$ 为真空度，用 h_v 表示，可得水泵安装高度 h_s 为

$$\begin{aligned}h_s&=h_v-\left(1+\lambda\frac{L_{吸}}{d_{吸}}+\sum\zeta\right)\frac{v_{吸}^2}{2g}\\&=7-\left(1+0.046\times\frac{5}{0.075}+8.5+0.36\right)\times\frac{1.89^2}{2\times9.8}\\&=4.65(\mathrm{m})\end{aligned}$$

需要说明的是，在本案例条件中，h_s 值的含义是指，水泵的安装高度不能超过 4.65m，否则将出现因水泵真空受到破坏而产生抽不上水或出水量很小的现象。

（3）确定水泵的扬程 H。

水从水源被提升到水塔上，提水高度为 z，这增加了水流的势能；同时，水流在流经吸水管和压水管到达水塔的途中，需要克服沿程水头损失和局部水头损失。这两部分能量都必须由水泵提供，通常把这两部分能量的总和，称为水泵的扬程。即

$$H=z+h_{w吸}+h_{w压}$$

$$h_{w吸}=\left(\lambda_{吸}\frac{L_{吸}}{d_{吸}}+\zeta_{网}+\zeta_{弯}\right)\frac{v_{吸}^2}{2g}$$

$$=\left(0.046\times\frac{5}{0.075}+8.5+0.36\right)\times\frac{1.89^2}{2\times9.8}$$

$$=2.17(\mathrm{m})$$

$$h_{w压}=\left(\lambda_{压}\frac{L_{压}}{d_{压}}+\sum\zeta_{压}\right)\frac{v_{压}^2}{2g}$$

$$=\left(0.046\times\frac{20}{0.075}+2\times0.26+1.0\right)\times\frac{1.89^2}{2\times9.8}$$

$$=2.51(\mathrm{m})$$

所以，水泵扬程为

$$H=z+h_{w吸}+h_{w压}=20+2.17+2.51=24.68(\mathrm{m})$$

（4）确定水泵电动机的功率 N。

电动机的功率为单位时间内将重量为 γQ 的水体提升 H 高度时所做的功，再分别除以水泵和电动机的实际功率，其计算公式为

$$N=\frac{\gamma QH}{\eta_{泵}\ \eta_{电}}=\frac{9.8\times\frac{30}{3600}\times24.68}{0.8\times0.9}=2.80(\mathrm{kW})$$

第二节　简单长管的水力计算

简单长管是指管道中水流的沿程水头损失较大，而局部水头损失与流速水头很小，此两项之和小于沿程水头损失的5%，以至于可以忽略不计。简单长管的管径不变且没有分支，沿程糙率及流量不变。

一、简单长管的水力计算基本公式

对简单长管进行水力计算时，因流速水头和局部水头损失忽略不计，能量方程可写为

$$H'=h_f$$

式中　H'——作用水头。

由谢才公式可得　　$Q=Av=AC\sqrt{RJ}=AC\sqrt{R\frac{h_f}{L}}$

令 $K=AC\sqrt{R}$，则

$$H'=h_f=\frac{Q^2}{K^2}L$$

这就是长管水力计算的基本公式。

对于自由出流 $H'=H$；对于淹没出流 $H'=z$。

$K=AC\sqrt{R}$ 称为流量模数，其数值等于水力坡度 $J=1$ 时的流量，其单位和流量单位相同，它综合反映了管道断面尺寸及边壁粗糙程度对过水能力的影响。

当 H'、Q、L 已知，欲求管径 d 时，可先用公式 $H'=\frac{Q^2}{K^2}L$ 求得 K。当粗糙系数一定时，$K=AC\sqrt{R}$ 是管径的函数。为了便于计算，表 3－1 给出了标准管径和流量模数 K 的对应关系。

表 3－1　　给水管道的流量模数 K 值的数值 $\left(按\ C=\frac{1}{n}R^{1/6}\ 计算\right)$　　单位：L/s

标准管道直径/mm	清洁管（n=0.011）	正常管（n=0.0125）	污秽管（n=0.0143）	标准管道直径/mm	清洁管（n=0.011）	正常管（n=0.0125）	污秽管（n=0.0143）
50	9.624	8.460	7.403	500	4.467×10^3	3.927×10^3	3.436×10^3
75	28.37	24.94	21.83	600	7.264×10^3	6.386×10^3	5.587×10^3
100	61.11	53.72	47.01	700	10.96×10^3	9.632×10^3	8.428×10^3
125	110.80	97.40	85.23	750	13.17×10^3	11.58×10^3	10.13×10^3
150	180.20	158.40	138.60	800	15.64×10^3	13.57×10^3	12.03×10^3
175	271.80	238.90	209.00	900	21.42×10^3	18.83×10^3	16.47×10^3
200	388.00	341.10	298.50	1000	28.36×10^3	24.93×10^3	21.82×10^3
225	531.20	467.00	408.60	1200	46.12×10^3	40.55×10^3	35.48×10^3
250	703.50	618.50	541.20	1400	69.57×10^3	61.16×10^3	53.52×10^3
300	1.144×10^3	1.006×10^3	880.00	1600	99.33×10^3	87.32×10^3	76.41×10^3
350	1.726×10^3	1.517×10^3	1.327×10^3	1800	136.00×10^3	119.50×10^3	104.60×10^3
400	2.464×10^3	2.166×10^3	1.895×10^3	2000	180.10×10^3	158.30×10^3	138.50×10^3
450	3.373×10^3	2.965×10^3	2.594×10^3				

当管中流速比较小（$v<1.2$m/s）时，严格来讲不能用曼宁公式求流量模数，所以不能直接由公式 $H'=h_f=\frac{Q^2}{K^2}L$ 计算水头损失。工程实际中一般对公式 $H'=h_f=\frac{Q^2}{K^2}L$ 进行修正，即在公式 $H'=h_f=\frac{Q^2}{K^2}L$ 中乘以修正系数 k，得

$$H'=h_f=k\frac{Q^2}{K^2}L$$

其中
$$k=\frac{1}{v^{0.2}}$$

对于钢管和铸铁管的修正系数 k 可由表 3－2 查得。

表 3-2　　钢管和铸铁管的修正系数 k

v /(m/s)	k	v /(m/s)	k	v /(m/s)	k
0.20	1.41	0.50	1.15	0.80	1.06
0.25	1.33	0.55	1.13	0.85	1.05
0.30	1.28	0.60	1.115	0.90	1.04
0.35	1.24	0.65	1.10	1.00	1.03
0.40	1.20	0.70	1.085	1.10	1.015
0.45	1.175	0.75	1.07	1.20	1.00

二、简单长管水力计算实例

(一) 已知管道尺寸、材料、管线布置和输水能力，确定作用水头

【例题 3-4】 由某水塔引一简单长管向某社区供水，管长 $L=4\text{km}$，直径 $d=400\text{mm}$，拟采用正常铸铁管，管道布设如图 3-6 所示。社区所需水头 $H_c=20\text{m}$，若需保证向社区供水量 $Q=0.1\text{m}^3/\text{s}$，试确定所需水塔高度 H。

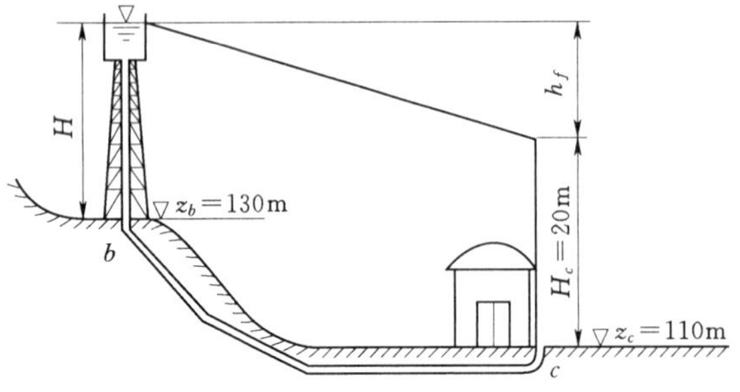

图 3-6

解： 给水管道按长管计算，管道内流速为

$$v=\frac{Q}{A}=\frac{0.1}{\frac{1}{4}\times3.14\times0.4^2}=0.79(\text{m/s})<1.2\text{m/s}$$

由表 3-2 查得修正系数 $k=1.062$，查表 3-1 得 $d=400\text{mm}$ 的新铸铁管流量模数 $K=2.166\text{m}^3/\text{s}$。

由公式 $H'=h_f=k\dfrac{Q^2}{K^2}L$ 计算沿程水头损失：

$$h_f=k\frac{Q^2}{K^2}L=1.062\times\frac{0.1^2}{2.166^2}\times4000=9.05(\text{m})$$

所需水塔高度为

$$H=H_c+h_f-(z_b-z_c)=20+9.05-(130-110)=9.05(\text{m})$$

(二) 已知管道长度、流量，在给定作用水头的情况下，确定所需要的管道直径

【例题 3-5】 某混凝土输水管道，流量 $Q=2.5\text{m}^3/\text{s}$，管道长 $L=2000\text{m}$，若使沿程水头损失不超过 8m，且已知混凝土管糙率 $n=0.0125$，试确定输水管道的直径。

解： 输水管的直径与流量模数有关，先求流量模数 K。

(1) 确定流量模数 K。

$$K=\frac{Q}{\sqrt{\frac{h_f}{L}}}=\frac{2.5}{\sqrt{\frac{8}{2000}}}=39.5(\text{m}^3/\text{s})=39.5\times10^3\text{L/s}$$

（2）确定输水管道的直径。

查表 3-1，当 $d=1.0\text{m}$ 时，$K=24.93\times10^3\text{L/s}$；当 $d=1.2\text{m}$ 时，$K=40.55\times10^3\text{L/s}$，为了保证输水量，采用较大的管径 $d=1.2\text{m}$。

（3）验证。

当 $d=1.2\text{m}$，$Q=2.5\text{m}^3/\text{s}$ 时，管道中流速为

$$v=\frac{Q}{A}=\frac{2.5}{\frac{1}{4}\times3.14\times1.2^2}=2.21(\text{m/s})>1.2\text{m/s}$$

所以，上述计算过程是正确的，符合本案例的输水管直径，故取 $d=1.2\text{m}$。

（三）已知管长、管径、作用水头，确定管道的输水量

【例题 3-6】 一简单长管管道，采用铸铁管。管长 $L=2000\text{m}$，管径 $d=0.125\text{m}$，作用水头 $H'=25\text{m}$，已知铸铁管糙率 $n=0.011$，试求通过管道的流量。

解：管道过水断面面积：$A=\frac{\pi}{4}d^2=\frac{3.14\times0.125^2}{4}=0.012(\text{m}^2)$

水力半径：$R=\frac{d}{4}=\frac{0.125}{4}=0.031(\text{m})$

谢才系数：$C=\frac{1}{n}R^{1/6}=\frac{1}{0.011}\times0.031^{1/6}=51.02(\text{m}^{1/2}/\text{s})$

流量模数：$K=AC\sqrt{R}=0.012\times51.02\times\sqrt{0.031}=0.111(\text{m}^3/\text{s})$

由公式 $H'=h_f=\frac{Q^2}{K^2}L$ 求流量得

$$Q=K\sqrt{\frac{H'}{L}}=0.111\times\sqrt{\frac{25}{2000}}=12.4\times10^{-3}(\text{m}^3/\text{s})$$

管中流速：$v=\frac{Q}{A}=\frac{12.4\times10^{-3}}{0.012}=1.01(\text{m/s})<1.2\text{m/s}$

查表 3-2 经内插求修正系数 $k=1.029$，修正后的流量为

$$Q=K\sqrt{\frac{H'}{kL}}=0.111\times\sqrt{\frac{25}{1.029\times2000}}=12.2\times10^{-3}(\text{m}^3/\text{s})$$

知识与技能训练

3-1 何谓短管和长管？其判别标准是什么？

3-2 什么是水泵的扬程？它与水被水泵提升的高度是一回事吗？

3-3 如图 3-7（a）所示为自由出流，图 3-7（b）所示为淹没出流。若在两种出流情况下，水头 H、管长 l、管径 d 及沿程阻力系数均相同。试问：

（1）两管中的流量是否相同？为什么？

（2）两管中各相应点的压强是否相同？为什么？

第四章　明渠水流的水力计算

【学习目标】

通过本章的学习，要掌握明渠均匀流的水力计算方法，并能在工程实际问题中熟练应用；要掌握明渠非均匀流的判别方法，并能对明渠非均匀流的相关参数进行确定；能对棱柱体明渠非均匀渐变流水面曲线进行定性分析；了解水跌和水跃现象。

明渠是指具有自由表面的泄水渠道，明渠中的水流称为明渠水流。因明渠中水流表面压强一般为大气压，相对压强为零，故明渠水流属于无压流。明渠包括天然河道和人工渠道，水利工程中常见的灌溉输水渠道、水电站引水渠道、无压隧洞、渡槽，以及自然界中的河流、溪沟等都属于明渠。

明渠水流根据水流的运动要素是否随时间改变，可分为明渠恒定流与明渠非恒定流；根据水流要素是否沿程改变，可分为明渠均匀流与明渠非均匀流；明渠非均匀流又可分为明渠渐变流与明渠急变流。

第一节　明渠均匀流的水力计算

明渠均匀流是流动形式最简单的明渠水流，它是明渠水流中的一种特殊情况，其运动规律是明渠水力计算的基本依据。

一、明渠均匀流的特性

明渠均匀流的运动要素沿流程不变，其流线是平行直线。明渠均匀流具有以下特征：

（1）过水断面的形状、尺寸、流速、流量、水深等沿程均保持不变。

（2）总水头线（坡度以 J 表示）、测压管水头线（在明渠水流中，测压管水头线即为水面线，坡度以 J_p 表示）和渠底线相互平行，因此三者的坡度相等，即

$$J=J_p=i$$

明渠均匀流的运动实质就是物理学中的匀速直线运动。按照力学观点分析，作用在水流运动方向上的各种力应保持平衡。如图 4-1 所示，在均匀流中取断面 1—1 和断面 2—2 之间的水体 $ABCD$ 为脱离体，进行受力分析。作用在水体上的力有：①铅直向下的重力 G；②平行于流向的边界摩擦阻力 F_f；③作用在上、下游两控制断面上的动水压力 P_1 和 P_2。沿流动方向列力的平衡方程，得

$$P_1+G\sin\alpha-P_2-F_f=0$$

因为 $P_1=P_2$，上式可化简为

$$G\sin\alpha=F_f$$

也就是说，明渠均匀流中，水体的重力在水流方向的分力等于边界对水流的摩擦阻力。即

(1) 当 $G\sin\alpha=F_f$ 时，水流为均匀流。

(2) 当 $G\sin\alpha>F_f$ 时，水流作加速运动。

(3) 当 $G\sin\alpha<F_f$ 时，水流作减速运动。

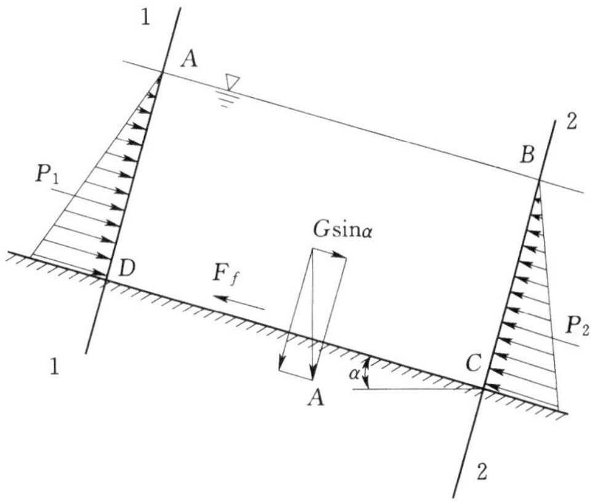

图 4-1

二、明渠均匀流的产生条件

明渠水流必须满足以下条件，才能形成明渠均匀流：

(1) 明渠中水流必须是恒定流，且流量沿程不变。

(2) 渠道必须是长直棱柱体渠道，且渠道中没有任何阻碍水流运动的建筑物。

(3) 渠道必须为底坡不变的顺坡渠道，这样才能保证重力沿水流方向的分量与摩擦阻力相平衡。

(4) 渠道的糙率沿程不变。

上述 4 个条件必须同时满足，才可能形成明渠均匀流。严格地讲，在实际工程中，同时满足上述 4 个条件的明渠均匀流很少见。只要与上述 4 个条件相差不大，可近似地看成是明渠均匀流。如人工修建的棱柱体渠道，边界条件无显著变化，基本上能满足均匀流的产生条件，则可按均匀流进行水力计算。

三、明渠均匀流的计算公式

明渠均匀流水力计算常采用谢才公式 $v=C\sqrt{RJ}$ 计算。

对于明渠均匀流，其水力坡度 J 与底坡 i 相等，即 $J=i$，所以

$$v=C\sqrt{Ri}$$

则流量为

$$Q=vA=AC\sqrt{Ri}$$

令 $K=AC\sqrt{R}$，则

$$Q=K\sqrt{i}$$

式中 K——流量模数，m^3/s。

将曼宁公式 $C=\frac{1}{n}R^{1/6}$ 代入公式 $Q=K\sqrt{i}$，则明渠均匀流的公式可改写为

$$Q=\frac{A}{n}R^{\frac{2}{3}}i^{\frac{1}{2}}$$

0.66m，取 $\alpha=\frac{1}{4}$，则不冲允许流速为

$$v_{不冲}=(0.75\sim0.95)\times0.66^{\frac{1}{4}}=(0.68\sim0.86)(m/s)$$

又因不淤允许流速 $v_{不淤}=0.5m/s$，则 $v_{不淤}<v<v_{不冲}$。

所以，设计断面满足允许流速的要求。

（四）不同糙率的水力计算

实际工程中，有时为了满足特殊地形条件或地质条件要求，渠底或边壁要采用不同的材料，因此，断面湿周各部分的糙率是不同的。如图 4-2 所示为一依山开挖的渠道，渠道一边是浆砌石衬砌，一边是混凝土衬砌，底部则是原天然土壤，且断面形状不对称。类似这种渠道在进行水力计算时，要先求出综合糙率 n_e，常采用以下几种方法：

$$n_e=\frac{n_1\chi_1+n_2\chi_2+n_3\chi_3}{\chi_1+\chi_2+\chi_3}$$

$$n_e=\sqrt{\frac{n_1^2\chi_1+n_2^2\chi_2+n_3^2\chi_3}{\chi_1+\chi_2+\chi_3}}$$

$$n_e=\left(\frac{n_1^{\frac{3}{2}}\chi_1+n_2^{\frac{3}{2}}\chi_2+n_3^{\frac{3}{2}}\chi_3}{\chi_1+\chi_2+\chi_3}\right)^{2/3}$$

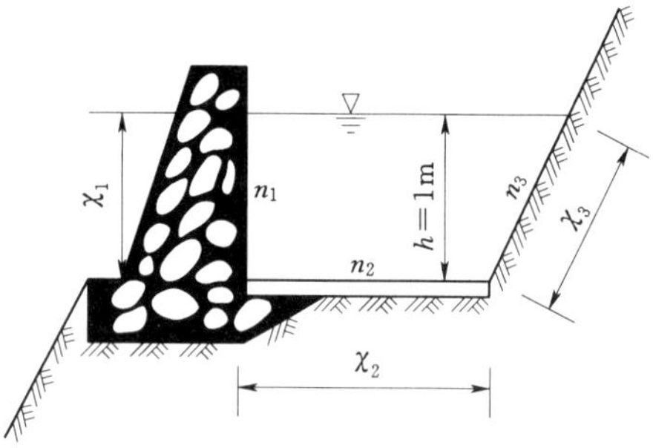

图 4-2

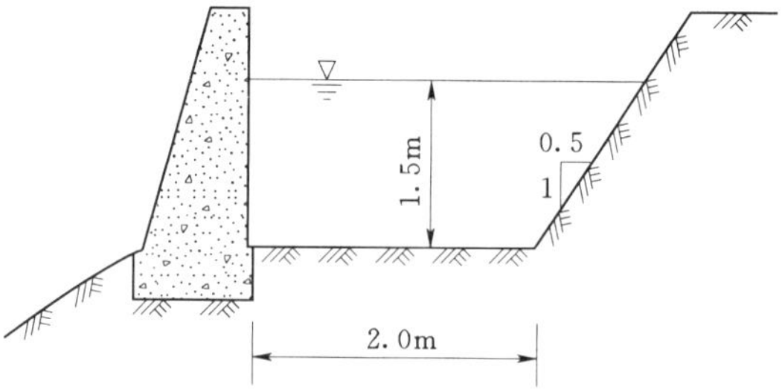

图 4-3

【例题 4-2】 有一环山渠道如图 4-3 所示，底坡 $i=0.0025$。靠山一边按 1∶0.5 的边坡开挖，$n_1=0.0275$；另一边为直立的混凝土边墙，$n_2=0.017$；渠底宽度 $b=2.0m$，$n_3=0.020$。试求当水深 $h=1.5m$ 时的过水流量。

解：（1）先计算综合糙率。

$$n_e=\frac{n_1\chi_1+n_2\chi_2+n_3\chi_3}{\chi_1+\chi_2+\chi_3}$$

$$=\frac{1.5\times\sqrt{1+0.5^2}\times0.0275+2\times0.02+1.5\times0.017}{1.5\times\sqrt{1+0.5^2}+2+1.5}=0.022$$

（2）计算流量。

过水断面面积：$A=2\times1.5+\dfrac{1.5\times1.5\times0.5}{2}=3.56(\text{m}^2)$

湿周：$\chi=1.5\times\sqrt{1+0.5^2}+2+1.5=5.18(\text{m}^2)$

水力半径：$R=\dfrac{A}{\chi}=\dfrac{3.56}{5.18}=0.69(\text{m})$

过水流量：$Q=\dfrac{A}{n_e}R^{\frac{2}{3}}i^{\frac{1}{2}}=\dfrac{3.56}{0.022}\times0.69^{\frac{2}{3}}\times0.0025^{\frac{1}{2}}=6.44(\text{m}^3/\text{s})$

（五）复式断面渠道的水力计算

复式断面多用于流量变化比较大的渠道，如图 4-4 所示。当流量较小时，水流由主槽部分通过；只有当流量较大时，两边的滩地才过水。

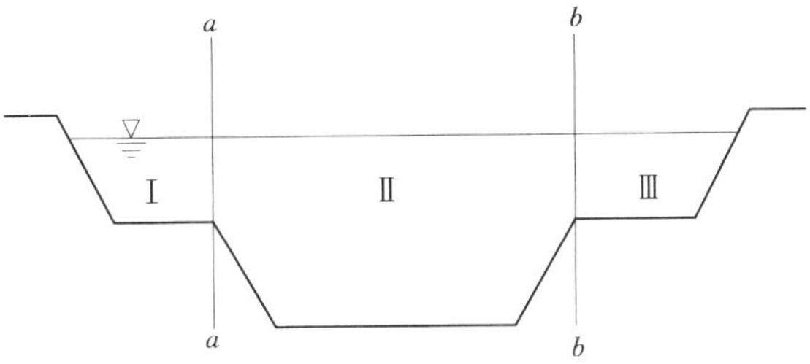

图 4-4

复式断面一般不规则，断面周界上糙率也不同，计算时若将整个断面作为一个整体考虑，得到的结果往往与实际水流有误差。计算时常采用近似计算，用垂线将断面分为几个部分，分别计算出每部分的流量，最后相加得到总流的流量。

如图 4-4 所示的复式断面，用垂线 a—a 和 b—b 将断面分为Ⅰ、Ⅱ、Ⅲ三部分，每一部分的流量分别为

$$Q_1=A_1C_1\sqrt{R_1i}$$
$$Q_2=A_2C_2\sqrt{R_2i}$$
$$Q_3=A_3C_3\sqrt{R_3i}$$

则总流的流量为

$$Q=Q_1+Q_2+Q_3$$

【例题 4-3】 一复式断面渠道，各部分尺寸如图 4-5 所示。渠道底坡 $i=1/5000$，主槽部分糙率 $n_1=0.02$，边滩部分糙率 $n_2=n_3=0.025$，各部分边坡系数都为 1.0。试求渠道所通过的流量。

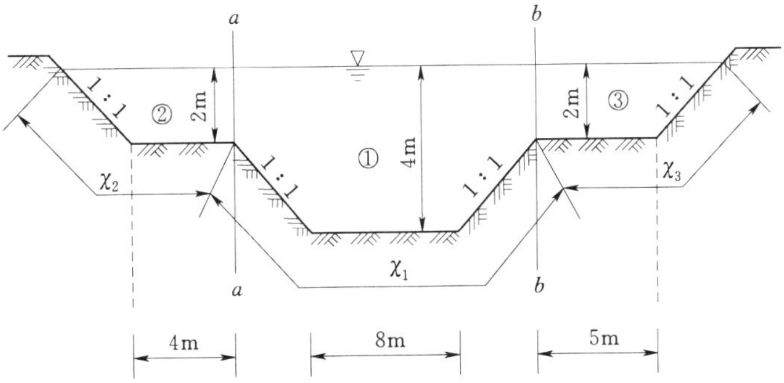

图 4-5

解：用垂线 $a—a$ 和 $b—b$ 将断面分成①主槽、②左边滩、③右边滩三部分，以下分别计算每部分的水力要素和通过的流量，最后相加得到总流的流量。

（1）第①部分（主槽）。

过水断面面积：$A_1=(8+1\times2\times2)\times2+(8+8+1\times2\times2)\times\frac{2}{2}=44(m^2)$

湿周：$\chi_1=8+2\times2\times\sqrt{1+1}=13.66(m)$

水力半径：$R_1=\frac{A_1}{\chi_1}=\frac{44}{13.66}=3.22(m)$

谢才系数：$C_1=\frac{1}{n_1}R_1^{1/6}=\frac{1}{0.02}\times3.22^{1/6}=60.77(m^{1/2}/s)$

第①部分流量：$Q_1=A_1C_1\sqrt{R_1i}=44\times60.76\times\sqrt{3.22\times1/5000}=67.9(m^3/s)$

（2）第②部分（左边滩）。

过水断面面积：$A_2=(4+1\times2+4)\times\frac{2}{2}=10(m^2)$

湿周：$\chi_2=4+2\times\sqrt{1+1}=6.83(m)$

水力半径：$R_2=\frac{A_2}{\chi_2}=\frac{10}{6.83}=1.46(m)$

谢才系数：$C_2=\frac{1}{n_2}R_2^{1/6}=\frac{1}{0.025}\times1.46^{1/6}=42.63(m^{1/2}/s)$

流量：$Q_2=A_2C_2\sqrt{R_2i}=10\times42.63\times\sqrt{1.46\times1/5000}=7.3(m^3/s)$

（3）第③部分（右边滩）。

过水断面面积：$A_3=(5+1\times2+5)\times\frac{2}{2}=12(m^2)$

湿周：$\chi_4=5+2\times\sqrt{1+1}=7.83(m)$

水力半径：$R_3=\frac{A_3}{\chi_3}=\frac{12}{7.83}=1.53(m)$

谢才系数：$C_3=\frac{1}{n_3}R_3^{1/6}=\frac{1}{0.025}\times1.53^{1/6}=42.95(m^{1/2}/s)$

流量：$Q_3=A_3C_3\sqrt{R_3i}=12\times42.95\times\sqrt{1.53\times1/5000}=9.0(m^3/s)$

（4）总流量：$Q=Q_1+Q_2+Q_3=67.9+7.3+9.0=84.2(m^3/s)$

五、明渠均匀流水力计算的实际应用

（一）校核渠道的过水能力和流速

工程中为保证渠道的正常运行，在设计好渠道后，应对渠道的过水能力和流速进行校核。这类问题是已知渠道断面尺寸 b、m、h、底坡 i 和糙率 n，要求计算通过渠道的实际流量和流速，校核其是否满足设计流量和允许流速的要求。

【例题 4-4】 某梯形断面渠道，土质为黏土，其底宽 $b=0.4m$，边坡系数 $m=1.5$，渠道底坡 $i=0.001$，糙率 $n=0.025$，渠道的设计流量 $Q_p=0.50m^3/s$，渠中水深 $h=$

0.65m，已知渠道不淤流速 $v_{不淤}=0.5\text{m/s}$。试校核渠道的过水能力和流速。

解：(1) 先校核渠道的过水能力。

渠道水面宽度：$B=b+2mh=0.4+2\times1.5\times0.65=2.35(\text{m})$

过水断面面积：$A=(b+mh)h=(0.4+1.5\times0.65)\times0.65=0.89(\text{m}^2)$

湿周：$\chi=b+2h\sqrt{1+m^2}=0.4+2\times0.65\times\sqrt{1+1.5^2}=2.74(\text{m})$

水力半径：$R=\dfrac{A}{\chi}=\dfrac{0.89}{2.74}=0.33(\text{m})$

流量：$Q=\dfrac{A}{n}R^{2/3}i^{1/2}=\dfrac{0.89}{0.025}\times0.33^{2/3}\times0.001^{1/2}=0.535(\text{m}^3/\text{s})$

计算的流量稍大于设计流量，故该渠道满足设计要求。

(2) 校核渠道的流速。

当水力半径 $R=1\text{m}$ 时，取黏土的不冲流速 $v_{不冲}=0.85\text{m/s}$；当水力半径 $R=0.33\text{m}$ 时，取 $\alpha=\dfrac{1}{4}$，不冲流速 $v_{不冲}=0.85\times0.33^{1/4}=0.64\text{m/s}$。

渠道不淤流速：$v_{不淤}=0.5\text{m/s}$。

渠中实际流速：$v=\dfrac{Q}{A}=\dfrac{0.535}{0.89}=0.60(\text{m/s})$

所以，渠中流速满足 $v_{不淤}<v<v_{不冲}$，渠道是稳定的。

(二) 设计渠道的底坡

在已知修建渠道处的土壤性质或护面材料、设计流量及断面尺寸后，往往需要确定渠道的底坡。即已知 b、m、n、h、Q，要求确定 i。

根据明渠均匀流公式 $Q=\dfrac{A}{n}R^{\frac{2}{3}}i^{\frac{1}{2}}$ 可得

$$i=\frac{Q^2n^2}{A^2R^{\frac{4}{3}}}$$

【例题 4-5】 有一钢筋混凝土矩形输水渡槽，渡槽底为 $b=6\text{m}$，槽中水深为 $h=4\text{m}$，糙率为 $n=0.012$，设计流量 $Q=30\text{m}^3/\text{s}$，试计算渡槽的底坡 i。

解：(1) 计算过水断面水力要素。

过水断面面积：$A=bh=6\times4=24(\text{m}^2)$

湿周：$\chi=b+2h=6+2\times4=14(\text{m})$

水力半径：$R=\dfrac{A}{\chi}=\dfrac{24}{14}=1.71(\text{m})$

(2) 计算渡槽底坡。

$$i=\frac{Q^2n^2}{A^2R^{\frac{4}{3}}}=\frac{30^2\times0.012^2}{24^2\times1.71^{\frac{4}{3}}}=0.00011$$

(三) 确定渠道的糙率

这类问题是已知渠道过水断面尺寸 b、m、h、底坡 i 和渠道通过流量 Q，求解渠道的糙率 n。

根据明渠均匀流公式 $Q=\frac{A}{n}R^{\frac{2}{3}}i^{\frac{1}{2}}$，可得

$$n=\frac{A}{Q}R^{\frac{2}{3}}i^{\frac{1}{2}}$$

【例题 4-6】 已知矩形渠道底宽 $b=8\text{m}$，底坡 $i=1/2500$，测得渠道为均匀流时的流量 $Q=20\text{m}^3/\text{s}$，水深 $h=1.5\text{m}$，试计算渠道糙率 n 值。

解：（1）计算过水断面水力要素。

过水断面面积：$A=bh=8\times1.5=12(\text{m}^2)$

湿周：$\chi=b+2h=8+2\times1.5=11(\text{m})$

水力半径：$R=\frac{A}{\chi}=\frac{12}{11}=1.09(\text{m})$

（2）计算糙率 n 值。

$$n=\frac{A}{Q}R^{\frac{2}{3}}i^{\frac{1}{2}}=\frac{12}{20}\times1.09^{\frac{2}{3}}\times0.0004^{\frac{1}{2}}=0.0127$$

（四）设计渠道的断面尺寸

设计渠道时，设计流量 Q 由渠道所承担的输水任务确定，边坡系数 m 和糙率 n 根据渠道的地形、地质条件、建筑材料及施工条件选定；底坡 i 根据渠道所经地段的地形、地质以及水流含沙量等情况确定。设计渠道的断面尺寸就是在已知 Q、m、n、i 的条件下，确定渠道的底宽 b 和正常水深 h_0。一般利用明渠均匀流公式 $Q=\frac{A}{n}R^{\frac{2}{3}}i^{\frac{1}{2}}$ 确定。但一个方程式只能求解一个未知量，现要确定两个未知量，便会出现不定解。为此，水利工程中一般结合工程技术经济要求再附加一个条件，即选定 b 或 h_0 或 $\beta=\frac{b}{h}$，然后再联合求解。

1. 选定底宽 b，求渠中正常水深 h_0

【例题 4-7】 某梯形断面输水渠道，已知底宽 $b=8\text{m}$，底坡 $i=0.001$，边坡系数 $m=1.5$，糙率 $n=0.025$。试求通过流量 $Q=50\text{m}^3/\text{s}$ 时的水深 h。

解：先选取某一 h 值，例如选取 $h=1.5\text{m}$ 计算相应的流量。

过水断面面积：$A=(b+mh)h=(8+1.5\times1.5)\times1.5=15.38(\text{m}^2)$

湿周：$\chi=b+2h\sqrt{1+m^2}=8+2\times1.5\sqrt{1+1.5^2}=13.41(\text{m})$

水力半径：$R=\frac{A}{\chi}=\frac{15.38}{13.41}=1.15(\text{m})$

谢才系数：$C=\frac{1}{n}R^{1/6}=\frac{1}{0.025}\times1.15^{1/6}=40.92(\text{m}^{1/2}/\text{s})$

流量：$Q_{计算}=AC\sqrt{Ri}=15.38\times40.92\times\sqrt{1.15\times0.001}=21.31(\text{m}^3/\text{s})\neq50\text{m}^3/\text{s}$

由于 $Q_{计算}\neq Q$，再假设一系列水深 h 值，利用明渠均匀流公式 $Q=AC\sqrt{Ri}$ 求出相应的流量 Q 值，最好 h 值不少于 5 个，分别计算相应的过水断面面积 A、湿周 χ、水力半径 R、谢才系数 C 及流量 $Q_{计算}$，列于表 4-1。

表 4-1　　　　水深试算表

h /m	A /m^2	χ /m	R /m	C /($m^{1/2}$/s)	$Q_{计算}$ /(m^3/s)
1.50	15.38	13.41	1.15	40.92	21.31
1.60	16.64	13.77	1.21	41.28	23.88
1.70	17.94	14.13	1.27	41.62	26.60
1.80	19.26	14.49	1.33	41.94	29.45
1.90	20.62	14.85	1.39	42.25	32.45
2.00	22.00	15.21	1.45	42.54	35.59
2.10	23.42	15.57	1.50	42.81	38.87
2.20	24.86	15.93	1.56	43.08	42.30
2.30	26.34	16.29	1.62	43.33	45.88
2.40	27.84	16.65	1.67	43.58	49.60
2.50	29.38	17.01	1.73	43.81	53.48
2.60	30.94	17.37	1.78	44.04	57.50
2.70	32.54	17.73	1.83	44.26	61.67
2.80	34.16	18.10	1.89	44.47	66.00

利用表 4-1 中的数据，点绘出 $h-Q$ 曲线，如图 4-6 所示。在横坐标取 $Q_{计算}=50m^3/s$ 时，所对应的水深 $h=2.41m$。

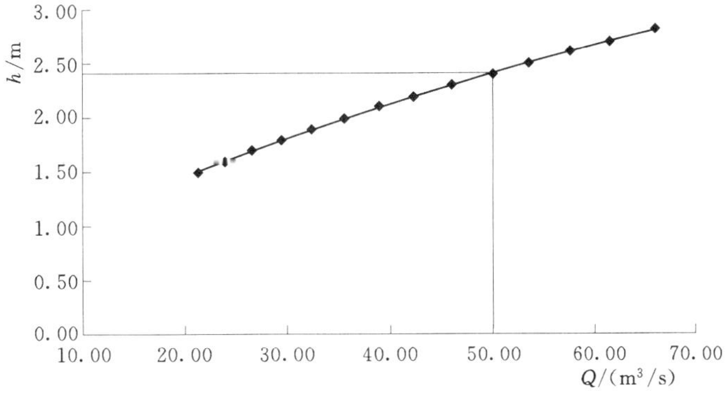

图 4-6

以上求解正常水深 h 的方法称为试算法，该方法计算量大，并需要绘制图形。建议采用 Excel 进行计算，通过公式链接好各参数之间的关系，调整不同的水深 h 值，直到所得流量接近设计流量为止。这种方法可以大幅提高水力计算的速度，同时可提高水力计算的精度。

2. 选定渠中正常水深 h，求底宽 b

当 h 已知时，则 $K=\frac{Q}{\sqrt{i}}$ 只与 b 有关，即 $K=K(b)$。一个方程只有一个未知数，显然 b 是有确定解的。但 $K-b$ 关系复杂，b 为隐函数，只能通过试算求解。建议也采用 Excel 进行公式链接，求解 b 值。

$$\bar{h}=\frac{A}{B}$$

因此，明渠水流的三种流态判别式又可写为

当 $v<\sqrt{g\bar{h}}$ 时，水流为缓流。

当 $v=\sqrt{g\bar{h}}$ 时，水流为临界流。

当 $v>\sqrt{g\bar{h}}$ 时，水流为急流。

（三）流态判别数——弗劳德数 *Fr*

将断面平均流速 v 和微波的相对波速 c 的比值称为弗劳德数，用 Fr 表示，即

$$Fr=\frac{v}{c}=\frac{v}{\sqrt{g\bar{h}}}$$

弗劳德数是一个无量纲数，也可用其判别明渠水流的流态：

当 $Fr<1$ 时，水流为缓流。

当 $Fr=1$ 时，水流为临界流。

当 $Fr>1$ 时，水流为急流。

弗劳德数 Fr 的表达式改写为

$$Fr=\frac{v}{\sqrt{g\bar{h}}}=\sqrt{\frac{2\times\frac{v^2}{2g}}{\bar{h}}}$$

由上式可以看出，弗劳德数 Fr 从能量观点反映了过水断面上单位重量液体所具有的平均动能 $\frac{v^2}{2g}$ 与平均势能 $\bar{h}$ 之比。当水流的平均势能正好等于平均动能的 2 倍时，$Fr=1$，水流为临界流；水流为缓流时，平均势能大于 2 倍的平均动能；水流为急流时，平均势能则小于 2 倍的平均动能。

【例题 4-10】 已知某河道过水断面面积 $A=320\text{m}^2$，水面宽度 $B=120\text{m}$，流量 $Q=2500\text{m}^3/\text{s}$。试求 c、Fr，并判别河道中水流的流态。

解：河道中断面平均流速：$v=\frac{Q}{A}=\frac{2500}{320}=7.81(\text{m/s})$

断面平均水深：$\bar{h}=\frac{A}{B}=\frac{320}{120}=2.67(\text{m})$

微波的相对波速：$c=\sqrt{g\bar{h}}=\sqrt{9.8\times2.67}=5.11(\text{m/s})$

弗劳德数：$Fr=\frac{v}{c}=\frac{7.81}{5.11}=1.53>1$

因为 $Fr>1$，所以河道中的水流为急流。

二、断面比能

（一）断面比能的概念

图 4-8 所示为一底坡较小的渐变流（$\theta<6°$），任取一过水断面，设水深为 h，断面平

均流速为 v，如将基准面选在该断面渠底所在的平面 $0'—0'$，那么将过水断面上单位重量液体所具有的总机械能称为断面单位能量，简称断面比能，常以 E_s 表示，则

$$E_s=h+\frac{\alpha v^2}{2g}=h+\frac{\alpha Q^2}{2gA^2}$$

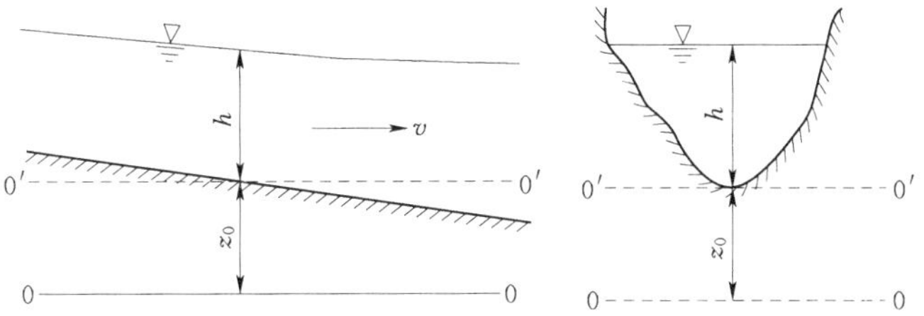

图 4-8

需要说明的是，断面比能不是水流的单位总能量。计算水流的单位总能量时，整个流程中不同断面都选用同一基准面 0—0；而计算断面比能选用的基准面是每个过水断面的最低点所在的水平面 $0'—0'$。也就是说，计算断面比能时，沿流程不同过水断面选取的基准面都不同。另外，因存在水头损失，水流的单位总能量沿程肯定是减少的，但断面比能沿流程可能减少、增加或不变，断面比能和水流的单位总能量始终相差渠底高程 z_0。

（二）比能曲线

由断面比能的公式可知，断面比能的大小与过水断面形状、尺寸、水深和流量有关。当流量及过水断面的形状、尺寸一定时，断面比能仅是水深的函数，即 $E_s=f(h)$，以水深 h 为纵坐标，以断面比能 E_s 为横坐标，可以绘出 $h-E_s$ 的关系曲线，称为比能曲线，如图 4-9 所示。

以下定性分析一下比能曲线的变化规律。当 $h\rightarrow 0$ 时，$A\rightarrow 0$，$E_s=h+\frac{\alpha Q^2}{2gA^2}\rightarrow\infty$，$h-E_s$ 曲线以横坐标为渐近线；当 $h\rightarrow\infty$时，$A\rightarrow\infty$，虽然$\frac{\alpha Q^2}{2gA^2}\rightarrow 0$，但 $E_s=h+\frac{\alpha Q^2}{2gA^2}\rightarrow\infty$，$h-E_s$ 曲线以与坐标轴成45°的斜直线为渐近线。$h-E_s$ 曲线以 E_{smin} 为分界点，上支断面比能随水深的增加而增加，即$\frac{dE_s}{dh}>0$；下支断面比能随水深的增加而减小，即$\frac{dE_s}{dh}<0$。

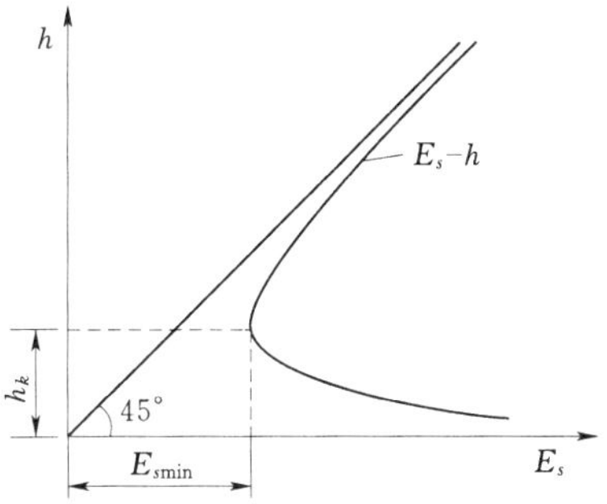

图 4-9

三、临界水深

（一）临界水深的计算

将断面比能的表达式对水深 h 求导，有

$$\frac{dE_s}{dh}=\frac{d}{dh}\left(h+\frac{\alpha Q^2}{2gA^2}\right)=1-\frac{\alpha Q^2}{gA^3}\frac{dA}{dh}$$

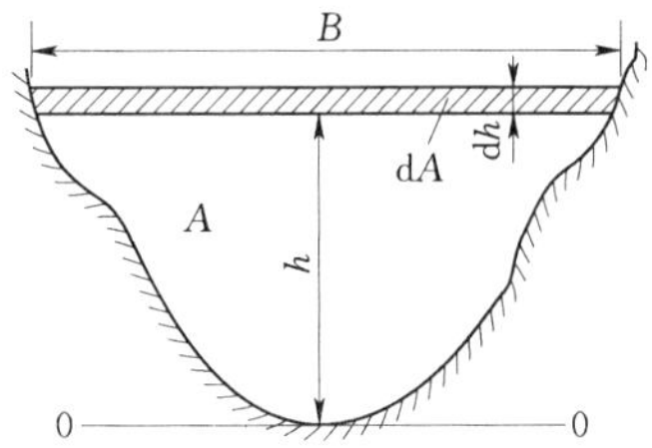

图 4-10

在水深为 h 的明渠中，对某一确定的断面而言，当水深 h 增加一个微量 dh 时，过水断面面积 A 相应增加一个微量 dA。如图 4-10 中阴影部分所示，由图可以看出，$dA=Bdh$，即

$$\frac{dA}{dh}=B$$

所以

$$\frac{dE_s}{dh}=1-\frac{\alpha Q^2}{gA^3}\frac{dA}{dh}=1-\frac{\alpha Q^2 B}{gA^3}$$

从比能曲线可知，断面比能存在一个最小值 $E_{s\min}$，将断面比能取得最小值时的水深称为临界水深，用 h_k 表示。根据临界水深的定义和极值条件，有$\frac{dE_s}{dh}=0$，则

$$1-\frac{\alpha Q^2 B_k}{gA_k^3}=0$$

或

$$\frac{\alpha Q^2}{g}=\frac{A_k^3}{B_k}$$

式中　A_k——过水断面水深为临界水深时的过水断面面积；

B_k——过水断面水深为临界水深时的水面宽度。

上式就是求解临界水深 h_k 的一般表达式，这个公式适用于任何形状断面。

从求解临界水深 h_k 的公式可以看出，公式左端为已知量，右端为含有未知量 h_k 的高次隐函数，无法直接求解，可用试算法或利用 Excel 进行公式链接，求解 h_k 值。

因矩形断面比较特殊，下面推求矩形断面渠道临界水深 h_k 的计算公式。

矩形断面渠道的水面宽度 B 和底宽 b 相等，即 $B=b$，$A=bh$，求解临界水深 h_k 的一般表达式$\frac{\alpha Q^2}{g}=\frac{A_k^3}{B_k}$，有

$$\frac{\alpha Q^2}{g}=\frac{A_k^3}{B_k}=\frac{b^3h_k^3}{b}=b^2h_k^3$$

令 $q=\frac{Q}{b}$，则可推导出矩形断面临界水深 h_k 的公式：

$$h_k=\sqrt[3]{\frac{\alpha q^2}{g}}$$

式中　q——单宽流量，$q=\frac{Q}{b}$，$m^3/(s\cdot m)$。

（二）用临界水深判别水流流态

取 $\alpha=1$，将断面比能公式中$\frac{\alpha Q^2 B}{gA^3}$做如下变换，即

$$\frac{\alpha Q^2 B}{gA^3}=\frac{v^2}{g\frac{A}{B}}=\left(\frac{v}{\sqrt{gh}}\right)^2=Fr^2$$

则公式$\frac{dE_s}{dh}=1-\frac{\alpha Q^2 B}{gA^3}$可改写为

$$\frac{dE_s}{dh}=1-\frac{\alpha Q^2 B}{gA^3}=1-Fr^2$$

临界水深h_k处，$\frac{dE_s}{dh}=0$时，$h=h_k$，$Fr=1$，水流为临界流；比能曲线的上支，$h>h_k$，$\frac{dE_s}{dh}>0$，$Fr<1$，水流为缓流；比能曲线的下支，$h<h_k$，$\frac{dE_s}{dh}<0$，$Fr>1$，水流为急流。

所以，可以利用临界水深h_k与实际水深h的相对大小，来判断水流的流态，即

$h>h_k$，$Fr<1$，水流为缓流；

$h=h_k$，$Fr=1$，水流为临界流；

$h<h_k$，$Fr>1$，水流为急流。

【例题 4-11】 有一矩形断面长直渠道，底宽$b=5$m，底坡$i=0.001$，糙率$n=0.018$，通过的流量$Q=10\text{m}^3/\text{s}$，试分别计算微波的相对波速c、弗劳德数Fr、临界水深h_k，并用不同的方法判别渠道中水流的流态。

解：矩形断面长直渠道水流为均匀流，利用 Microsoft Excel 进行公式链接，可求得当通过的流量$Q=10\text{m}^3/\text{s}$时，正常水深$h=1.27$m。

（1）计算微波的相对波速c。

$$c=\sqrt{gh}=\sqrt{9.8\times1.27}=3.53(\text{m/s})$$

$$v=\frac{Q}{A}=\frac{10}{bh}=\frac{10}{5\times1.27}=1.57(\text{m/s})$$

因为$v<c$，所以渠道中水流为缓流。

（2）计算弗劳德数Fr。

$$Fr=\frac{v}{c}=\frac{1.57}{3.53}=0.445<1$$

所以渠道中水流为缓流。

（3）计算临界水深h_k。

$$h_k=\sqrt[3]{\frac{\alpha q^2}{g}}=\sqrt[3]{\frac{1\times\left(\frac{10}{5}\right)^2}{9.8}}=0.742(\text{m})$$

$h>h_k$，所以渠道中的水流为缓流。

四、临界底坡、缓坡与陡坡

（一）三种底坡

根据明渠均匀流计算公式$Q=AC\sqrt{Ri}$可知，对于流量、断面形状、尺寸、糙率都不变的长直棱柱体正坡渠道，均匀流的正常水深h_0随底坡i的变化而变化，h_0-i关系曲线如图 4-11 所示。

根据求解临界水深h_k的公式$\frac{\alpha Q^2}{g}=\frac{A_k^3}{B_k}$可知，在渠道流量、断面形状、尺寸、糙率不

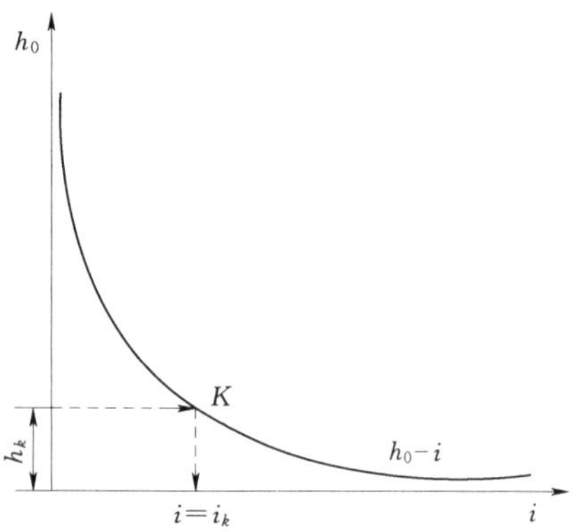

图 4-11

变的情况下，临界水深与实际底坡 i 无关。当均匀流正常水深 h_0 恰好与临界水深 h_k 相等时，相应的底坡 i_k 就称为临界底坡。如图 4-11 中所示的 K 点对应的底坡即为临界底坡。

在临界底坡上的水流为临界均匀流，这种水流既满足明渠均匀流公式：

$$Q=A_k C_k \sqrt{R_k i_k}$$

又满足临界水深公式：

$$\frac{\alpha Q^2}{g}=\frac{A_k^3}{B_k}$$

联立上两式可求得临界底坡的计算公式为

$$i_k=\frac{gA_k}{\alpha C_k^2 R_k B_k}=\frac{g\chi_k}{\alpha C_k^2 B_k}$$

上式中，A_k、C_k、R_k、B_k、χ_k 分别是水深为临界水深时相对应的过水断面面积、谢才系数、水力半径、水面宽度和湿周。

将明渠的实际底坡 i 与其对应（流量、断面形状、尺寸、糙率均相同）的临界底坡 i_k 相比较，可将正坡明渠的实际底坡分为三类：

（1）当 $i<i_k$ 时，实际底坡为缓坡；

（2）当 $i=i_k$ 时，实际底坡为临界坡；

（3）当 $i>i_k$ 时，实际底坡为陡坡。

需要注意的是，当一条渠道在流量不变时，该渠道属于何种底坡是确定的；但当渠道流量改变时，此时渠道属于何种底坡需重新判别。

（二）用临界底坡判别水流流态

用临界底坡 i_k 与实际底坡 i 的相对大小，也可判断水流的流态，即

$i<i_k$，$h_0>h_k$（正常水深>临界水深），此底坡为缓坡，缓坡上的均匀流一定是缓流；

$i=i_k$，$h_0=h_k$，此底坡为临界坡，临界坡上的均匀流一定是临界流；

$i>i_k$，$h_0<h_k$，此底坡为陡坡，陡坡上的均匀流一定是急流。

【例题 4-12】 某梯形断面渠道，底宽 $b=10\text{m}$，边坡系数 $m=1.5$，糙率 $n=0.025$，底坡 $i=0.004$。求流量 $Q=50\text{m}^3/\text{s}$ 时的临界底坡，并判别渠底坡的类型。

解： 临界底坡的计算公式为

$$i_k=\frac{g\chi_k}{\alpha C_k^2 B_k}$$

上式中，χ_k、C_k、B_k 均与临界水深 h_k 有关，需先计算 h_k 值。

求解临界水深 h_k 的一般表达式为：$\dfrac{\alpha Q^2}{g}=\dfrac{A_k^3}{B_k}$，其中 A_k、B_k 均为 h_k 的函数，利用 Excel 进行公式链接，并结合已知条件 $Q=50\text{m}^3/\text{s}$，通过改变不同的 h_k 值，得 $h_k=1.46\text{m}$，符合题目要求。

以下计算 χ_k、C_k、B_k，以求解临界底坡 i_k。

$$A_k=(b+mh_k)h_k=(10+1.5\times1.46)\times1.46=17.80(\mathrm{m}^2)$$

$$\chi_k=b+2\sqrt{1+m^2}h_k=10+2\times\sqrt{1+1.5^2}\times1.46=15.26(\mathrm{m})$$

$$B_k=b+2mh_k=10+2\times1.5\times1.46=14.38(\mathrm{m})$$

$$R_k=\frac{A_k}{\chi_k}=\frac{17.80}{15.26}=1.17(\mathrm{m})$$

$$C_k=\frac{1}{n}R_k^{1/6}=\frac{1}{0.025}\times1.17^{1/6}=41.04(\mathrm{m}^{1/2}/\mathrm{s})$$

则临界底坡为

$$i_k=\frac{g\chi_k}{\alpha C_k^2B_k}=\frac{9.8\times15.26}{1\times41.04^2\times14.38}=0.0062$$

因为 $i=0.005$，$i<i_k$，说明通过流量 $Q=50\mathrm{m}^3/\mathrm{s}$ 时渠道底坡为缓坡。

第三节　棱柱体明渠非均匀渐变流水面曲线的定性分析

河道或渠道的纵剖面与水面的交线称为水面线，非均匀流的水面线为曲线，水面线可能壅高或降低，这不仅对河道或渠道的堤防或护岸高程产生影响，而且对河道或渠道的冲刷、淤积也可能造成影响。因此，掌握明渠非均匀流的水面线变化规律，对实际工程有着非常重要的意义。

一、水面曲线的分类

渠道的底坡有顺坡（$i>0$）、平坡（$i=0$）和逆坡（$i<0$）三种。顺坡又可分为缓坡（$i<i_k$）、临界坡（$i=i_k$）和陡坡（$i>i_k$）三种。这样，渠道的底坡实际可分为五种：缓坡、临界坡、陡坡、平坡、逆坡，如图 4－12 所示。

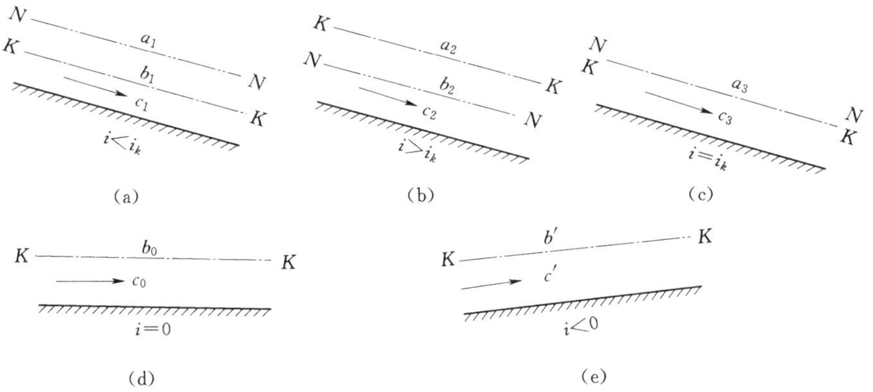

图 4－12

当棱柱体正坡渠道中发生均匀流或临界流时，可以根据均匀流公式或临界流公式计算出对应的正常水深 h_0 或临界水深 h_k。正常水深 h_0 就是均匀流时的水深，而正常水深线即是均匀流的水面线，用 $N—N$ 线表示。棱柱体渠道中的临界水深 h_k 也是沿程不变的，用 $K—K$ 线表示。$N—N$ 线、$K—K$ 线和渠底线是相互平行的直线。将 $N—N$ 线、$K—K$ 线分别绘制在不同的底坡上，如图 4-12 所示。$N—N$ 线、$K—K$ 线是定性分析水面线的两条控制线。

需要说明的是，在临界坡上，$N—N$ 线和 $K—K$ 线重合。在平坡和逆坡上，因不可能产生均匀流，所以只有 $K—K$ 线，而没有 $N—N$ 线。

根据 $N—N$ 线、$K—K$ 线和渠底线的相对位置，将在 $N—N$ 线和 $K—K$ 线以上的流区称为 a 区，在两线以下的流区称为 c 区，在两线之间的流区称为 b 区。为区分不同底坡上的水面曲线，将上述 5 种底坡上的水面曲线给予不同的符号表示，缓坡、陡坡、临界坡和平坡分别用下角标“1”“2”“3”和“0”表示，逆坡用上角标“′”表示。这样 5 种底坡上总共有 12 不同区域，对应 12 种水面曲线分别为

缓坡——水面曲线有三种类型：a_1、b_1、c_1；

陡坡——水面曲线有三种类型：a_2、b_2、c_2；

临界坡——水面曲线有两种类型：a_3、c_3；

平坡——水面曲线有两种类型：b_0、c_0；

逆坡——水面曲线有两种类型：b'、c'。

二、水面曲线的定性分析

棱柱体明渠非均匀渐变流水面曲线定性分析的主要内容有：①水面曲线是壅水曲线还是降水曲线；②水面曲线的凹凸性；③水面曲线两端的变化趋势；④产生某种水面曲线的工程边界条件。以下利用水深沿程变化的微分方程 $\frac{\mathrm{d}h}{\mathrm{d}l}=i\frac{1-\left(\frac{K_0}{K}\right)^2}{1-Fr^2}$ 为依据，对 12 种水面曲线分别加以分析。

（一）缓坡（$i<i_k$）渠道上的水面曲线

1. 缓坡上的 a 区（$h>h_0>h_k$）

因为 $h>h_0$，所以 $K>K_0$，$1-\left(\frac{K_0}{K}\right)^2>0$；同时因 $h>h_k$，水流为缓流，$Fr<1$，$1-Fr^2>0$，所以 $\frac{\mathrm{d}h}{\mathrm{d}l}>0$，说明水深沿流程增加，水面线为壅水曲线，缓坡渠道上 a 区的壅水曲线称为 a_1 型壅水曲线。

a_1 型壅水曲线向上游端水深逐渐变小，当水深 h 向上游逐渐减小接近正常水深 h_0，即 $h\to h_0$，则 $K\to K_0$，$1-\left(\frac{K_0}{K}\right)^2\to 0$；又因 $h>h_k$，$Fr<1$，$1-Fr^2>0$，所以 $\frac{\mathrm{d}h}{\mathrm{d}l}\to 0$，即水深沿程不变。说明上游端水深 h 接近正常水深 h_0 时，水面曲线以 $N—N$ 线为渐近线。

a_1 型壅水曲线向下游端水深越来越大，当 $h\to\infty$ 时，$K\to\infty$，$1-\left(\frac{K_0}{K}\right)^2\to 1$；此时

$Fr=\frac{v}{\sqrt{gh}}\to 0$，$1-Fr^2\to 1$；所以$\frac{dh}{dl}\to i$，即水深沿流程的变化率等于底坡 i。说明当水深趋近于无穷大时，流速趋近于零，水面曲线趋近于静水水面，也就是说 a_1 型水面曲线的下游端以水平线为渐近线。如图 4－13 所示，当水面曲线为水平线时，水面曲线与 $N—N$ 线的夹角 θ 与底坡线的倾角相等，所以存在$\frac{dh}{dl}\to i$。

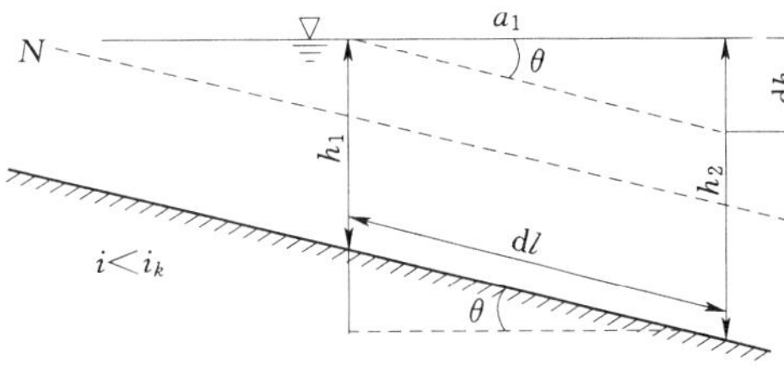

图 4－13

综上所述，缓坡渠道中 a 区的水面曲线为 a_1 型壅水曲线，其上游端以 $N—N$ 线为渐近线，下游端以水平线为渐近线。在缓坡渠道或河道上修建闸、坝时，闸、坝上游的水面曲线一般就是 a_1 型壅水曲线，如图 4－14 所示。

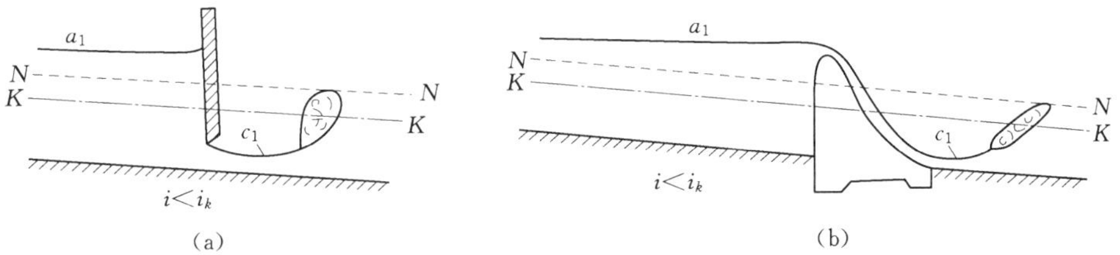

图 4－14

2. 缓坡上的 b 区（$h_0>h>h_k$）

因为 $h<h_0$，所以 $K<K_0$，$1-\left(\frac{K_0}{K}\right)^2<0$；同时因 $h>h_k$，水流仍为缓流，$Fr<1$，$1-Fr^2>0$，所以$\frac{dh}{dl}<0$，说明水深沿流程减小，水面线为降水曲线，缓坡渠道上 b 区的降水曲线称为 b_1 型降水曲线。

b_1 型降水曲线向上游端水深逐渐增大，当水深 h 向上游逐渐增大接近正常水深 h_0，即 $h\to h_0$，则 $K\to K_0$，$1-\left(\frac{K_0}{K}\right)^2\to 0$；又因 $h>h_k$，$Fr<1$，$1-Fr^2>0$。所以$\frac{dh}{dl}\to 0$，说明 b_1 型水面曲线的上游端仍以 $N—N$ 线为渐近线。

b_1 型降水曲线向下游端水深逐渐变小，极限情况为 $h\to h_k$。因 $h<h_0$，$K<K_0$，$1-\left(\frac{K_0}{K}\right)^2<0$；又因 $h\to h_k$，$Fr\to 1$，$1-Fr^2\to 0$，所以$\frac{dh}{dl}\to\infty$，从理论上说明水面曲线与 $K—K$ 线有正交的趋势。但因此时该区域的水流已不是渐变流，而是急变流，利用渐变流微分方程分析水面曲线是不合适的。当 $h\to h_k$ 时，水面线是一条光滑的曲线过渡为急流，形成水跃现象。

因此，b_1 型水面曲线为一条上凸的降水曲线，其上游端以 $N—N$ 线为渐近线，下游端与水跃相连接。当缓坡渠道的末端为跌坎，或与陡坡渠道相连接时，则缓坡渠道上产生

的水面曲线就是 b_1 型降水曲线，如图 4－15 所示。

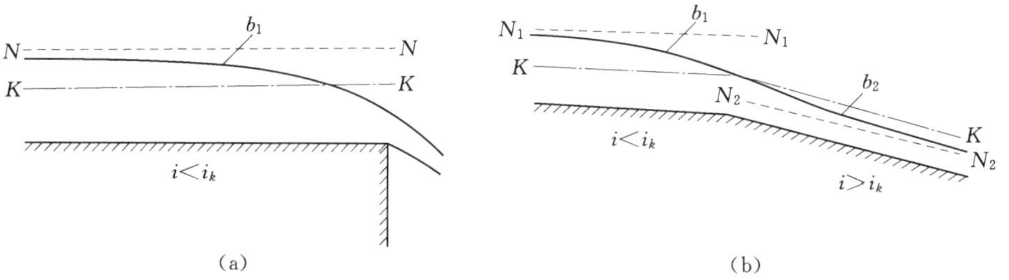

图 4－15

3. 缓坡上的 c 区（$h_0>h_k>h$）

因为 $h<h_0$，所以 $K<K_0$，$1-\left(\frac{K_0}{K}\right)^2<0$；同时因 $h<h_k$，水流为急流，$Fr>1$，$1-Fr^2<0$，所以$\frac{dh}{dl}>0$，说明水深沿流程增加，水面线为壅水曲线，缓坡渠道上 c 区的壅水曲线称为 c_1 型壅水曲线。

c_1 型壅水曲线向上游端水深逐渐变小，最小水深受来流条件所控制。向下游端水深逐渐增加，极限情况为 $h\to h_k$，$Fr\to 1$，$1-Fr^2\to 0$，所以$\frac{dh}{dl}\to\infty$，从理论上说明水面曲线与 $K—K$ 线有正交的趋势。但因实际水流是急变流，此处将形成由急流到缓流的水跃现象。

由此，缓坡渠道中 c 区的水面曲线为一条下凹的壅水曲线，其上游端为受来流条件控制的某已知水深，下游端与水跃相连。在缓坡渠道或河道上修建闸、坝等水工建筑物时，其下游急流区产生的水面曲线就是 c_1 型壅水曲线，如图 4－14 所示。

（二）陡坡（$i>i_k$）渠道上的水面曲线

1. 陡坡上的 a 区（$h>h_k>h_0$）

因为 $h>h_0$，所以 $K>K_0$，$1-\left(\frac{K_0}{K}\right)^2>0$；同时因 $h>h_k$，水流为缓流，$Fr<1$，$1-Fr^2>0$，所以$\frac{dh}{dl}>0$，说明水深沿流程增加，水面线为壅水曲线，陡坡渠道上 a 区的壅水曲线称为 a_2 型壅水曲线。

a_2 型壅水曲线向上游端水深逐渐变小，当水深 h 向上游逐渐减小接近临界水深 h_k，即 $h\to h_k$ 时，则 $Fr\to 1$，$1-Fr^2\to 0$，所以$\frac{dh}{dl}\to\infty$，说明上游端水面曲线与 $K—K$ 线有正交的趋势。

a_2 型壅水曲线向下游端水深越来越大，极限情况为 $h\to\infty$，同缓坡 a_1 型水面曲线的下游端一样，此时 a_2 型水面曲线的下游端也以水平线为渐近线。

因此，a_2 型壅水曲线为一条上凸的壅水曲线，其上游端为水跃的跃后水深，与 $K—K$ 线有正交的趋势；下游端以水平线为渐近线。a_2 型壅水曲线一般发生在陡坡上修建了闸、坝等水工建筑物的上游，如图 4-16 所示。

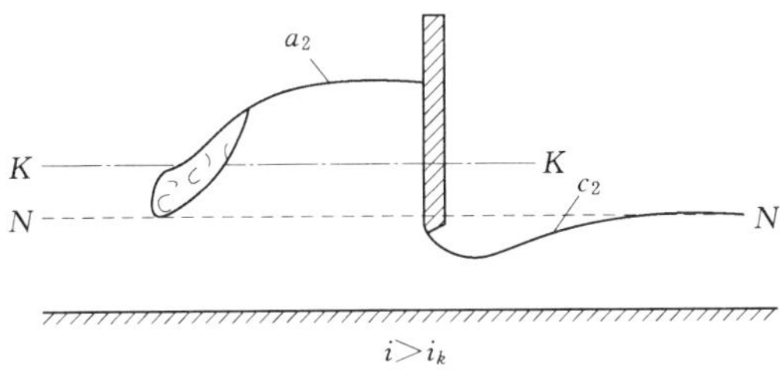

图 4-16

2. 陡坡上的 b 区（$h_k>h>h_0$）

因为 $h>h_0$，所以 $K>K_0$，$1-\left(\frac{K_0}{K}\right)^2>0$；同时因 $h<h_k$，水流为急流，$Fr>1$，$1-Fr^2<0$，所以 $\frac{dh}{dl}<0$，说明水深沿流程减小，水面线为降水曲线，陡坡渠道上 b 区的降水曲线称为 b_2 型降水曲线。

b_2 型降水曲线向上游端水深逐渐增大，当水深 h 向上游逐渐增大接近极值临界水深 h_k，即 $h\to h_k$ 时，则 $Fr\to 1$，$1-Fr^2\to 0$，所以 $\frac{dh}{dl}\to\infty$，说明 b_2 型水面曲线的上游端与 $K—K$ 线有正交的趋势。

b_2 型降水曲线向下游端水深逐渐变小，极限情况为 $h\to h_0$，则 $K\to K_0$，$1-\left(\frac{K_0}{K}\right)^2\to 0$，$\frac{dh}{dl}\to 0$。这表明 b_2 型降水曲线的下游端以 $N—N$ 线为渐近线。

因此，b_2 型水面曲线为下凹的降水曲线，其上游端与 $K—K$ 线有正交的趋势，下游端以 $N—N$ 线为渐近线。当陡坡渠道的上游端与缓坡渠道或水库相连时，将产生 b_2 型降水曲线，如图 4-15（b）所示。

3. 陡坡上的 c 区（$h_k>h_0>h$）

因为 $h<h_0$，所以 $K<K_0$，$1-\left(\frac{K_0}{K}\right)^2<0$；同时因 $h<h_k$，水流为急流，$Fr>1$，$1-Fr^2<0$，所以 $\frac{dh}{dl}>0$，说明水深沿流程增加，水面线为壅水曲线，陡坡渠道上 c 区的壅水曲线称为 c_2 型壅水曲线。

c_2 型壅水曲线向上游水深逐渐变小，上游端水深最小，最小水深受来流条件所控制。下游端水深逐渐增加，极限情况为 $h\to h_0$，则 $K\to K_0$，$1-\left(\frac{K_0}{K}\right)^2\to 0$，所以 $\frac{dh}{dl}\to 0$，说明 c_2 型壅水曲线的下游端以 $N—N$ 线为渐近线。

因此，c_2 型水面曲线为上凸的壅水曲线，其上游水深受来流条件控制，下游以 $N—N$ 线为渐近线。在陡坡渠道上修建闸、坝等水工建筑物时，闸、坝下游产生的水面曲线就是 c_2 型壅水曲线，如图 4-16 所示。

（三）临界坡（$i=i_k$）渠道上的水面曲线

临界坡渠道上因 $N—N$ 线和 $K—K$ 线重合，只有 a 区和 c 区，没有 b 区。

1. 临界坡上的 a 区（$h>h_k=h_0$）

同上分析，临界坡渠道上 a 区的水面曲线为 a_3 型壅水曲线，上游端与 $K—K$ 线相交，下游端为水平线。当临界坡渠道下游与水库、湖泊、水池等相连接时，临界坡渠道的下游段常发生 a_3 型壅水曲线；或当临界坡渠道上修建闸、坝等水工建筑物时，闸、坝前

的壅水段常为 a_3 型壅水曲线，如图 4－17 所示。

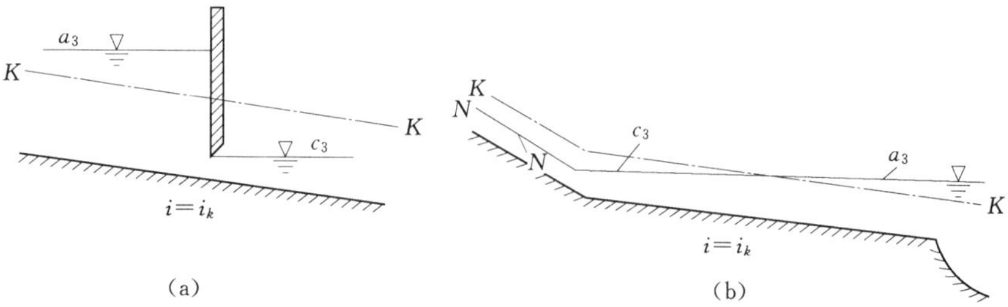

图 4－17

2. 临界坡上的 c 区（$h<h_k=h_0$）

临界坡渠道上 c 区的水面曲线为 c_3 型壅水曲线，其上游端为某一由来流条件确定的已知值，下游端与 K—K 线相交，且水面线为水平线。当水流由陡坡进入临界坡渠道时，或在临界坡渠道上修建闸、坝等水工建筑物时，闸、坝下游的水面线就是 c_3 型壅水曲线，如图 4－17 所示。

（四）平坡（$i=0$）渠道上的水面曲线

平坡渠道中不可能形成均匀流，所以只有 b 区和 c 区，没有 a 区。

1. 平坡上的 b 区（$h>h_k$）

平坡渠道上 b 区的水面曲线为一条上凸的 b_0 型降水曲线，其上游端与某一来流条件的水深相连，下游端与 K—K 线垂直，与水跃相连，如图 4－18 所示。

2. 平坡上的 c 区（$h<h_k$）

平坡渠道上 c 区的水面曲线为一条下凹的 c_0 型壅水曲线，其上游端为由来流条件确定的某个已知值，下游端为水跃的跃前水深，如图 4－18 所示。

（五）逆坡（$i<0$）渠道上的水面曲线

逆坡渠道中也不可能形成均匀流，所以只有 b 区和 c 区。

1. 逆坡上的 b 区（$h>h_k$）

逆坡渠道上 b 区的水面曲线为一条上凸的 b'型降水曲线，其上游端与某一来流条件的水深相连，下游端与水跃相连，如图 4－19 所示。

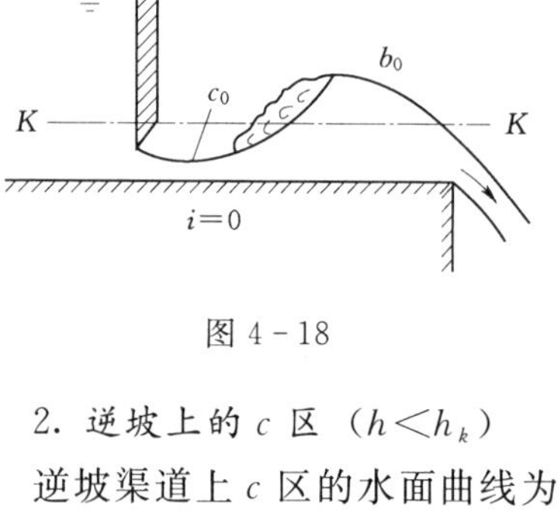

图 4－18

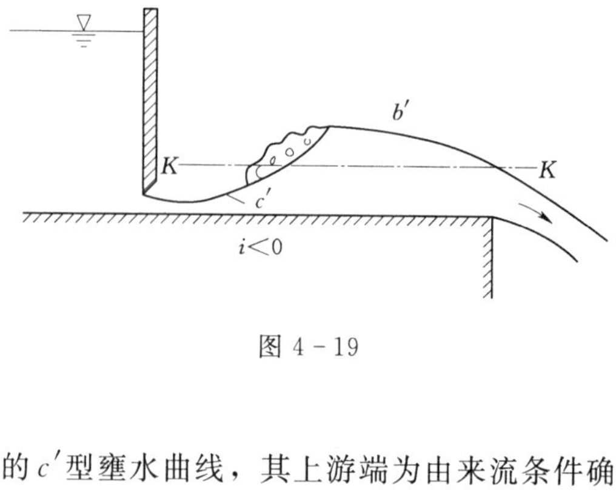

图 4－19

2. 逆坡上的 c 区（$h<h_k$）

逆坡渠道上 c 区的水面曲线为一条下凹的 c'型壅水曲线，其上游端为由来流条件确定的某个已知值，下游端为水跃的跃前水深，如图 4－19 所示。

三、水面曲线连接问题的工程实例

（一）水面曲线变化的基本规律

将 5 种底坡的 12 种水面曲线集中绘制于图 4－20 中，可以看出这 12 种水面曲线具有以下特点：

（1）每一个流区只可能发生一种类型的水面曲线。

（2）所有 a 区和 c 区的水面曲线都是壅水曲线，所有 b 区的水面曲线都是降水曲线。

（3）当水深接近正常水深时，水面曲线以 $N—N$ 线为渐近线；当水深接近临界水深时，水面曲线与临界水深线 $K—K$ 线有正交的趋势，但实际上其水流与急变流水力现象（水跌或水跃）相衔接。

（4）在分析和计算水面曲线时，必须从某个确定水深或水位的已知断面开始，称这个断面为控制断面，称其水深为控制水深。

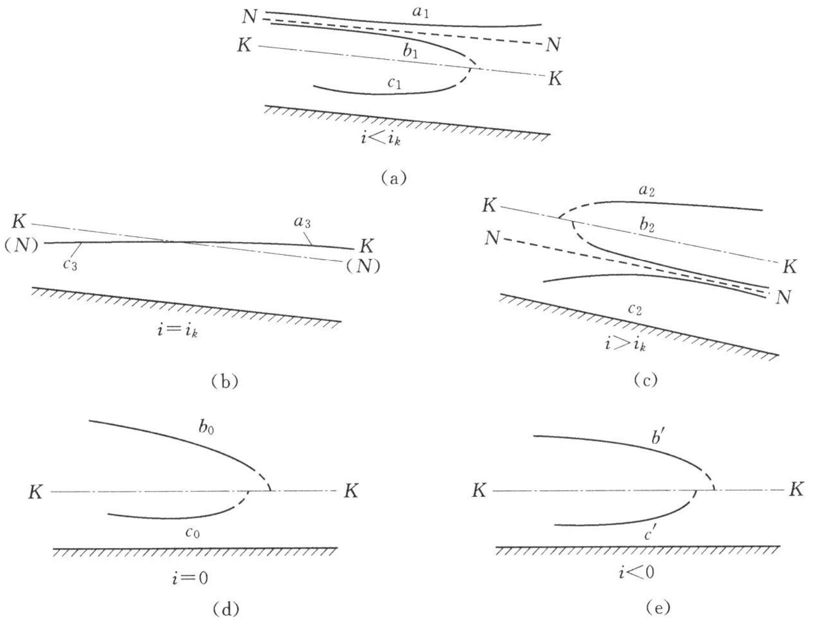

图 4－20

（二）水面曲线分析实例

【例题 4－13】 某长直棱柱体变坡渠道，其断面形状、尺寸及糙率均相同，已知 $i_1<i_2<i_k$，两段渠道均有足够长度。试分析渠道中可能出现的水面曲线类型。

解： 因两段渠道的断面形状、尺寸及糙率均相同，所以两段渠道的临界水深相等。又因 $i_1<i_2<i_k$，则相应正常水深 $h_{01}>h_{02}>h_k$，所以，上游段的 $N_1—N_1$ 线高于下游段的 $N_2—N_2$ 线。将两段渠道中的 $N—N$ 线和 $K—K$ 线绘制于图 4－21 中。

因两段渠道均为缓坡渠道，且两段都有足够的长度，所以在两段渠道上下游很远处均为均匀流，且 $h_{01}>h_{02}$；只有在底坡发生变化处的局部范围内产生非均匀流。渠道中水深

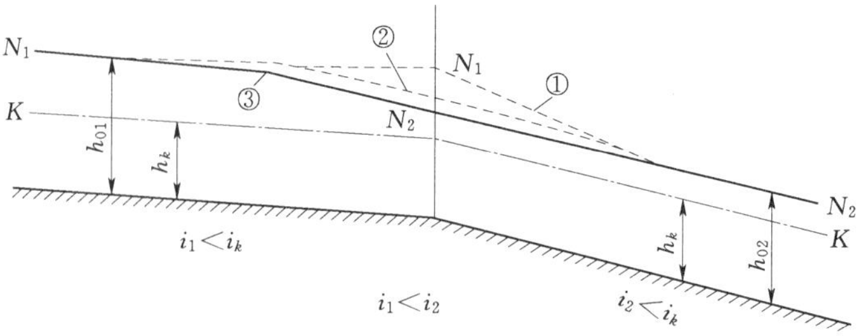

图 4-21

由 i_1 渠段的 h_{01} 减小到 i_2 渠段的 h_{02}，渠道中水面线一定是降水曲线。水面下降有三种可能：①水面曲线完全在下游段降落；②水面曲线在上、下游段各降落一部分；③水面曲线完全在上游段降落。

①、②两种情况在下游段均有水面降落，而下游段水面线在变坡下游无限远处应与 $N—N$ 线趋近，也就是说①、②两种情况在下游 a 区都有水面下降的过程，这与缓坡渠道上 a 区只存在 a_1 型壅水曲线的结论相悖。所以①、②两种情况是不可能发生的。

因此，本案例中只可能在第一段产生第③种的 b_1 型降水曲线。

【例题 4-14】 某平底渠道上建一水闸，闸门开度很小，收缩断面 $c—c$ 处的水深 $h_c<h_k$；闸后与一陡坡段相连，如图 4-22 所示。若两段渠道的断面形状、尺寸及糙率均相同，且均充分长。试分析闸后可能出现的水面曲线类型。

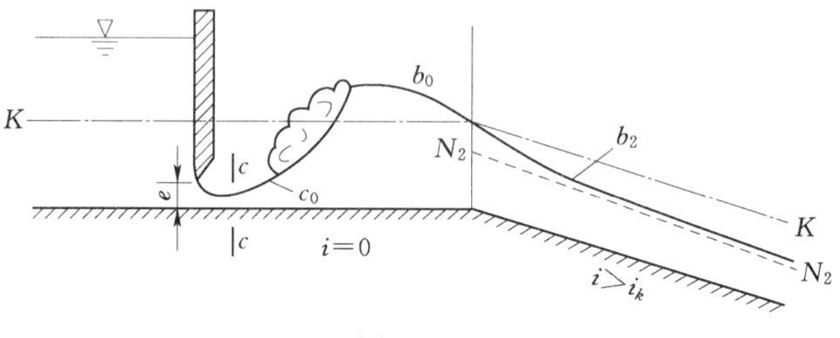

图 4-22

解： 上游段（平坡）与下游段（陡坡）的断面形状、尺寸及糙率均相同，所以两段渠道的临界水深相等。上游段为平坡，不可能产生均匀流；下游段陡坡的均匀流为急流，$h_{02}<h_k$，$N_2—N_2$ 线在 $K—K$ 线的下方。将 $K—K$ 线、$N_2—N_2$ 线绘制于图 4-22 中。

闸后收缩段面的水深 $h_c<h_k$，水流为急流，属于 c 区，平坡上的 c 区水面线为 c_0 型壅水曲线。在平坡段的后段将产生缓流，当水深 h 增大至临界水深 h_k 时，水流与水跃相连。由于该段有足够长度，则该段上一定发生水跃，跃后的水流为缓流，$h>h_k$，水面线为 b_0 型降水曲线。

水流由平坡渠道进入陡坡渠道，要由缓流过渡为急流，产生水跌。因此，上游平坡段至变坡处穿过 $K—K$ 线，和陡坡段的 b_2 型降水曲线相连，在下游充分远处趋近于 $N—N$ 线。闸后水面线绘制于图 4-22 中。

第四节 水 跌 与 水 跃

明渠水流有急流和缓流等不同的流态，当水流从一种流态向另一种流态转换时，会产生局部水力现象——水跌与水跃，这两种水力现象都属于急变流。

一、水跌

当明渠水流由缓流过渡到急流时，明渠中的水深在从大于临界水深变为小于临界水深的过程中，水面会产生一种急剧而又连续的跌落现象，这种局部水力现象称为水跌。

如图 4-23 所示，某一棱柱体缓坡明渠末端有一垂直跌坎，在跌坎影响不到的上游渠道中为均匀流缓流，其水深大于临界水深。水流在流经跌坎处时阻力减小，水流在重力作用下作加速运动，水深沿程减小，水面下降，在跌坎处产生急剧而连续的降落，这就是典型的水跌现象。

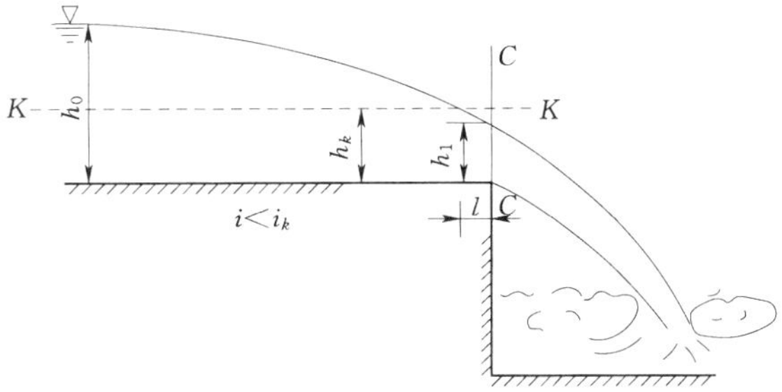

图 4-23

又如图 4-24 中，当渠道底坡由缓坡变为陡坡时，水流在从缓坡流向陡坡的过程中，流速加快，水面下降，水流以临界流状态在 $C—C$ 断面附近通过，形成水跌。

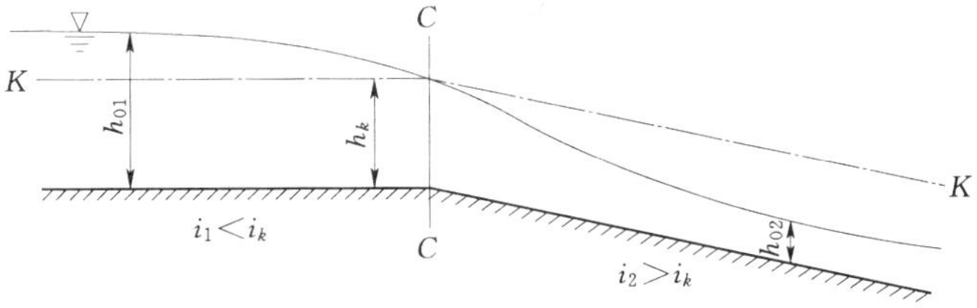

图 4-24

水流从缓流过渡到急流时，一定要通过临界流断面。理论上推导出的临界流断面并不恰好发生在渠底突变处，而实际发生在渠底突变处上游 l 长度的断面处，如图 4-23 所示。因为 l 值很小，在实际计算水面曲线时，常将渠底突变处的断面近似当作是发生临界流的断面，如图 4-23、图 4-24 中将 $C—C$ 断面作为发生临界流的断面。由于渠道长度一般很长，这种简化处理一般不会影响水面曲线的计算精度。

二、水跃

（一）水跃现象

当明渠水流由急流过渡到缓流时，明渠中的水深在从小于临界水深变为大于临界水深的过程中，水面会发生突然跃起的局部水力现象，这种现象称为水跃。如图 4-25、图 4-26 所示的水闸、溢流坝等泄水建筑物的下游，常会发生水跃现象。

由于过水断面面积 A 和形心处水深 h_c 均与共轭水深有关，除矩形断面以外，共轭水深一般不易直接求出，一般采用试算法或图解法求得。

试算法求解共轭水深的基本思路是：当明渠的流量、断面形状、尺寸给定时，先根据已知条件计算出水跃方程一端的函数值，然后假设另一个共轭水深值，计算出方程另一端的函数值；如方程两端的函数值相等，则所设水深即为所求；否则需重新假设，直至方程两端的函数值相等为止。

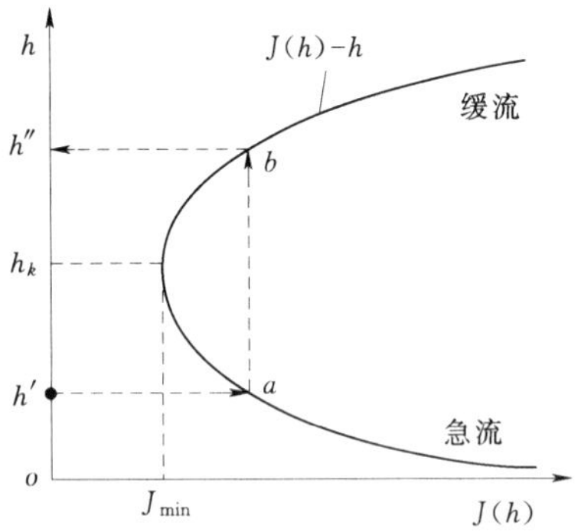

图 4－29

运用图解法求解共轭水深时，根据给定的流量、断面形状、尺寸，设一系列水深 h，计算出相应的水跃函数值 $J(h)$。以 h 为纵坐标，$J(h)$ 为横坐标，可以绘制出 $J(h)$-h 关系曲线，称为水跃函数曲线，如图 4－29 所示。水跃函数曲线具有以下特点：①水跃函数存在最小值 $J_{\min}$，此最小值对应的水深为 h_k；②水跃函数以最小值为分界点，将水跃函数曲线分为上、下两支，水跃函数的上支 $h>h_k$，为缓流，水跃函数的下支 $h<h_k$，为急流；③除分界点外，水跃函数值对应的两个水深为共轭水深（跃前水深 h' 和跃后水深 h''）。因此，可根据已知的跃前水深 h'（或跃后水深 h''），以该水深作水平线与 $J(h)$-h 关系曲线交于下支 a 点（或上支 b 点），自该点作平行于 h 轴的直线与 $J(h)$-h 关系曲线交于另一支 b 点（或 a 点），该点所对应的水深 h''（或 h'）即为所求的另一共轭水深。

对于矩形断面明渠，共轭水深的计算可进一步简化。设矩形断面明渠的宽度为 b，则有：$A=bh$，单宽流量 $q=\frac{Q}{b}$，$h_c=\frac{h}{2}$，代入水跃方程得

$$\frac{(bq)^2}{gbh'}+\frac{h'}{2}bh'=\frac{(bq)^2}{gbh''}+\frac{h''}{2}bh''$$

上式各项都除以 b，并整理得

$$h'h''^2+h'^2h''-\frac{2q^2}{g}=0$$

当跃前水深 h' 或跃后水深 h'' 已知，可求解上式得

$$h''=\frac{h'}{2}\left(\sqrt{1+\frac{8q^2}{gh'^3}}-1\right)$$

$$h'=\frac{h''}{2}\left(\sqrt{1+\frac{8q^2}{gh''^3}}-1\right)$$

因 $Fr^2=\frac{v^2}{gh}=\frac{q^2}{gh^3}$，则上两式可改写为

$$h''=\frac{h'}{2}(\sqrt{1+8Fr_1^2}-1)$$

$$h'=\frac{h''}{2}(\sqrt{1+8Fr_2^2}-1)$$

利用上面的公式可直接计算出棱柱体矩形平底明渠中水跃的共轭水深。

3. 水跃长度

水跃长度是确定泄水建筑物下游消能段长度的主要依据。由于水跃段水流运动非常复杂，目前尚没有成熟的理论公式，多采用经验公式估算。常用的经验公式有

欧勒佛托斯基公式：　$L_j=6.9(h''-h')$

切尔托乌索夫公式：　$L_j=10.3h'(Fr_1-1)^{0.81}$

吴持恭公式：　$L_j=10(h''-h')Fr_1^{-0.32}$

陈椿庭公式：　$L_j=9.4(Fr_1-1)h'$

式中　h'、h''——跃前、跃后水深；

Fr_1——跃前断面的弗劳德数。

4. 水跃类型

在泄水建筑物下游，总会存在一个水深达到最小的过水断面，称为收缩断面。该收缩断面上相应的水深称为收缩水深，以 h_c 表示，h_c 一般小于临界水深 h_k，收缩断面的水流为急流；而泄水建筑物下游河渠中的水流一般为缓流，其水深用 h_t 表示，h_t 一般大于临界水深 h_k。

泄水建筑物下游水流由急流过渡为缓流，产生水跃。可把 h_c 作为跃前水深代入水跃方程求出相对应的跃后水深 h_c''，根据计算出来的跃后水深 h_c''与下游水深 h_t 的相对大小，将水跃分为三种形式：

（1）当 $h_c''=h_t$ 时，跃前断面正好发生在收缩断面处，这种水跃称为临界式水跃，如图 4-30（a）所示。

（2）当 $h_c''>h_t$ 时，由共轭水深关系可知，在一定流量下跃后水深越小，跃前水深越大，说明水流在收缩断面下游一定距离 L 后才发生水跃，这种水跃称为远离式水跃，如图 4-30（b）所示。

（3）当 $h_c''<h_t$ 时，从理论上讲，下游水深 h_t 要求一个比 h_c 更小的跃前水深与之对应，此时水跃的起始断面应在收缩断面的上游。这样，整个水跃将被推向上游，使收缩断面处于水跃旋滚之下，这种水跃称为淹没式水跃，如图 4-30（c）所示。

【例题 4-15】 某矩形断面灌溉渠道，底宽 $b=4\text{m}$，通过流量 $Q=12\text{m}^3/\text{s}$，当渠道中发生水跃时，已知跃前水深 $h'=0.3\text{m}$。试求：（1）跃后水深 h''；（2）水跃长度 L_j。

解：（1）计算跃后水深 h''。

矩形断面跃后水深的计算公式为

$$h''=\frac{h'}{2}\left(\sqrt{1+\frac{8q^2}{gh'^3}}-1\right)$$

本案例中

$$q=\frac{Q}{b}=\frac{12}{4}=3[\text{m}^3/(\text{s}\cdot\text{m})]$$

则跃后水深 h''为

$$h''=\frac{h'}{2}\left(\sqrt{1+\frac{8q^2}{gh'^3}}-1\right)=\frac{0.3}{2}\times\left(\sqrt{1+\frac{8\times3^2}{9.8\times0.3^3}}-1\right)=2.33(\text{m})$$

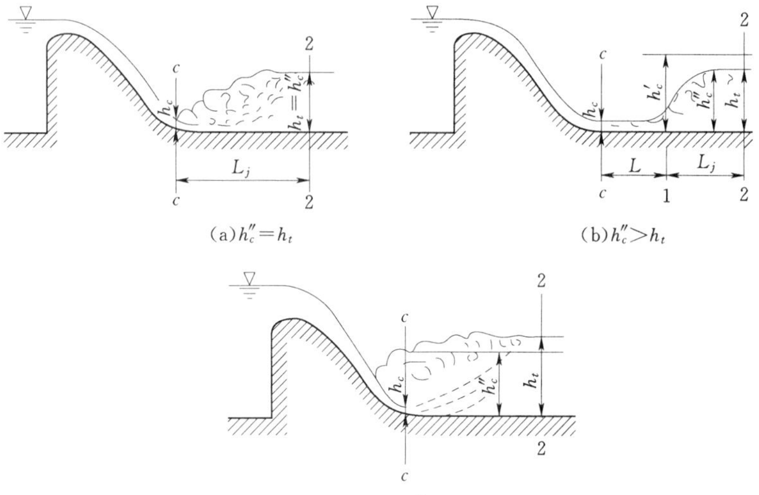

(a) $h_c''=h_t$　　(b) $h_c''>h_t$

(c) $h_c''<h_t$

图 4-30

(2) 计算水跃长度 L_j。

利用欧勒佛托斯基公式计算水跃长度 L_j：

$$L_j=6.9(h''-h')=6.9\times(2.33-0.3)=14.0(\text{m})$$

知识与技能训练

4-1　试述明渠水流的三种流态及判别方法。

4-2　糙率选得大了，设计出的渠道断面是大还是小？会产生什么后果？

4-3　何谓断面比能？它与过水断面上单位重量液体的总机械能之间有何关系？

4-4　何谓临界水深？当流量一定，过水断面形状、尺寸一定时，临界水深与渠道底坡之间有何关系？

4-5　何谓临界底坡？临界底坡与渠道实际底坡之间有何关系？

4-6　何谓水力最佳断面？若渠道为梯形断面，则其水力最佳断面应满足什么条件？

4-7　平坡和逆坡渠道上能产生明渠均匀流吗？为什么？

4-8　一矩形渠道，已知 $Q=40\text{m}^3/\text{s}$，底宽 $b=10\text{m}$，糙率 $n=0.025$，底坡 $i=0.00035$。试分别用临界水深、临界坡度及弗劳德数判别渠道水流为均匀流时的流态。

4-9　拟兴建一条路基排水沟，已知流量 $Q=1.0\text{m}^3/\text{s}$，糙率系数 $n=0.02$，边坡系数 $m=2.0$，底坡 $i=0.002$，试按水力最佳断面设计渠道的断面尺寸。

4-10　一梯形断面渠道，底宽 $b=2\text{m}$，边坡系数 $i=0.002$，粗糙系数 $n=0.0014$。当正常水深 $h_0=0.8\text{m}$ 时，问能否通过流量 $Q=1.5\text{m}^3/\text{s}$？

4-11　一矩形断面渡槽全长 600m，底宽 $b=5\text{m}$，钢筋混凝土槽身粗糙系数 $n=0.014$，通过的设计流量 $Q=25\text{m}^3/\text{s}$，水深 $h=3.08\text{m}$。试求渡槽的底坡为多少？

4-12　某均质无黏性粗砂梯形土质渠道，渠道的边坡系数 $m=2$，粗糙系数 $n=$

0.02，底宽 $b=1\text{m}$，水深 $h=1\text{m}$，底坡 $i=0.001$，渠中不淤流速 0.5m/s。试校核该渠道是否满足不冲不淤的要求。

4-13 一复式断面河道 $i=0.0001$，河槽糙率 $n=0.025$，滩地糙率 $n_2=0.030$，洪水位及其他尺寸如图 4-31 所示。试求洪水流量。

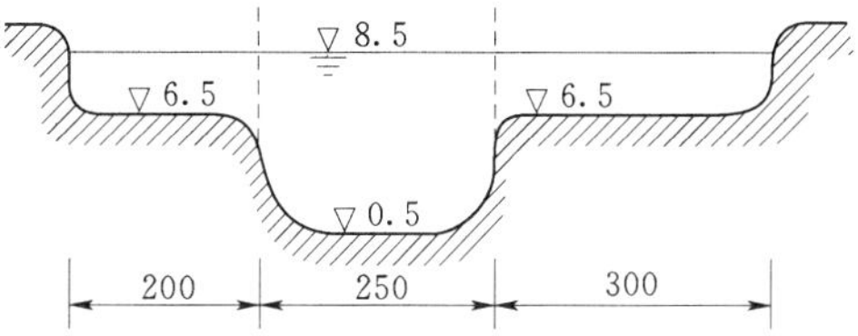

图 4-31（单位：m）

4-14 试定性分析如图 4-32 所示渠道纵坡变化时，上下游渠道水面线的形式，并注明其名称。已知渠道为断面形状、尺寸及糙率沿程不变的长直棱柱体渠道且各段均充分长。

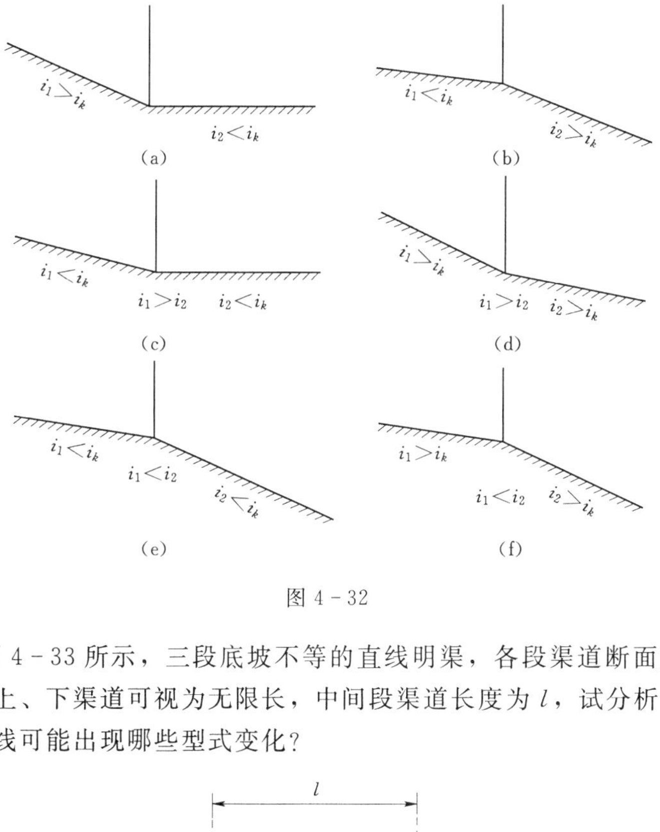

图 4-32

4-15 如图 4-33 所示，三段底坡不等的直线明渠，各段渠道断面形状、尺寸及粗糙系数均相同，上、下渠道可视为无限长，中间段渠道长度为 l，试分析当中间长度 l 变化时，渠中水面线可能出现哪些型式变化？

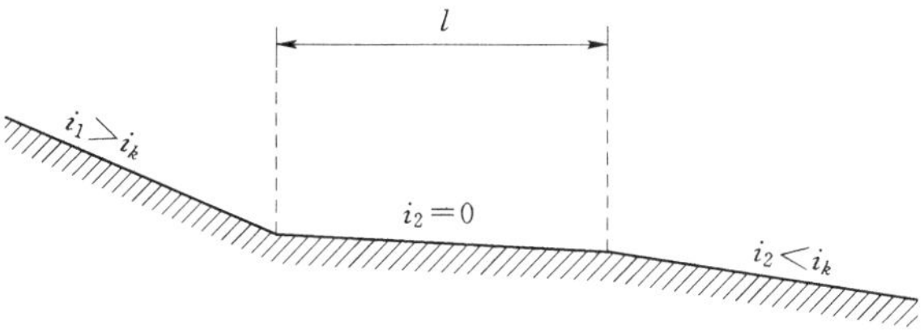

图 4-33

第五章　常见水工建筑物的水力计算

【学习目标】

通过本章的学习，要掌握闸孔出流和堰流的判别，能够运用公式进行闸孔出流和堰流的水力计算；了解堰流三种类型的划分标准，能够进行薄壁堰、实用堰、宽顶堰的水力计算；了解底流式、挑流式、面流式等三种水流衔接消能措施，并能进行底流式和挑流式衔接消能的水力计算。

第一节　闸孔出流水力计算

一、闸孔出流和堰流形式的引入

水利工程中常修建水闸或溢洪道等泄水建筑物，用以控制和调节河渠中的水位和流量，满足各种用水需求。当水流受到闸门或胸墙的控制时，水流由闸门下缘的闸孔射出，其自由水面不连续，这种水流现象称为闸孔出流，如图 5-1 (a)、(b) 所示。

当闸门或胸墙对水流不起控制作用或无闸泄流时，水流经过建筑物顶部溢流，这种对水流有局部约束作用而顶部自由泄水的建筑物叫堰。从堰顶溢流而过的水流，其自由水面是连续的，这种水流现象称为堰流，如图 5-1 (c)、(d) 所示。

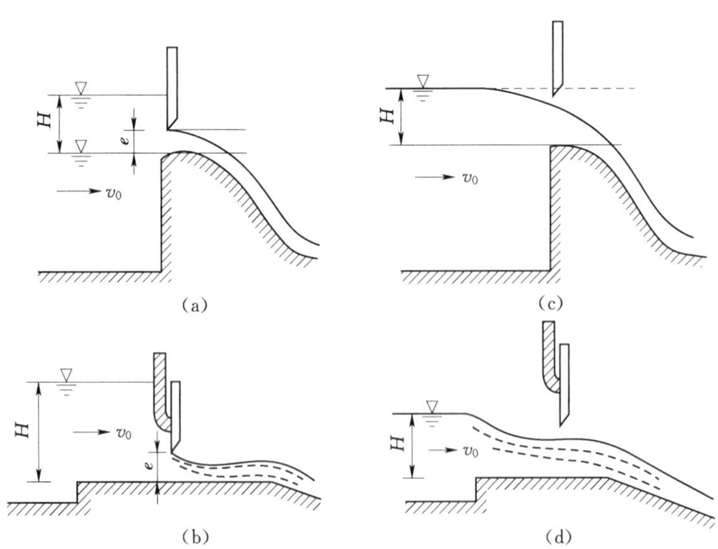

图 5-1

闸孔出流与堰流是两种既有不同、又有联系、又能相互转化的水流现象。

闸孔开度 e 与闸前水头 H 的比值 $\left(\frac{e}{H}\right)$ 称为闸门的相对开度。闸孔出流与堰流的转化条件，除了和闸门的相对开度 $\frac{e}{H}$ 有关，还和闸底坎形式及上游来流是降水或是涨水有关。工程上一般采用下列经验数值来判别闸孔出流与堰流。

（1）当闸底坎为平顶堰时，$\frac{e}{H}\leqslant 0.65$，为闸孔出流；$\frac{e}{H}>0.65$，为堰流。

（2）当闸底坎为曲线形堰时，$\frac{e}{H}\leqslant 0.75$，为闸孔出流；$\frac{e}{H}>0.75$，为堰流。

闸孔出流水力计算主要研究恒定过闸流量的大小与闸孔尺寸、闸门上下游水位、闸门形式以及闸底坎的关系，并确定各自的水力计算公式。本节主要讨论闸孔出流的水力计算。

二、闸孔出流流态的判别

对于恒定的闸孔出流，当水流从闸孔泄出，在惯性力的作用下，流线发生急剧弯曲，闸后水流发生垂直方向的收缩，在距离闸门 $(0.5\sim1)e$ 的地方，出现水深最小的收缩断面 $c—c$，其水深用 h_c 表示。收缩断面处的水流一般为急流，而闸孔下游河渠多为缓流，因此闸后水流从急流过渡为缓流必将发生水跃。令下游水深用 h_t 表示，收缩断面水深 h_c 的共轭水深用 h_c'' 表示，则

（1）当 $h_t<h_c''$ 时，发生远离式水跃，闸孔出流为自由出流。

（2）当 $h_t=h_c''$ 时，发生临界式水跃，闸孔出流为自由出流。

（3）当 $h_t>h_c''$ 时，发生淹没式水跃，闸孔出流为淹没出流。

也就是说，当 $h_t\leqslant h_c''$ 时，闸孔出流为自由出流；当 $h_t>h_c''$ 时，闸孔出流为淹没出流。闸孔出流各种流态如图 5-2 所示。

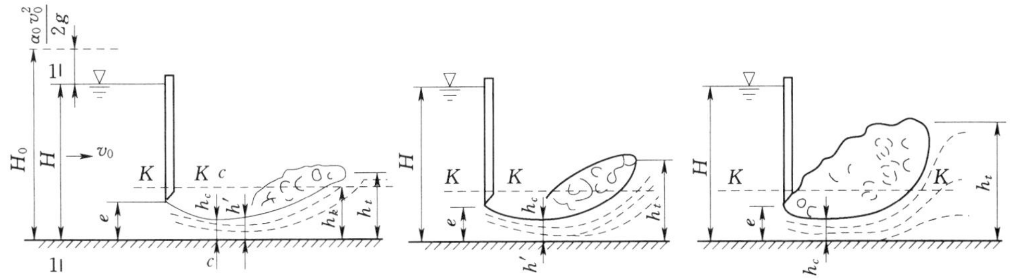

(a)闸孔自由出流　(b)闸孔临界流　(c)闸孔淹没出流

图 5-2

因此，为了判别闸孔出流的流态，需要确定 h_c''，并将其与下游水深 h_t 进行对比。h_c'' 是收缩断面水深 h_c 的共轭水深，如果已知 h_c，便可利用水跃公式计算 h_c'' 值。

平底坎上平板闸门和弧形闸门收缩断面水深 h_c 可由下式计算：

$$h_c=\varepsilon' e$$

式中　ε'——闸门的垂直收缩系数，它与闸门的形式、闸门的相对开度$\frac{e}{H}$有关。

平板闸门垂直收缩系数ε'列于表 5-1。

表 5-1　　　　平板闸门垂直收缩系数 ε'

e/H	0.10	0.15	0.20	0.25	0.30	0.35	0.40	0.45	0.50	0.55	0.60	0.65	0.70	0.75
ε'	0.615	0.618	0.620	0.622	0.625	0.628	0.630	0.638	0.645	0.650	0.660	0.675	0.690	0.705

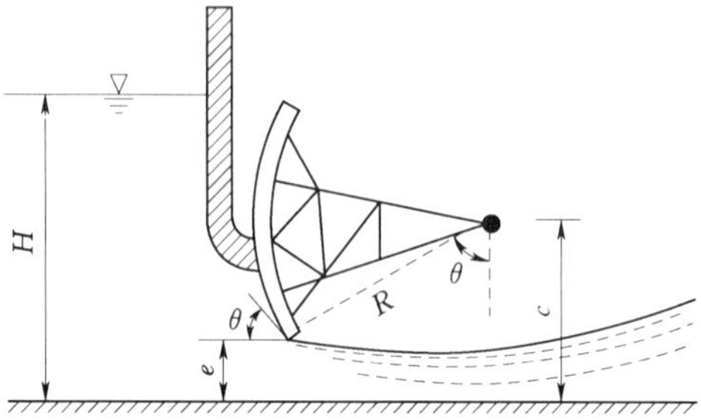

图 5-3

弧形闸门的垂直收缩系数ε'主要与闸门下缘切线与水平方向夹角θ的大小有关，如图 5-3 所示。θ值可由下式计算：

$$\cos\theta=\frac{c-e}{R}$$

式中　c——弧形闸门的旋转高度；

R——弧形闸门的半径。

弧形闸门垂直收缩系数ε'列于表 5-2。

表 5-2　　　　弧形闸门垂直收缩系数 ε'

θ	35°	40°	45°	50°	55°	60°	65°	70°	75°	80°	85°	90°
ε'	0.789	0.766	0.742	0.720	0.698	0.678	0.662	0.646	0.635	0.627	0.622	0.620

三、闸孔出流的基本公式

如图 5-2（a）所示，平板闸门下自由出流，取上游断面 1—1 与 c—c 断面列能量方程：

$$H+0+\frac{\alpha_0 v_0^2}{2g}=h_c+\frac{\alpha_c v_c^2}{2g}+\zeta\frac{v_c^2}{2g}$$

令 $H_0=H+\frac{\alpha_0 v_0^2}{2g}$，$H_0$ 为由闸底板起算的闸前总水头，将上式整理得

$$v_c=\frac{1}{\sqrt{\alpha_c+\zeta}}\sqrt{2g(H_0-h_c)}=\varphi\sqrt{2g(H_0-h_c)}$$

式中　φ——闸孔的流速系数，$\varphi=\frac{1}{\sqrt{\alpha_c+\zeta}}$。

设闸孔宽度为 b，则收缩断面面积 $A_c=bh_c=b\varepsilon' e$，通过闸孔的流量为

$$Q=\varphi\varepsilon' be\sqrt{2g(H_0-h_c)}$$

因 $h_c=\varepsilon' e$，则上式可变形为

$$Q=\varphi\varepsilon'\sqrt{1-\varepsilon'\frac{e}{H_0}}be\sqrt{2gH_0}$$

令 $\mu=\varphi\varepsilon'\sqrt{1-\varepsilon'\frac{e}{H_0}}$，称为闸孔出流的流量系数，上式可简化为

$$Q=\mu be\sqrt{2gH_0}$$

该式即为闸孔自由出流的基本计算公式。

需要说明的是，闸孔自由出流的基本计算公式对闸底坎为平顶堰和闸底坎为曲线形堰的情况均适用，只是因出流边界条件发生变化，流量系数 μ 值有所不同。公式中的 H_0，在闸前水头 H 较大，或上游闸底坎高度较大而闸门开度较小的情况下，可取 $H_0\approx H$ 计算。对于多孔闸孔出流，如 n 为闸孔数，b 为单孔宽度，闸孔宽度 $B=bn$，闸孔出流量应为

$$Q=\mu Be\sqrt{2gH_0}$$

四、闸孔出流的流量系数

由上述推导过程可知，平底坎上的闸孔出流流量系数的表达式为

$$\mu=\varphi\varepsilon'\sqrt{1-\varepsilon'\frac{e}{H_0}}$$

式中　ε'——垂直收缩系数，可根据表 5-1、表 5-2 查用；

φ——闸孔的流速系数，与闸坎形式、闸门底缘形状和闸门的相对开度等因素有关，可由表 5-3 查用。

表 5-3　　平板闸门的流速系数 φ 值

闸坎形式	水流图形	φ 值
闸孔出流的跌水	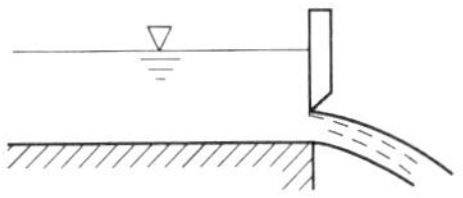	0.97～1.00
闸下底孔出流	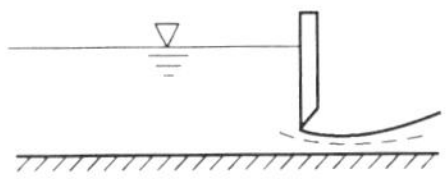	0.95～1.00
堰顶有闸门的曲线型实用堰流	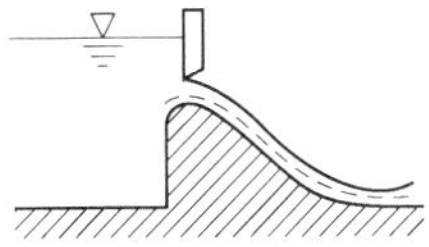	0.85～0.95
闸底坎高于渠底的闸孔出流	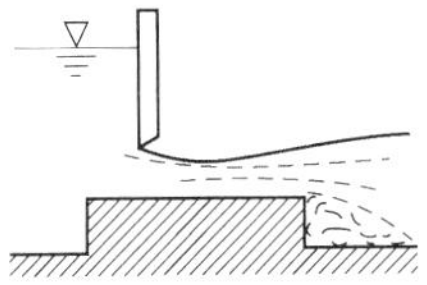	0.85～0.95

通过试验和实际资料分析，不同底坎形式和闸门形式条件下的闸孔出流流量系数 μ 值可采用经验公式计算。

(1) 平顶堰上平板闸门的闸孔出流流量系数 μ 值可按下列经验公式计算：

$$\mu=0.60-0.18\frac{e}{H}$$

此公式的适用条件是：$0.1<\frac{e}{H}<0.65$。

（2）平顶堰上弧形闸门的闸孔出流流量系数 μ 值可按下列经验公式计算：

$$\mu=\left(0.97-0.81\times\frac{\theta}{180^{\circ}}\right)-\left(0.56-0.81\times\frac{\theta}{180^{\circ}}\right)\frac{e}{H}$$

此公式的适用条件是：$25^{\circ}<\theta\leqslant 90^{\circ}$，$0<\frac{e}{H}<0.65$。

（3）曲线坎上平板闸门的闸孔出流流量系数 μ 值经验计算公式为

$$\mu=0.745-0.274\frac{e}{H}$$

此公式适用于$\frac{e}{H}=0.05\sim0.75$，$\theta=0^{\circ}\sim90^{\circ}$以及闸门位于坎最高点的情况。

（4）曲线坎上弧形闸门的闸孔出流流量系数 μ 值经验计算公式为

$$\mu=0.685-0.19\frac{e}{H}$$

此公式适用于 $0.1<\frac{e}{H}<0.75$ 的情况。

【例题 5-1】 有一单孔弧形闸门自由出流，如图 5-3 所示。已知闸门宽 $b=6\text{m}$，弧形闸门的半径 $R=5\text{m}$，弧形闸门的旋转高度 $c=3.5\text{m}$，闸门开度 $e=0.6\text{m}$，闸前水头 $H=3\text{m}$，闸下水位较低，不影响出流，不计行近流速，试求过闸流量。

解：（1）首先核实是否为闸孔出流。

$$\frac{e}{H}=\frac{0.6}{3}=0.2<0.65$$

所以为闸孔出流。

（2）流量系数的确定。

由于下游水位不影响泄流，则为自由出流，因

$$\cos\theta=\frac{c-e}{R}=\frac{3.5-0.6}{5}=0.58$$

所以 $\theta=54.6^{\circ}$，则流量系数：

$$\begin{aligned}\mu&=\left(0.97-0.81\times\frac{\theta}{180^{\circ}}\right)-\left(0.56-0.81\times\frac{\theta}{180^{\circ}}\right)\frac{e}{H}\\&=\left(0.97-0.81\times\frac{54.6^{\circ}}{180^{\circ}}\right)-\left(0.56-0.81\times\frac{54.6^{\circ}}{180^{\circ}}\right)\times0.2\\&=0.66\end{aligned}$$

（3）过闸流量计算。

$$Q=\mu be\sqrt{2gH_0}=0.66\times6\times0.6\times\sqrt{2\times9.8\times3}=18.22(\text{m}^3/\text{s})$$

五、闸孔出流的淹没系数

当闸孔为淹没出流时，其泄流能力比同样情况下自由出流的泄流能力要小，根据工程

经验，常在自由出流的流量前乘以淹没系数 σ_s 反映淹没对闸孔出流的影响，即

$$Q=\sigma_s \mu be\sqrt{2gH_0}$$

式中　μ——闸孔自由出流的流量系数；

σ_s——淹没系数，可由$\frac{e}{H}$、$\frac{\Delta z}{H}$查图 5－4 得到，Δz 为闸上、下游水位差。

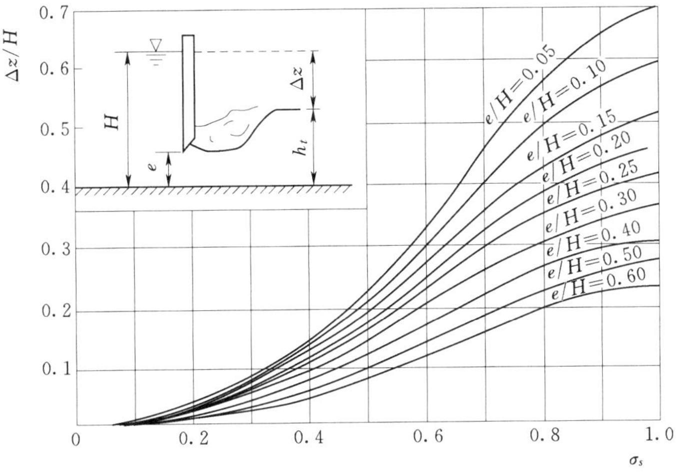

图 5－4

【例题 5－2】 有一平底闸，共 6 孔，每孔净宽 3m。闸上设锐缘平板闸门。已知闸前水头 $H=3.5$m，闸门开度 $e=1.2$m，流速系数取 $\varphi=0.97$，当下游水深 $h_t=2.8$m 时，如不计行近流速，试求通过水闸的流量。

解：（1）首先核实是否为闸孔出流。

$$\frac{e}{H}=\frac{1.2}{3.5}=0.343<0.65$$

所以为闸孔出流。

（2）判别闸孔出流的流态。

已知闸门为平板闸门，且$\frac{e}{H}=0.343$，根据表 5－1，经内插得其对应的垂直收缩系数为：$\varepsilon'=0.6276$。

收缩断面水深：$h_c=\varepsilon' e=0.6276\times1.2=0.753$(m)

因不计行近流速，则收缩断面的流速为

$$v_c=\varphi\sqrt{2g(H_0-h_c)}=0.97\times\sqrt{2\times9.8\times(3.5-0.753)}=7.117(\text{m/s})$$

收缩断面的弗劳德数为

$$Fr_c=\frac{v_c}{\sqrt{gh_c}}=\frac{7.117}{\sqrt{9.8\times0.753}}=2.620$$

h_c 的共轭水深为

$$h_c''=\frac{h_c}{2}(\sqrt{1+8Fr_1^2}-1)=\frac{0.753}{2}\times(\sqrt{1+8\times2.620^2}-1)=2.439(\text{m})$$

因 $h_t=2.8\text{m}>h_c''=2.439\text{m}$，所以本闸孔出流为淹没出流。

（3）流量计算。

淹没出流的闸孔出流量用公式 $Q=\sigma_s\mu be\sqrt{2gH_0}$ 计算。

由 $\dfrac{e}{H}=0.343$ 和 $\dfrac{\Delta z}{H}=\dfrac{3.5-2.8}{3.5}=0.2$ 查图 5-4，得 $\sigma_s=0.67$。

该平顶堰上平板闸门的闸孔出流流量系数 μ 值为

$$\mu=0.60-0.18\frac{e}{H}=0.60-0.18\times0.343=0.538$$

则通过该水闸的流量为

$$Q=\sigma_s\mu Be\sqrt{2gH_0}=0.67\times0.538\times6\times3\times1.2\times\sqrt{2\times9.8\times3.5}=64.487(\text{m}^3/\text{s})$$

第二节　堰　　流

一、堰流的分类

堰流的水力计算主要是研究堰的过流能力，确定过堰流量、作用水头、过水断面及局部水头损失之间的相互关系。堰流可以分为多种类型，具有各自的水流特点，因此有必要了解堰流的分类。

工程上根据堰顶水头 H 和堰顶厚度 δ 的比值，将堰流分为三种类型。

（一）薄壁堰流

薄壁堰的堰顶很薄，$\dfrac{\delta}{H}<0.67$，堰顶常做成锐缘，薄壁堰流的水流沿流动方向几乎不受堰顶厚度的影响，水流自由下降，形成水舌，水舌下缘与堰顶只有线的接触，水面呈单一的自由跌落，如图 5-5（a）所示。

（二）实用堰流

实用堰的堰顶稍厚，$0.67<\dfrac{\delta}{H}<2.5$，此时水舌的下缘与堰顶呈面的接触，水流虽受到堰顶的约束和顶托，但这种作用不大。过堰水流主要受重力作用作单一的自由跌落，如图 5-5（b）、（c）所示。其中，图 5-5（b）为折线形实用堰，图 5-5（c）为曲线形实用堰。

（三）宽顶堰流

宽顶堰的堰顶厚度较大，$2.5<\dfrac{\delta}{H}<10$，此时堰顶厚度对水流的顶托作用已经非常明显。在堰顶进口处，水面会发生明显跌落，以后水面线与堰顶成近似于平行流动，出口水面线还会发生第二次变化，如图 5-5（d）所示。

当 $\dfrac{\delta}{H}>10$ 时，堰顶水流的沿程水头损失不能忽略，此时水流已是明渠水流了。

二、堰流的基本公式推导

如图 5-6 所示的不同类型堰流中，当水流接近堰顶时，因重力作用使自由水面逐渐

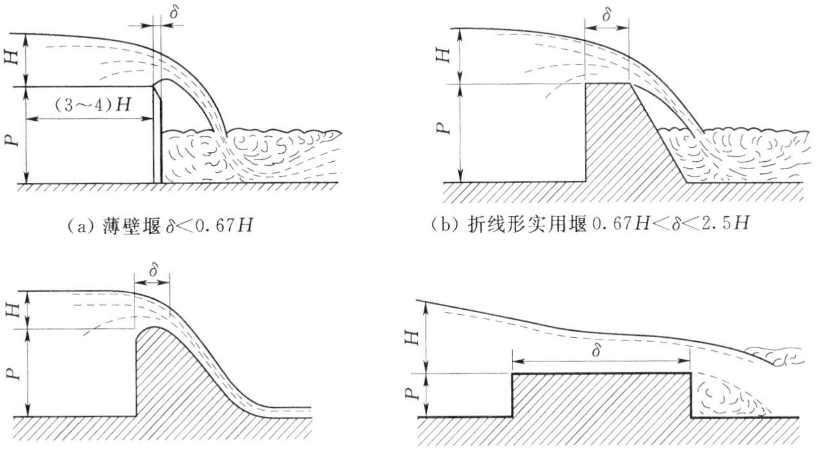

(a) 薄壁堰 $\delta<0.67H$　(b) 折线形实用堰 $0.67H<\delta<2.5H$

(c) 曲线形实用堰 $0.67H<\delta<2.5H$　(d) 宽顶堰 $2.5H<\delta<10H$

图 5－5

降落，在进行水力计算时，把堰前无明显水面下降的断面 0—0 叫作堰前断面，该断面距离堰壁上游为 $(3\sim4)H$，其中 H 为堰前断面堰顶以上的水深，称堰顶水头。堰前断面的流速 v_0 称为行近流速。堰顶至上游渠底的高度 P 称为上游堰高，堰顶至下游渠底的高度 P_1 称为下游堰高。

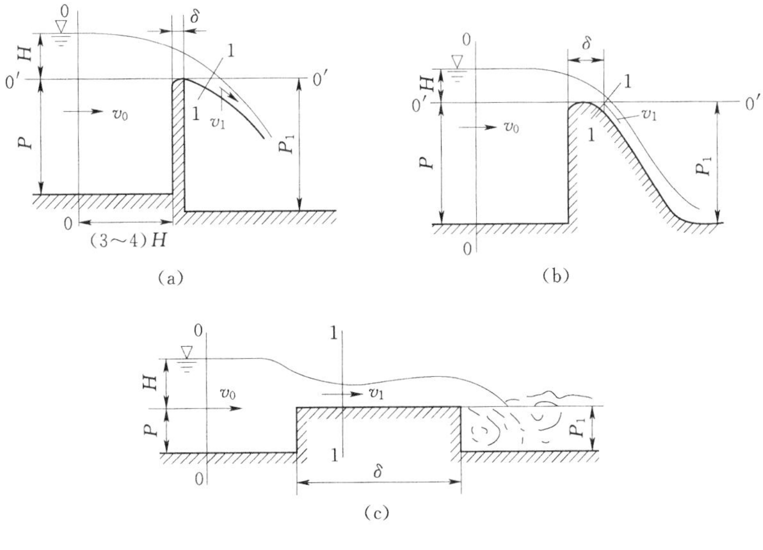

(a)　(b)

(c)

图 5－6

利用能量方程推求堰流泄流量的基本方程。取堰顶水平面为基准面，对堰前断面 0—0 和堰顶断面 1—1 建立能量方程。0—0 断面为渐变流，而 1—1 断面为急变流，该断面上的测压管水头不为常数，故采用 $\overline{Z+\dfrac{P}{\gamma}}$ 表示 1—1 断面上测压管水头的平均值。过堰水流的能量损失可以只考虑局部水头损失，由此可得

此公式适用条件为：$H \geqslant 0.025\text{m}$，$\frac{H}{P} \leqslant 2$，$P \geqslant 0.3\text{m}$。

这样就可以由直接测出的堰顶水头 H 计算过堰流量。

【例题 5-3】 某矩形渠道设一矩形无侧收缩薄壁堰，已知堰宽 $b=1\text{m}$，上、下游堰高 $P=P_1=0.8\text{m}$，堰顶水头 $H=0.5\text{m}$，为自由出流。试求通过薄壁堰的流量。

解：（1）先计算流量系数 m_0。

因本案例中的已知条件满足 $H \geqslant 0.025\text{m}$，$\frac{H}{P} \leqslant 2$，$P \geqslant 0.3\text{m}$ 的要求，所以可以利用以下公式计算 m_0：

$$\begin{aligned} m_0 &= 0.403 + 0.053 \times \frac{H}{P} + \frac{0.0007}{H} \\ &= 0.403 + 0.053 \times \frac{0.5}{0.8} + \frac{0.0007}{0.5} \\ &= 0.4375 \end{aligned}$$

（2）计算过堰流量。

$$Q = m_0 b \sqrt{2g} H^{3/2} = 0.4375 \times 1 \times \sqrt{2 \times 9.8} \times 0.5^{3/2} = 0.685(\text{m}^3/\text{s})$$

（二）三角形薄壁堰流

当测量较小流量时，如采用矩形薄壁堰，则堰前水头较小，误差将会增大。为了提高测量精度，常采用三角形薄壁堰。

三角形薄壁堰的流量计算公式为

$$Q = C_0 H^{5/2}$$

式中　C_0——三角形薄壁堰的流量系数，可根据有关水力计算手册提供的经验公式计算，直角三角形薄壁堰常取 $C_0=1.4$。

四、实用堰流的水力计算

实用堰是工程中常见的用来挡水同时又能泄水的建筑物之一。实用堰一般有两种类型：一是用石料砌筑的中、低溢流堰，堰顶剖面常做成折线形，称为折线形实用堰；二是用混凝土修筑的中、高溢流堰，堰的剖面往往做成更适合水流运动的曲线形，称为曲线形实用堰。下面主要介绍曲线形实用堰的水力计算。

（一）曲线形实用堰的剖面形状

曲线形实用堰的剖面由以下几个部分组成：上游段 AB、堰顶曲线段 BC、下游斜坡段 CD 和反弧段 DE，如图 5-9 所示。

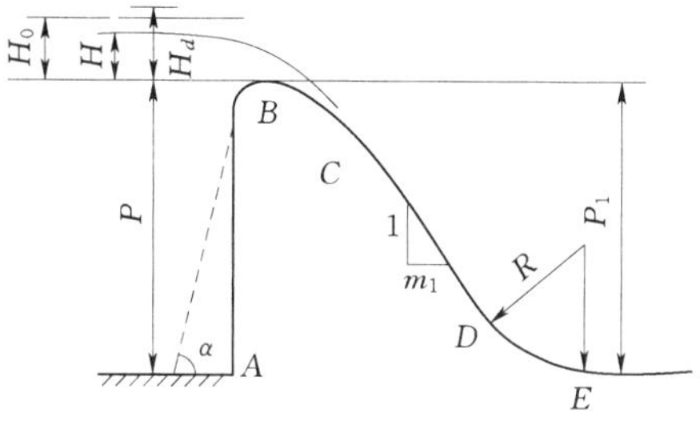

图 5-9

上游段 AB 常做成垂直的，也可做成倾斜的或折线形；下游斜坡段 CD 的坡度根据堰的稳定性和强度要求而定，一般采用 1∶0.6～1∶0.7；反弧段 DE 的圆弧半径 R 可根据下游堰高 P_1 和设计水头 H_d 由表 5-4 查得。

堰顶曲线段 BC 对过流能力的影响最大，是设计曲线形实用堰的关键。国内外对如何确定曲

线段 BC 有很多种方法，我国目前采用较多的是 WES 剖面。该剖面与其他形式的剖面相比，具有流量系数大、节省工程量、堰面负压小、较安全稳定等优点。

表 5-4　**曲线形实用堰的圆弧半径 R 值**　单位：m

P_1 \ H_d	1	2	3	4	5	6	7	8	9
10	3.0	4.2	5.4	6.5	7.5	8.5	9.6	10.6	11.6
20	4.0	6.0	7.8	8.9	10.0	11.0	12.2	13.3	14.3
30	4.5	7.5	9.7	11.0	12.4	13.5	14.7	15.8	16.8
40	4.7	8.4	11.0	13.0	14.5	15.8	17.0	18.0	19.0
50	4.8	8.8	12.2	14.5	16.5	18.0	19.2	20.3	21.3
60	4.9	8.9	13.0	15.5	18.0	20.0	21.2	22.2	23.2

WES 剖面如图 5-10 所示，堰顶曲线以堰顶为界分为两部分，堰顶上游部分由几段圆弧构成，堰顶下游为幂曲线。最初设计时，堰顶上游部分曲线用两段圆弧连接，后经优化将原堰顶上游的两段圆弧改为三段圆弧，即在上游面增加了一个半径为 R_3 的圆弧，如图 5-11 所示。这样设计避免了原有的上游面边界上存在的折角，改善了堰面压力分布，增加了堰的过流能力。

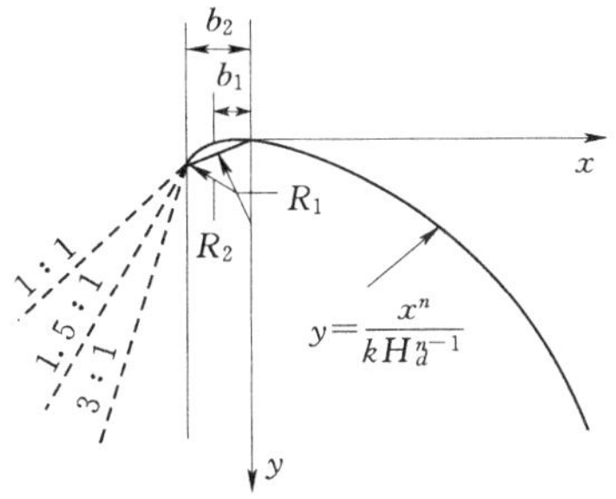

图 5-10

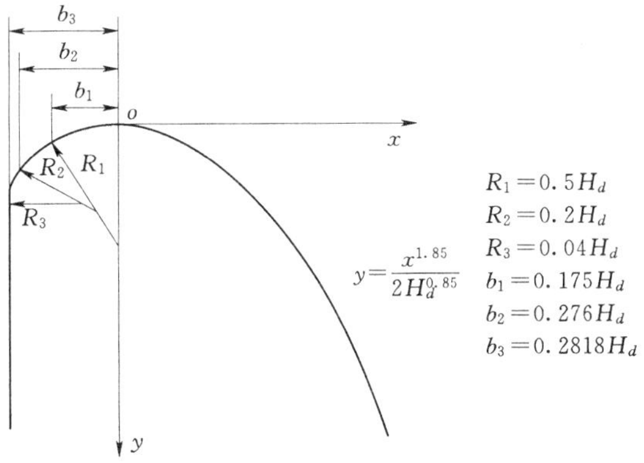

图 5-11

（二）曲线形实用堰的流量系数

工程中的实用堰一般由闸墩和边墩分成几孔，过堰水流受到侧向收缩的影响。另外，实用堰在应用中还可能会出现下游水位过高，形成淹没溢流的情况。所以，实用堰的水力计算仍采用下式计算过堰流量：

$$Q=\sigma_s \varepsilon m B\sqrt{2g}H_0^{3/2}$$

曲线形实用堰的流量系数 m 主要取决于上游堰高与设计水头之比 $\frac{P}{H_d}$、堰顶全水头与设计水头之比 $\frac{H_0}{H_d}$ 以及堰的上游面的坡度。WES 剖面堰采用的设计水头一般为 $H_d=(0.75\sim0.95)H_{max}$，其中 H_{max} 为相应于最高洪水位的堰顶水头。这样设计就可以确保在实际$H_0 \leqslant H_d$ 的情况下，堰面均不会出现真空。当 $H_0 > H_d$ 时，堰面仍有可能出现真空，但因这种高水头的情况出现的机会较少，所以堰面出现暂时的、在允许范围内的真空值是可以的。

对于堰上游面垂直的 WES 剖面堰，当$\dfrac{P}{H_d} \geqslant 1.33$ 时，为高堰。此时因上游堰高较大，行近流速水头较小，水流收缩充分，流量系数 m 只与$\dfrac{H_0}{H_d}$有关，与$\dfrac{P}{H_d}$无关。当 $H_0 = H_d$，即实际工作全水头正好等于设计水头时，WES 型堰的流量系数 $m_d = 0.502$。当 $H_0 \neq H_d$ 时，流量系数可按下式计算：

$$m = 0.502\frac{m}{m_d}$$

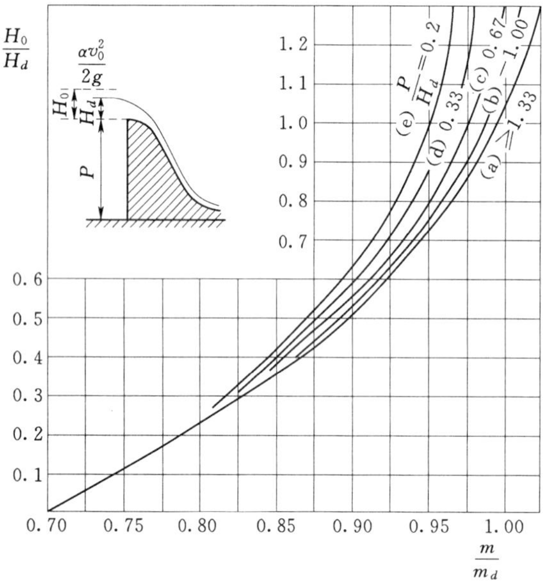

图 5－12

上式中，$\dfrac{m}{m_d}$与$\dfrac{H_0}{H_d}$有关，可根据图 5－12 中的曲线（a）查得。由该曲线可以看出，当 $H_0 < H_d$ 时，$m < m_d$，堰的过水能力减小；当 $H_0 > H_d$ 时，$m > m_d$，堰的过水能力增大。

当$\dfrac{P}{H_d} < 1.33$ 时，为低堰。流量系数 m 不仅与$\dfrac{H_0}{H_d}$有关，还与$\dfrac{P}{H_d}$有关。流量系数还可按公式 $m = 0.502\dfrac{m}{m_d}$计算，$\dfrac{m}{m_d}$可根据$\dfrac{P}{H_d}$的数值，由图 5－12 中的曲线（b）、（c）、（d）、（e）查得。

对于堰上游面倾斜时的流量系数计算可查阅其他相关资料。

（三）曲线形实用堰的侧收缩系数

试验证明，侧收缩系数 ε 与堰顶全水头 H_0、边墩和闸墩头部的形式、堰孔数目和尺寸有关。对于 WES 剖面高堰可用以下经验公式确定侧收缩系数：

$$\varepsilon = 1 - 0.2[K_a + (n-1)K_p]\frac{H_0}{nb}$$

式中　K_a——边墩形状系数；

K_p——闸墩形状系数；

n——闸孔数目；

b——单孔净宽。

边墩形状系数 K_a 与边墩头部形式和来水方向有关。与混凝土非溢流坝段连接的溢流堰（河床式溢洪道），如边墩的头部采用圆弧形，当行进水流正向进入溢流堰时，建议设

计时取 $K_a=0.1$。与土石坝坝段连接的溢流堰（河岸式溢洪道），侧收缩系数应包括坝上游圆弧段和行进水流角度的影响，建议设计中取 $K_a=0.2$。

闸墩形状系数 K_p 与闸墩的头部形状、$\frac{H_0}{H_d}$ 以及闸墩的头部与上游面的相对位置有关。对于头部与堰的上游面齐平的高溢流堰，图 5-13 给出了各种闸墩头部形式以及 K_p 与 $\frac{H_0}{H_d}$ 的关系曲线。

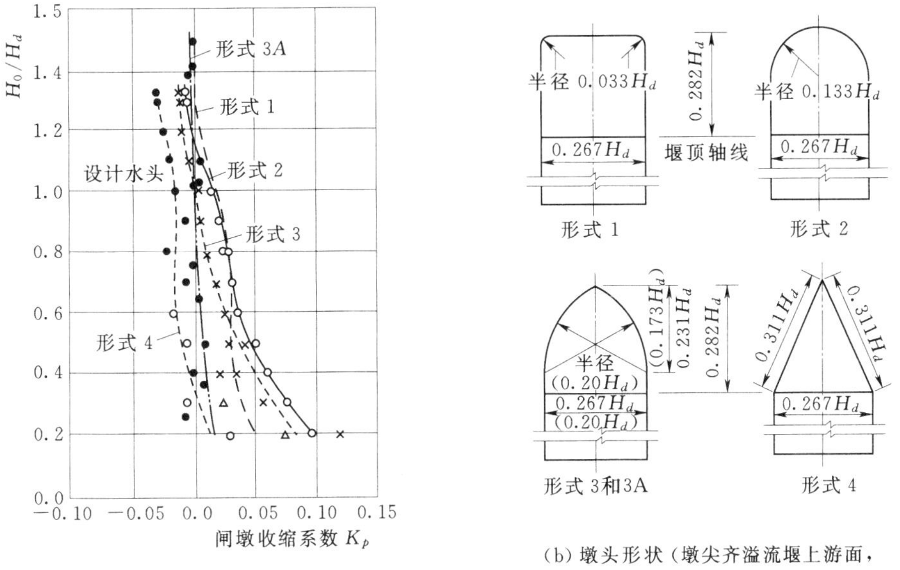

(a)

(b) 墩头形状（墩尖齐溢流堰上游面，括号内尺寸是形式 3A 的尺寸）

图 5-13

（四）曲线形实用堰的淹没系数

将下游水面超过堰顶的高度用 h_s 表示，对于 WES 剖面，当 $\frac{h_s}{H_0}>0.15$ 时，堰下游形成淹没水跃，堰过水能力减小，形成淹没出流。当下游堰高较小 $\left(\frac{P_1}{H_0}<2\right)$ 时，即使下游水位低于堰顶，过堰水流受下游护坦的影响，堰的过流能力也会降低形成淹没出流。

因此，曲线形实用堰的淹没系数 σ_s 与 $\frac{h_s}{H_0}$ 和 $\frac{P_1}{H_0}$ 有关。对于 WES 剖面，淹没系数 σ_s 可根据 $\frac{h_s}{H_0}$ 及 $\frac{P_1}{H_0}$ 值由图 5-14 查得。由图 5-14 可知，在 $\frac{h_s}{H_0}\leqslant 0.15$、$\frac{P_1}{H_0}\geqslant 2$ 的情况下，堰的过流能力不受影响，淹没系数 $\sigma_s=1.0$，为自由出流。

【例题 5-4】 某上游堰面垂直的 WES 标准剖面堰，上、下游堰高 $P=P_1=40\text{m}$，闸墩头部为半圆形，边墩头部为圆弧形，共 6 孔，每孔净宽 5m。已知设计水头 $H_d=4\text{m}$，堰顶实际水头 $H=4\text{m}$，下游水位超过堰顶的高度 $h_s=0.5\text{m}$，边墩形状系数 $K_a=0.7$，闸墩形状系数 $K_p=0.45$。试求过堰流量。

解： 实用堰流量计算公式为

侧收缩系数 ε 用下式计算：

$$\varepsilon = 1-0.2[K_a+(n-1)K_p]\frac{H_0}{nb}$$

$$=1-0.2\times0.7\times\frac{2.754}{b}$$

$$=1-\frac{0.386}{b}$$

侧收缩系数 ε 与待求溢流宽度 b 有关。

（5）用试算法计算待求溢流宽度 b。

将各参数代入公式 $Q=\sigma_s \varepsilon m b\sqrt{2g}H_0^{3/2}$ 得

$$540=1\times\left(1-\frac{0.386}{b}\right)\times0.507b\times\sqrt{2\times9.8}\times2.754^{3/2}$$

利用 Excel 进行公式链接，求得当 $b=53.03$m 时，上式成立。

五、宽顶堰流的水力计算

水利工程中，宽顶堰流的现象和形式有很多。无论河（渠）上的水闸底板有坎或无坎（平底），当闸门全开时，水流不受闸门的控制，均属于宽顶堰，如图 5－16（a）、（b）所示。在无坎的情况下，当明渠水流流经隧洞、涵管或施工围堰［图 5－16（c）、（d）］、渡桥等进口建筑物时，由于进口段两侧横向地收缩，使过水断面减小，流速加大，部分势能转化为动能，水面也会发生跌落，在 $2.5<\frac{\delta}{H}<10$ 的情况下，均属于宽顶堰流。

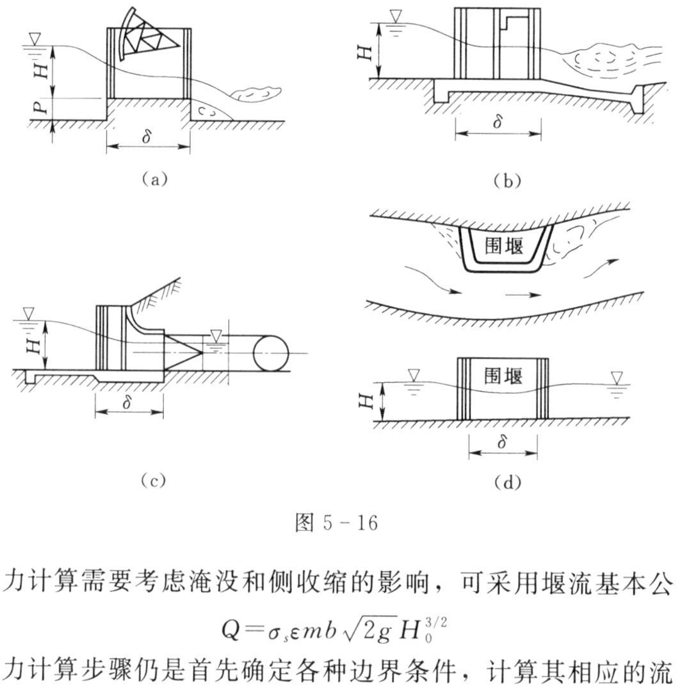

图 5－16

宽顶堰的水力计算需要考虑淹没和侧收缩的影响，可采用堰流基本公式：

$$Q=\sigma_s \varepsilon m b\sqrt{2g}H_0^{3/2}$$

宽顶堰的水力计算步骤仍是首先确定各种边界条件，计算其相应的流量系数、侧收缩系数和淹没系数。

（一）宽顶堰的流量系数

宽顶堰的流量系数取决于堰的进口形状和堰的相对高度$\frac{P}{H}$，对于不同的进口形状，可分别选用下列经验公式进行计算。

（1）对进口前沿为直角的宽顶堰［图 5－17（a）］：

$$m=0.32+0.01\times\frac{3-\frac{P}{H}}{0.46+0.75\frac{P}{H}}$$

（2）对进口前沿为圆角的宽顶堰［图 5－17（b）］，且 $r\geqslant 0.2H$：

$$m=0.36+0.01\times\frac{3-\frac{P}{H}}{1.2+1.5\frac{P}{H}}$$

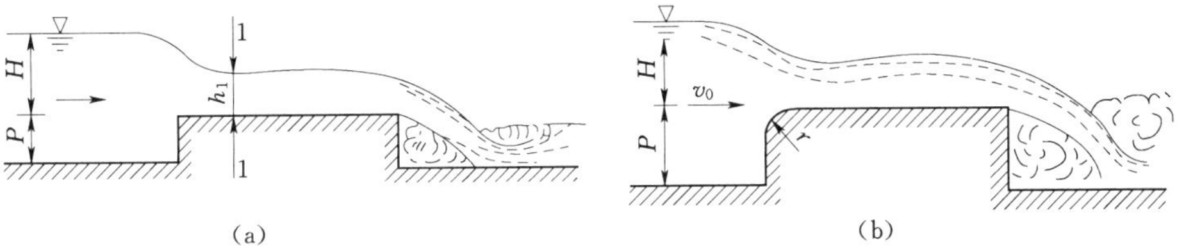

图 5－17

以上两个计算流量系数的公式都适用于$\frac{P}{H}\leqslant 3$ 的情况。当$\frac{P}{H}>3$ 时，由堰高引起的水流垂直收缩已达到最大限度，流量系数不再受到$\frac{P}{H}$的影响，按$\frac{P}{H}=3$ 代入上两公式计算 m 值。

（二）宽顶堰的侧收缩系数

宽顶堰的侧收缩系数 ε 主要与闸墩和边墩头部形状、闸墩数目、堰顶水头等因素有关。单孔宽顶堰的侧收缩系数 ε 用以下经验公式计算：

$$\varepsilon=1-\frac{a_0}{\sqrt[3]{0.2+\frac{P}{H}}}\times\sqrt[4]{\frac{b}{B_0}}\times\left(1-\frac{b}{B_0}\right)$$

式中　a_0——反映墩头形状对侧收缩系数的影响，墩头形状为矩形，取 $a_0=0.19$，墩头形状为圆弧形，取 $a_0=0.10$；

b——溢流孔单孔净宽；

B_0——溢流堰上游引水渠宽度。

对于多孔宽顶堰，应分别利用上式计算出中孔侧收缩系数 ε'和边孔侧收缩系数 ε''，然后求出中孔和边孔侧收缩系数的加权平均值 $\bar{\varepsilon}$，设孔数为 n，则 $\bar{\varepsilon}$ 为

$$\bar{\varepsilon}=\frac{(n-2)\varepsilon'+2\varepsilon''}{n}$$

需要注意的是，计算中孔侧收缩系数 ε'时，$B_0=b_0+d$，d 为闸墩厚度；计算边孔侧收缩系数 ε''时，$B_0=b+\Delta$，Δ 为边墩边缘与堰上游同侧水边线间的距离。

（三）宽顶堰的淹没系数

经试验证明，当$\dfrac{h_s}{H_0}>0.8$时，宽顶堰将形成淹没出流。淹没系数 σ_s 可根据$\dfrac{h_s}{H_0}$由表 5-5 查得。

表 5-5　宽顶堰的淹没系数 σ_s

h_s/H_0	≤0.80	0.81	0.82	0.83	0.84	0.85	0.86	0.87	0.88	0.89
σ_s	1.00	0.995	0.99	0.98	0.97	0.96	0.95	0.93	0.90	0.87
h_s/H_0	0.90	0.91	0.92	0.93	0.94	0.95	0.96	0.97	0.98	—
σ_s	0.84	0.82	0.78	0.74	0.70	0.65	0.59	0.50	0.40	—

【例题 5-6】 有一底坎为具有圆角前沿进口的宽顶堰，堰上有三孔水闸，如图 5-18 所示。已知当闸门全开时，上游水深 $H_1=3.1$m，下游水深 $h_t=2.63$m，上游坎高 $P=0.6$m，下游坎高 $P_1=0.5$m，闸孔宽 $b=2$m，边墩及中墩头部形式均为半圆形，墩厚 $d=1.2$m，渠道宽 $B=9.6$m。试求过堰流量 Q。

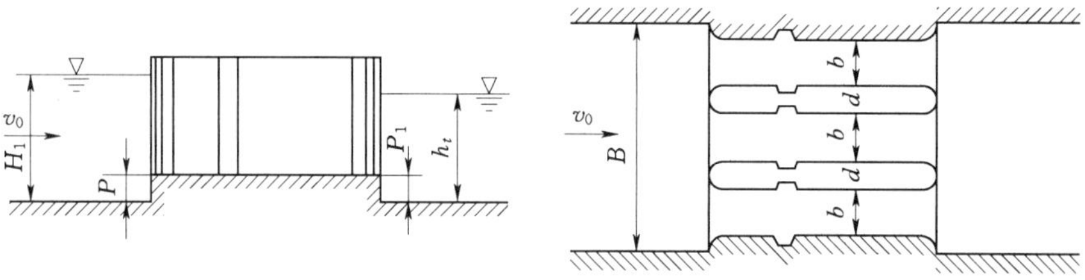

图 5-18

解： 宽顶堰的流量计算采用以下公式：

$$Q=\sigma_s\varepsilon mB\sqrt{2g}H_0^{3/2}$$

本案例中，堰顶水头为

$$H=H_1-P=3.1-0.6=2.5(\text{m})$$

因过堰流量 Q 未知，暂不考虑闸前行近流速，则 $H_0=H=2.5$m。

(1) 计算流量系数 m。

因闸底坎为具有圆角前沿进口的宽顶堰，流量系数 m 采用下式计算：

$$m=0.36+0.01\times\frac{3-\dfrac{P}{H}}{1.2+1.5\times\dfrac{P}{H}}=0.36+0.01\times\frac{3-\dfrac{0.6}{2.5}}{1.2+1.5\times\dfrac{0.6}{2.5}}=0.378$$

(2) 计算侧收缩系数 ε。

本案例为多孔闸门，应计算中孔和边孔侧收缩系数的加权平均值$\bar{\varepsilon}$。

因中墩的头部为半圆形，取 $a_0=0.10$，中孔侧收缩系数 ε'：

$$\varepsilon'=1-\frac{a_0}{\sqrt[3]{0.2+\frac{P}{H}}}\times\sqrt[4]{\frac{b}{b+d}}\times\left(1-\frac{b}{b+d}\right)$$

$$=1-\frac{0.10}{\sqrt[3]{0.2+\frac{0.6}{2.5}}}\times\sqrt[4]{\frac{2}{2+1.2}}\times\left(1-\frac{2}{2+1.2}\right)$$

$$=0.956$$

因边墩的头部为半圆形，取 $a_0=0.10$。

边墩边缘与堰上游同侧水边线间的距离：

$$\Delta=\frac{B-3b-2d}{2}=\frac{9.6-3\times2-2\times1.2}{2}=0.6(\mathrm{m})$$

边孔侧收缩系数 ε''：

$$\varepsilon''=1-\frac{a_0}{\sqrt[3]{0.2+\frac{P}{H}}}\times\sqrt[4]{\frac{b}{b+\Delta}}\times\left(1-\frac{b}{b+\Delta}\right)$$

$$=1-\frac{0.10}{\sqrt[3]{0.2+\frac{0.6}{2.5}}}\times\sqrt[4]{\frac{2}{2+0.6}}\times\left(1-\frac{2}{2+0.6}\right)$$

$$=0.972$$

则

$$\bar{\varepsilon}=\frac{(n-2)\varepsilon'+2\varepsilon''}{n}=\frac{(3-2)\times0.956+2\times0.972}{3}=0.967$$

(3) 计算淹没系数 σ_s。

本案例中：

$$h_s=h_t-P_1=2.63-0.5=2.13(\mathrm{m})$$

$$\frac{h_s}{H_0}=\frac{2.13}{2.5}=0.852>0.8$$

所以，该宽顶堰流为淹没出流，根据$\frac{h_s}{H_0}$值，查表 5-5 并经内插计算，$\sigma_s=0.958$。

(4) 计算过堰流量。

$$Q=\sigma_s\varepsilon mB\sqrt{2g}H_0^{3/2}$$

$$=0.958\times0.967\times0.378\times3\times2\times\sqrt{2\times9.8}\times2.5^{3/2}$$

$$=36.77(\mathrm{m^3/s})$$

(5) 考虑行进流速，并进行核算。

行进流速：$v_0=\frac{Q}{A}=\frac{Q}{BH_1}=\frac{36.77}{9.6\times3.1}=1.24(\mathrm{m/s})$

堰顶全水头：$H_0=H+\frac{v^2}{2g}=2.5+\frac{1.24^2}{2\times9.8}=2.58(\mathrm{m})$

$\frac{h_s}{H_0}=\frac{2.13}{2.58}=0.826$，查表 5-5 并经内插计算，$\sigma_s=0.984$。

根据 $\sigma_s=0.984$、$\bar{\varepsilon}=0.967$、$m=0.378$、$H_0=2.58\text{m}$，代入流量计算公式得

$$
\begin{aligned}
Q &=\sigma_s \varepsilon m b \sqrt{2g} H_0^{3/2} \\
&=0.984\times0.967\times0.378\times3\times2\times\sqrt{2\times9.8}\times2.58^{3/2} \\
&=39.59(\text{m}^3/\text{s})
\end{aligned}
$$

利用 $Q=39.59\text{m}^3/\text{s}$ 重复步骤（5）的计算过程进行验证，发现计算出的流量与 $Q=39.59\text{m}^3/\text{s}$ 非常接近，所以取 $Q=39.59\text{m}^3/\text{s}$。

第三节　水工建筑物下游水流衔接与消能

一、水流衔接与消能形式介绍

在河道上修建堰、闸等水工建筑物后，往往会改变河道的水流特性。这些水工建筑物束窄了河床，提高了水位，使得经建筑物下泄的水流具有落差明显、流速快、单宽流量大、能量集中的特点。因此，必须采取有效的工程措施消除下泄水流的多余能量，减少水流对河床及两岸的冲刷，保证建筑物的安全。

水利工程中最常用的衔接消能措施有以下三种。

（一）底流式衔接消能

由前述知识可知，下泄水流从急流过渡到下游缓流时，必然发生水跃。水跃通过产生的表面旋滚和强烈的紊动可消除大量能量，消能效率可达 40%～67%。水跃消能后，促使水流流速急剧减小，跃后水位迅速回升并与河道下游水流衔接。因水跃消能时主流靠近河床底部，故称为底流式衔接消能，如图 5-19 所示。

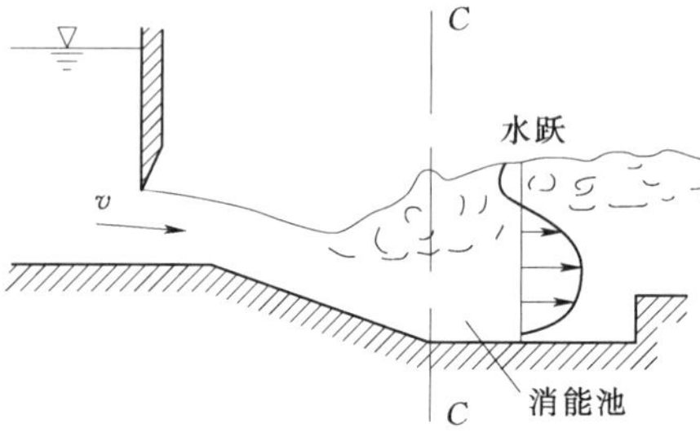

图 5-19

（二）挑流式衔接消能

利用下泄水流本身的动能，借助建筑物出流部位的挑流鼻坎，将水流挑射到空中，然后水流跌落到下游较远的河道中，如图 5-20 所示。挑射出的水流在空中扩散、掺气消耗掉部分能量；挑流水舌落入下游后，潜入冲刷坑水垫中形成旋滚，可消除大部分余能。这种衔接消能方式因水流被挑向下游，与下游水流进行衔接，故称为挑流式衔接消能。

（三）面流式衔接消能

当下游水深较大且较稳定时，常将建筑物末端设置成垂直跌坎，跌坎顶部低于下游水位，如图 5-21 所示。水流下泄时，导流坎将高速水流导向下游水流表层，主流与河床间由巨大的底部旋滚隔开，以减轻主流对河床的冲刷。水流能量主要通过表层主流的扩散、流速分布调整及底部反向旋滚与主流的相互作用而消耗。由于主流位于表层，故称为面流式衔接消能。

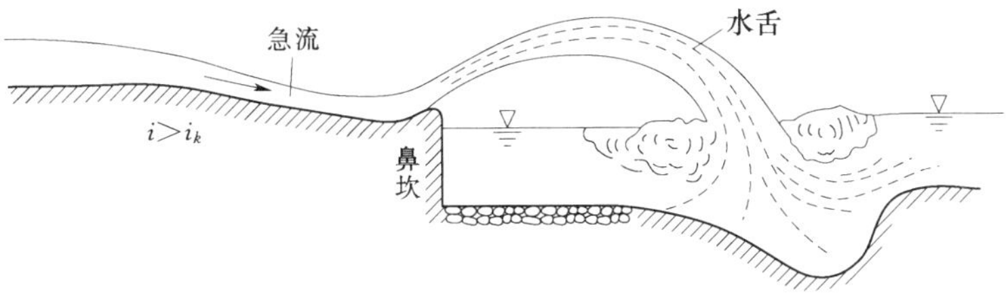

图 5-20

除以上三种基本消能形式外，还可以根据实际工程具体条件，将多种消能方式结合起来得到综合式消能措施，如戽流式消能、竖井涡流消能、孔板式消能等。如图 5-22 所示的戽流式消能即为底流式和面流式相结合的消能措施。

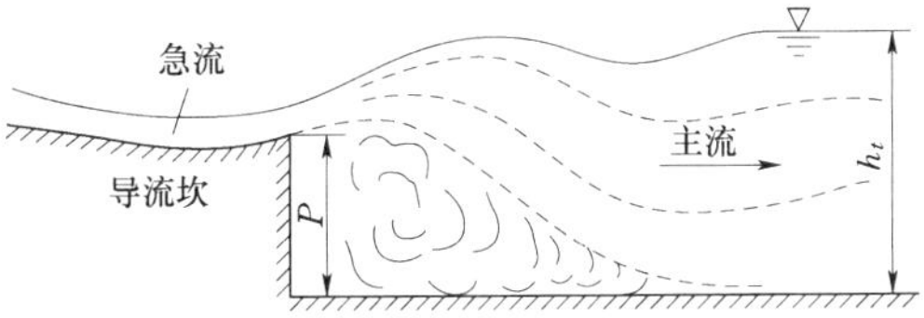

图 5-21

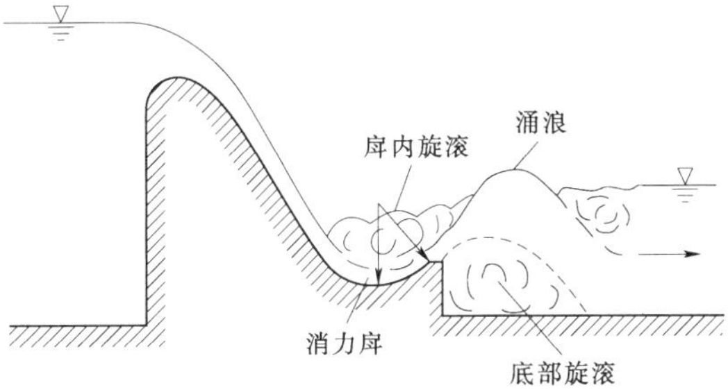

图 5-22

本部分将主要介绍最常用的底流式和挑流式衔接消能水力计算。其他消能方式的水力计算可查阅《水力计算手册》和《水利技术标准汇编》等资料。

二、底流式衔接消能的水力计算

闸、坝等泄水建筑物下泄水流势能不断转化为动能，在建筑物下游水流要经过 $c—c$ 收缩断面并发生水跃。收缩断面处的水深记为 h_c，所对应的共轭水深记为 h_c''，比较下游水深 h_t 与 h_c'' 的相对大小，泄水建筑物下游将可能发生三种形式的水跃。当 $h_t=h_c''$ 时，发生临界式水跃；当 $h_t<h_c''$ 时，发生远离式水跃；当 $h_t>h_c''$ 时，发生淹没式水跃。

理论和实验研究表明，远离式水跃对工程最为不利。因其急流段长，对河床的冲刷能力强，不利于建筑物的安全，且不经济，消能效果也差，所以不宜采用。临界式水跃虽消能效果最好，但临界式水跃不稳定，下泄流量稍有增加或下游水位略有降低，就转为远离式水跃，也不宜采用。因此，从减少急流段保护长度，确保水跃位置的稳定性要求及消能效果好等多方面综合考虑，采用稍有淹没的水跃衔接形式进行消能最为有利。

如经判断建筑物下游水流的自然衔接形式为远离式水跃或临界式水跃，需设置消力池，以避免出现这两种水流衔接形式；如建筑物下游出现了淹没水跃，则不必修建消能设施。因此，底流式衔接消能的水力计算步骤为

（1）计算收缩断面水深 h_c。

（2）由 h_c 计算其共轭水深 h_c''，通过比较 h_c'' 与下游水深 h_t 的关系判别水跃衔接形式，由水跃衔接形式决定是否需要进行消能。

(3) 进行消能计算。

(一) 收缩断面水深 h_c 的计算

下面以图 5－23 所示的溢流坝为例，建立收缩断面水深计算的基本方程。

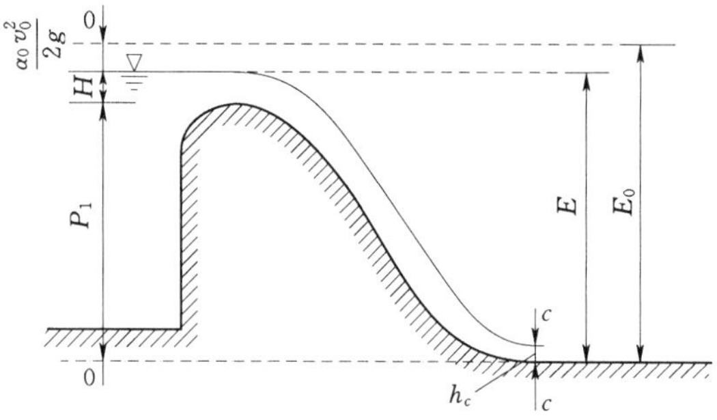

图 5－23

以收缩断面底部的水平面为基准面，列堰上游 0—0 断面和下游收缩断面 c—c 的能量方程，可得

$$H+P_1+\frac{\alpha_0 v_0^2}{2g}=h_c+\frac{\alpha v_c^2}{2g}+h_w$$

令堰前断面的总能量 $E_0=H+P_1+\frac{\alpha_0 v_0^2}{2g}=H_0+P_1$，令 $h_w=\zeta\frac{v_c^2}{2g}$，令流速系数 $\varphi=\frac{1}{\sqrt{\alpha+\zeta}}$，则上能量方程可变形为

$$E_0=h_c+\frac{v_c^2}{2g\varphi^2}=h_c+\frac{Q^2}{2gA_c^2\varphi^2}$$

收缩断面一般是矩形断面，有 $A_c=bh_c$，单宽流量 $q=\frac{Q}{b}$，则上式可写成如下形式：

$$E_0=h_c+\frac{q^2}{2gh_c^2\varphi^2}$$

此公式就是收缩断面水深 h_c 的计算关系式，虽是由溢流堰导出的，但对于闸下出流也适用。

计算收缩断面水深时，单宽流量 q 和堰高 P_1 是给定的，堰上水头可由堰流公式计算而得，由此可计算出 E_0。但要求解 h_c，还需确定流速系数 φ，φ 值可查表 5－3。

利用公式 $E_0=h_c+\frac{q^2}{2gh_c^2\varphi^2}$求解 h_c，因该方程为关于 h_c 的三次方程式，一般可采用试算法、图解法或逐步逼近法，还可利用 Excel 进行公式链接，便可快速、准确地确定h_c 值。

确定 h_c 值后，可根据水跃方程确定其共轭水深 h_c''。将 h_c 与下游水深 h_t 比较，即可判断建筑物下游水流的衔接形式。

【例题 5－7】 某矩形单孔引水闸，闸门宽等于河底宽，闸前水深 $H=8$m。当闸门开度 $e=2.5$m 时，下泄单宽流量 $q=12\text{m}^3/(\text{s}\cdot\text{m})$，已知下游水深 $h_t=3.5$m，闸下出流的流速系数 $\varphi=0.97$。试判断下游水流的衔接情况。

解： 上游断面平均流速：$v_0=\frac{q}{H}=\frac{12}{8}=1.5(\text{m/s})$

$$H_0=H+\frac{\alpha_0 v_0^2}{2g}=8+\frac{1.5^2}{2\times9.8}=8.11(\text{m})$$

$$E_0=H_0+P_1=8.11(\text{m})$$

将以上各已知参数代入求解收缩断面水深的公式 $E_0=h_c+\frac{q^2}{2gh_c^2\varphi^2}$，则

$$8.11 = h_c + \frac{12^2}{2\times 9.8\times 0.97^2 h_c^2}$$

在Excel进行上式链接，可以求得当 $h_c = 1.051\text{m}$ 时，上式成立。所以，收缩断面水深 $h_c = 1.051\text{m}$。

因为河道过水断面为矩形，可利用公式 $h'' = \frac{h'}{2}\left(\sqrt{1+\frac{8q^2}{gh'^3}}-1\right)$ 求解共轭水深，所以

$$h''_c = \frac{h_c}{2}\left(\sqrt{1+\frac{8q^2}{gh_c^3}}-1\right)$$
$$= \frac{1.051}{2}\times\left(\sqrt{1+\frac{8\times 12^2}{9.8\times 1.051^3}}-1\right)$$
$$= 4.79(\text{m}) > h_t = 3.5\text{m}$$

所以，下游水流产生远离式水跃衔接，需修建消力池。

（二）消力池的水力计算

消力池主要有三种形式：

（1）把泄水建筑物下游附近的护坦高程降低，形成消力池。池内水深增大，促使水流发生淹没水跃。这种由开挖形成的消力池称为挖深式消力池，如图 5-24（a）所示。

（2）在泄水建筑物下游护坦末端建一道低坎，壅高池内水深，促使水流发生淹没水跃。这种由建消力坎形成的消力池称为消力坎式消力池，如图 5-24（b）所示。

（3）如果单纯采用上面两种措施中的某一种在技术和经济上均不合理时，可两者兼用。这种既降低护坦高程，又修建消力坎的消力池称为综合式消力池，如图 5-24（c）所示。

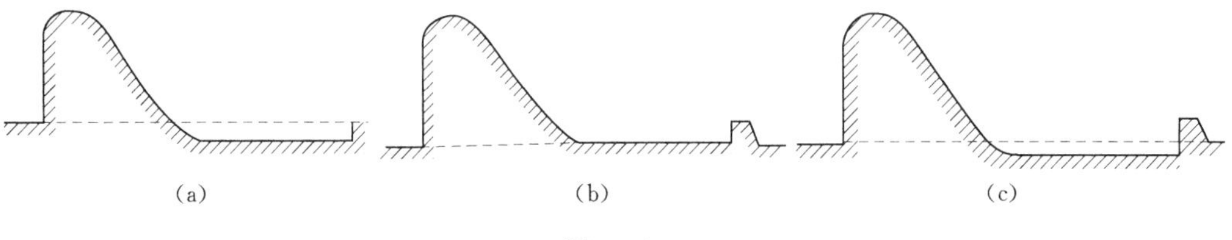

(a)　(b)　(c)

图 5-24

本部分只讨论矩形断面的挖深式消力池和消力坎式消力池的水力计算。消力池水力计算的主要任务是确定池深（或坎高）及池长。

1. 挖深式消力池池深的水力计算

如图 5-25 所示，将下游河床深挖一深度 s 后，形成消力池。消力池内产生淹没水跃的条件是：池末水深 h_T 略大于收缩水深的跃后水深 h''_{c1}，即

$$\frac{h_T}{h''_{c1}} > 1$$

令 $\frac{h_T}{h''_{c1}} = \sigma$，则有

$$h_T = \sigma h''_{c1}$$

式中　σ——反映水跃淹没程度的淹没系数，或称安全系数，通常取 $\sigma = 1.05 \sim 1.10$。

消力池出池水流由于竖向收缩，过水断面减小，动能增加，会在池坎后形成一水面跌

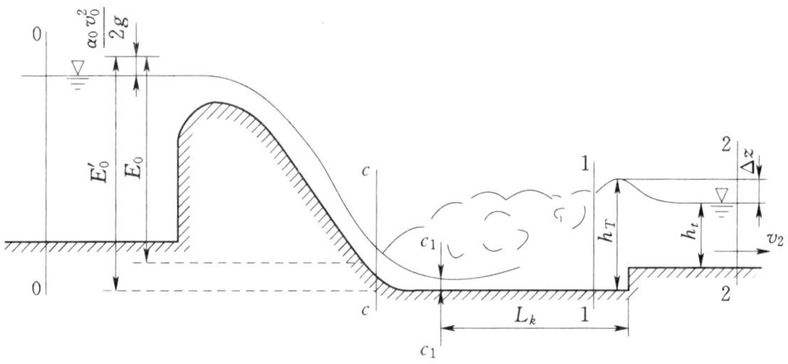

图 5-25

落 Δz，从图 5-25 中可看出，池末水深 h_T 为

$$h_T = s + h_t + \Delta z$$

将 $h_T = \sigma h''_{c1}$ 代入上式，则池深 s 的计算公式为

$$s = \sigma h''_{c1} - (h_t + \Delta z)$$

需要注意的是，h''_{c1} 应是护坦降低以后，收缩断面由 c—c 下移到 c_1—c_1 后收缩断面水深 h_{c1} 对应的跃后水深。护坦高程降低 s 值后，E_0 增至 $E'_0 = E_0 + s$，h''_{c1} 与 s 之间是一种复杂的隐函数关系。对于矩形断面的消力池，应用水跃方程，有

$$h''_{c1} = \frac{h_{c1}}{2}\left(\sqrt{1 + \frac{8q^2}{g h_{c1}^3}} - 1\right)$$

h_{c1} 可通过对断面 0—0 和收缩断面 c_1—c_1 列能量方程求得

$$E_0' = h_{c1} + \frac{q^2}{2g h_{c1}^2 \varphi^2}$$

水面跌落值 Δz 可通过对消力池出口断面 1—1 及下游断面 2—2 列能量方程求得，取通过断面 2—2 底部的水平面为基准面，有

$$h_t + \Delta z + \frac{\alpha v_1^2}{2g} = h_t + \frac{\alpha v_2^2}{2g} + \zeta \frac{\alpha v_2^2}{2g}$$

推得

$$\Delta z = \frac{q^2}{2g} \times \left[\frac{1}{(\varphi' h_t)^2} - \frac{1}{(\sigma h''_{c1})^2}\right]$$

式中 φ'——消力池出口的流速系数，一般取 $\varphi' = 0.95$。

在计算池深 s 时，由于池深 s 与 h''_{c1}、Δz、h_T 等变量是复杂的隐函数关系，在求解 s 时只能利用试算法求解，或利用 Excel 表格计算。

2. 消力坎式消力池坎高的计算

如图 5-26 所示，在护坦末端修建消力坎后水流受阻壅高，坎前水深 h_T 大于下游水深 h_t，为保证池内产生稍有淹没的水跃，坎前水深 h_T 应为：$h_T = \sigma h''_c$。

从图 5-26 的几何关系可以看出，坎高 c 为

$$c = h_T - H_1 = \sigma h''_c - H_1$$

H_1 为不包括流速水头在内的坎顶水头，因出坎水流为折线型实用堰流，坎顶水头

H_1 可用堰流公式计算：

$$H_1=H_{10}-\frac{v_1^2}{2g}=H_{10}-\frac{q^2}{2gh_T^2}=\left(\frac{q}{\sigma_s m\sqrt{2g}}\right)^{\frac{2}{3}}-\frac{q^2}{2g(\sigma h''_c)^2}$$

式中　m——消力坎流量系数，消力坎一般做成折线形，常取 $m=0.42$；

σ_s——消力坎淹没系数，其大小与$\frac{h_s}{H_{10}}$的比值有关。

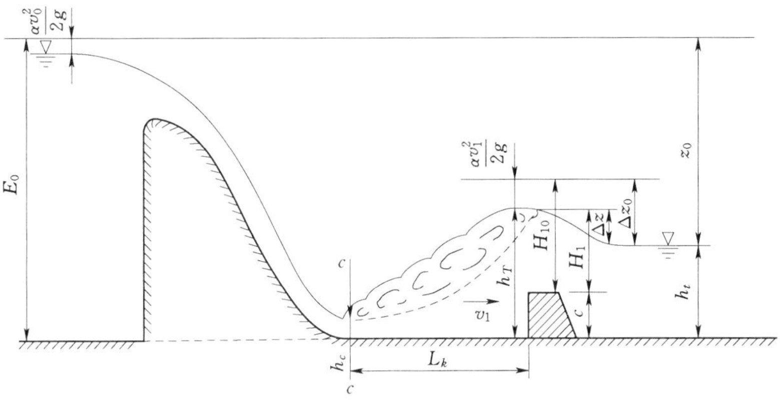

图 5-26

实验表明：当$\frac{h_s}{H_{10}}\leqslant 0.45$时，为非淹没堰，$\sigma_s=1$；当$\frac{h_s}{H_{10}}>0.45$时，为淹没堰，$\sigma_s$值可根据相对淹没度$\frac{h_s}{H_{10}}$由表 5-6 查得。

表 5-6　　　　消力坎的淹没系数 σ_s 值

h_s/H_{10}	≤0.45	0.50	0.55	0.60	0.65	0.70	0.72	0.74	0.76	0.78
σ_s	1.000	0.990	0.985	0.975	0.960	0.940	0.930	0.915	0.900	0.885
h_s/H_{10}	0.80	0.82	0.84	0.86	0.88	0.90	0.92	0.95	1.00	—
σ_s	0.865	0.845	0.815	0.785	0.750	0.710	0.651	0.535	0.000	—

需要注意的是，如果消力坎为淹没堰，则坎下游为淹没水流，坎后就不需再修消力池。如果消力坎为非淹没堰，则应校核坎后水流的衔接情况。如果为淹没水跃，则坎后也不需再设第二道消力池；如坎后为临界或远离式水跃衔接时，则必须设置第二道消力坎或采取其他消能措施。

3. 消力池长度的计算

消力池的长度应满足保证水跃不越出池外的要求，以减少水流对下游河床产生不利影响。大量实验证明，消力池内淹没水跃因受到池末端直立壁坎的反向作用力，水跃长度比平底渠道中产生的自由水跃长度（L_j）缩短 20%～30%。

消力池内淹没水跃的长度（L'_j）一般为

$$L'_j=(0.7\sim0.8)L_j$$

当上游为曲线型实用堰时，消力池长度 L_k 为

$$L_k=L_j'=(0.7\sim0.8)L_j$$

当上游为跌坎或宽顶堰时，消力池长度还应考虑跌坎或宽顶堰到收缩断面间的距离，具体计算可参阅有关水力学书籍。

4. 消力池的设计流量

上述消力池水力计算中，都是针对某一特定流量计算相应的消力池的池深和池长。但实际工程中，消力池建成后是在不同流量条件下工作，在这些流量范围内，消力池均应保证能安全可靠地工作。这就需要选择一个适宜的流量对消力池尺寸进行设计，该流量称为消力池的设计流量，以 Q_d 表示。

实际计算时，一般选取包括 $Q_{\min}$ 和 $Q_{\max}$ 在内的若干个流量值，分别计算池深 s，然后绘制池深 s 与流量 Q 的关系曲线，池深 s 最大值对应的流量即为设计流量。实践证明，池深的设计流量并不一定是建筑物通过的最大流量。

消力池的长度取决于水跃长度 L_j，所以消力池长度的设计流量应为在消力池内形成最长水跃时所对应的流量。实践证明，消力池长度的设计流量一般采用建筑物下泄的最大流量。这里需要强调的是，消力池长度的设计流量与池深的设计流量不一定是同一个流量。

【例题 5-8】 承［例题 5-7］的条件，当下游发生远离式水跃时，如在闸门下游修建一深挖式消力池，试确定消力池的尺寸。

解：（1）确定池深 s。

1）估算池深 s：

$$s=\sigma h_c''-h_t=1.05\times4.79-3.5=1.53(\text{m})$$

2）计算建池后的 h_c 和 h_c''：

$$E_0'=E_0+s=8.11+1.53=9.64(\text{m})$$

因 $h_c=E_0'-\dfrac{q^2}{2gh_c^2\varphi^2}$，利用 Excel 表格计算当 $h_c=0.948\text{m}$ 时此公式成立。

$$h_c''=\frac{h_c}{2}\left(\sqrt{1+\frac{8q^2}{gh_c^3}}-1\right)=5.114(\text{m})$$

3）计算 Δz：

$$\Delta z=\frac{q^2}{2g}\times\left[\frac{1}{(\varphi'h_t)^2}-\frac{1}{(\sigma h_c'')^2}\right]=0.410(\text{m})$$

4）计算 σ：

$$\sigma=\frac{s+h_t+\Delta z}{h_c''}=\frac{1.53+3.5+0.410}{5.114}=1.064$$

因 σ 为 1.05～1.1，所以池深满足要求。

（2）确定池长。

$$L_j=6.9(h_c''-h_c)=6.9\times(5.114-0.948)=28.749(\text{m})$$

$$L_k=(0.7\sim0.8)L_j=(0.7\sim0.8)\times28.749=20.124\sim22.999(\text{m})$$

【例题 5-9】 在矩形河槽中筑一曲线型溢流坝，下游坝高 $P_1=12.5\text{m}$，流量系数 $m=0.502$，侧收缩系数 $\varepsilon=0.95$，溢流时坝上水头 $H=3.5\text{m}$，下游水深 $h_t=5\text{m}$，坝的

流速系数 $\varphi=0.95$。试判别是否需建消力池；如需要，请按消力坎式设计消力池尺寸。

解：(1) 判断下游水流衔接情况。

因为 $\frac{P_1}{H}=\frac{12.5}{3.5}=3.57>2$，所以溢流坝为自由出流。

忽略行近流速：

$$q=\varepsilon m\sqrt{2g}H^{\frac{3}{2}}$$
$$=0.95\times0.502\times\sqrt{2\times9.8}\times3.5^{\frac{3}{2}}$$
$$=13.82[m^3/(s\cdot m)]$$
$$E_0=P_1+H=12.5+3.5=16(m)$$

以下计算 h_c 和 h_c''。

已知 $h_c=\sqrt{\frac{q^2}{2g\varphi^2(E_0-h_c)}}$，利用 Excel 表格计算当 $h_c=0.845m$ 时此公式成立。

$$h_c''=\frac{h_c}{2}\left(\sqrt{1+\frac{8q^2}{gh_c^3}}-1\right)=6.385(m)>h_t=5m$$

所以，下游为远离式水跃衔接，需要修建消力池。

(2) 确定消力坎式消力池尺寸。

1) 计算坎高：

$$c=\sigma h_c''+\frac{q^2}{2g(\sigma h_c'')^2}-H_{10}$$
$$H_{10}=\left(\frac{q}{\varepsilon\sigma_s m\sqrt{2g}}\right)^{2/3}$$

设消力坎为非淹没堰，$\sigma_s=1$，取 $m=0.502$，则

$$H_{10}=\left(\frac{q}{\varepsilon\sigma_s m\sqrt{2g}}\right)^{2/3}=\left(\frac{13.82}{0.95\times1\times0.502\times\sqrt{2\times9.8}}\right)^{2/3}=3.50(m)$$

$$c_1=\sigma h_c''+\frac{q^2}{2g(\sigma h_c'')^2}-H_{10}=1.05\times6.385+\frac{13.82^2}{2\times9.8\times(1.05\times6.385)^2}-3.50=3.421(m)$$

$$h_s=h_t-c_1=5-3.421=1.579(m)$$
$$\frac{h_s}{H_{10}}=\frac{1.579}{3.50}=0.45$$

所以，为非淹没堰，和假设相符。

以下判别消力坎后的水流衔接情况：

$$E_0=P_1+H_0=c_1+H_{10}=3.421+3.50=6.921(m)$$

取消力坎的流速系数 $\varphi=0.93$。

$h_c=\sqrt{\frac{q^2}{2g\varphi^2(E_0-h_c)}}$，利用 Excel 表格计算当 $h_c=1.433m$ 时此公式成立。

$$h_c''=\frac{h_c}{2}\left(\sqrt{1+\frac{8q^2}{gh_c^3}}-1\right)=4.548(m)<h_t=5(m)$$

所以，消力坎后为淹没式水跃衔接，不需要采取措施。

综上所述，坎高取 $c_1=3.42(\mathrm{m})$。

2）计算池长：

$$L_j=6.9(h_c''-h_c)=6.9\times(6.385-0.845)=38.226(\mathrm{m})$$

$$L_k=(0.7\sim0.8)L_j=(0.7\sim0.8)\times38.226=26.758\sim30.581(\mathrm{m})$$

三、挑流式衔接消能的水力计算

在中、高水头的泄水建筑物中，因下泄水流的流速和单宽流量往往较大，水流动能往往很大，常采用挑流式衔接消能的形式。

挑流式衔接消能是通过泄水建筑物末端的鼻坎将下泄的高速水流挑向空中，使之跌落在远离建筑物的下游河床，形成冲刷坑，只要冲刷坑距离建筑物足够远，建筑物可保证安全。挑流式衔接消能的基本原理是利用水流在空中的扩散、掺气过程中消耗一部分能量；同时，扩散了的水舌落入下游河床，与下游河道水体发生碰撞，并在水舌入水点附近形成旋滚，旋滚紊动强烈，消耗了大部分水流能量。

挑流式衔接消能的优点是结构简单，不需修建大量的下游护坦，节省投资，能适应下游水位的较大变幅，并且便于检修。缺点是下游必须具有开阔的场地，而且下游水流波动大，雾气大，对周围交通、输电和生活条件也会带来不利影响。

挑流式衔接消能水力计算的主要任务是：根据已知的水力条件，正确选择挑坎型式和尺寸，计算下泄水流的挑距和冲刷坑深度，并校核是否影响建筑物的安全。

（一）挑距的计算

挑距是指挑坎末端至冲刷坑最深点间的水平距离，常用 L 表示。

计算挑距的目的是确定冲刷坑最深点的具体位置。试验和原型观测表明，冲刷坑最深点大体位于水舌轴线在水中的延长线上，如图 5－27 所示，挑距 L 由空中挑距 L_0 和水下挑距 L_1 组成，即

$$L=L_0+L_1$$

以下讨论最常用的连续式鼻坎的挑距计算方法。

1．空中挑距的计算

空中挑距 L_0 是指挑坎末端至水舌轴线与下游水面交点间的水平距离。

对平滑的连续式挑坎，假定挑坎出口断面 1—1 上流速均匀分布，且为 v_1，忽略空气阻力和水舌扩散影响，把抛射水流的运动视为自由抛射体的运动，应用质点自由抛射运动原理可导出空中挑距 L_0 的计算公式，即

$$L_0=\varphi^2S_1\sin2\theta\left(1+\sqrt{1+\frac{a-h_t}{\varphi^2S_1\sin^2\theta}}\right)$$

其中

$$\varphi=\sqrt[3]{1-\frac{0.055}{K^{0.5}}}$$

$$K=\frac{q}{\sqrt{g}\ S_1^{1.5}}$$

式中 S_1——上游水面至挑坎顶部的高差；

a——挑坎高度，即下游河床至挑坎顶部的高差；

θ——鼻坎挑射角；

h_t——冲刷坑后下游水深；

φ——坝面流速系数；

K——流能比；

q——单宽流量。

需要说明的是，当 $K=0.004\sim0.15$ 时，可利用公式 $\varphi=\sqrt[3]{1-\frac{0.055}{K^{0.5}}}$ 计算 φ 值；当 $K>0.15$ 时，取 $\varphi=0.95$。

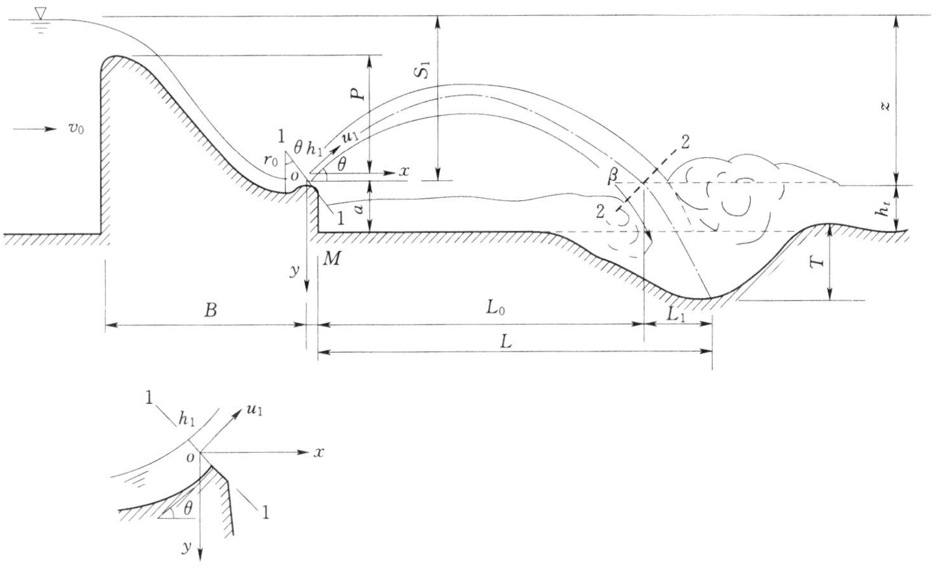

图 5-27

2. 水下挑距的计算

水下挑距 L_1 是指水舌轴线与下游水面交点至冲刷坑最深点间的水平距离。

水舌射入下游水面后，属于射流的潜没扩散运动，不符合自由抛射体运动规律。一般可近似认为，水舌落入下游水面后仍沿入射角 β 方向做直线运动，并假设冲坑最深点位于该直线上，则水下挑距 L_1 为

$$L_1=\frac{T+h_t}{\tan\beta}$$

其中
$$\cos\beta=\sqrt{\frac{\varphi^2 S_1}{\varphi^2 S_1+z-S_1}}\cos\theta$$

式中 T——冲刷坑深度；

h_t——冲刷坑下游水深；

β——水舌入水角；

z——上、下游水位差。

第六章　河　流　水　文

【学习目标】

通过本章学习，要了解水循环的过程，掌握水量平衡计算方法；了解河流、流域、降水、蒸发、下渗、径流的基本概念和特征；掌握河流纵比降、流域平均雨量、径流量、径流深等水文要素的定量计算方法；熟悉降水量、蒸发、水位、流速等的观测方法和仪器使用方法。

第一节　水循环与水量平衡

一、水循环

（一）水循环的概念

地球上的水以液态、固态和气态的形式分布在海洋、陆地、大气和生物机体中。水是人类生活、生产最为重要的基本物质资源。

地球表面的各种水体在太阳的辐射下，不断蒸发变为水汽进入大气，并随气流的运动向各处传播，在一定条件下遇冷凝结形成降水又回落到地面。降水一部分被植物截留并蒸发，一部分降到地面。降到地面上的水，一部分形成地面径流沿江河回归大海，一部分渗入到地下。渗入地下的水，有的被土壤或植物根系吸收，最后经蒸发和植物蒸腾返回大气；有的渗入更深的土层形成地下水，以泉水或地下水的形式注入河流回归大海。这种水分不断交替转移的现象称为水文循环，简称水循环，如图 6－1 所示。

（二）水循环的分类

水循环按其范围大小可分为大循环和小循环。大循环是指海洋与陆地之间的水分交换过程，例如从海洋上蒸发的水汽，被气流带到陆地上空，遇冷凝结形成降雨降落到地面，其中一部分重新蒸发又回到空气中，一部分从地面和地下汇入河流，最后又注入海洋，这种海陆间的水循环称为大循环。海洋或陆地上的局部范围内水分交换过程称为小循环，例如从海洋蒸发的水汽，在海洋上空成云致雨，直接降落到海洋表面；或陆地上的水蒸发后又降落到陆地，这种局部的水循环称小循环。区别大循环和小循环主要在于水汽输送是否跨越了海陆界线。

（三）水循环的产生原因

形成水循环的原因分为内因和外因两方面。内因是水有固、液、气三种状态，在一定条件下水的形态可以相互转化。外因是太阳辐射和地心引力作用，太阳辐射为水分蒸发提供动力，促使液态、固态的水变成水汽，并引起空气流动；地心引力又使空中的水汽以降水方式回到地面，并促使地面、地下水回归大海。此外，陆地的地形、地质、土壤、植被

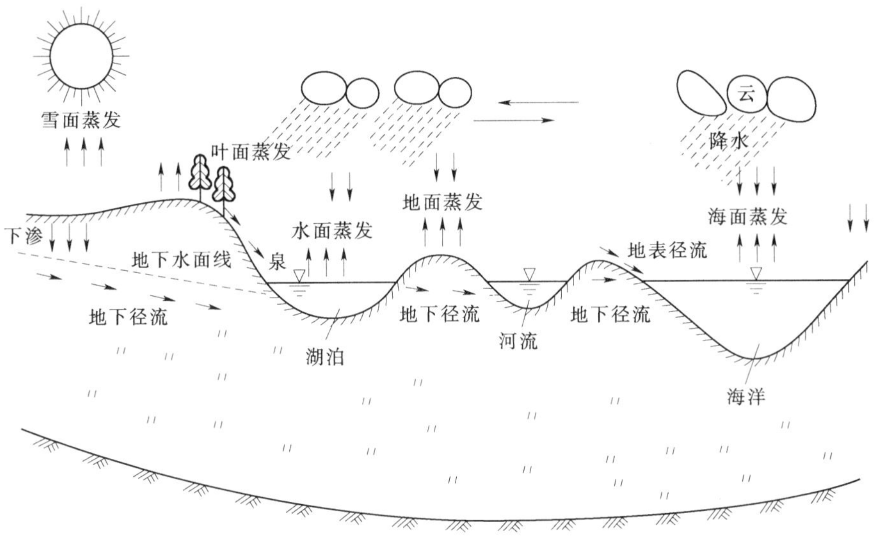

图 6-1

等条件，对水循环也有一定的影响。

二、水量平衡

（一）地球上的水量平衡

从长期过程来看，自然界的水循环是符合物质守恒定律的。对任意区域，在任意时段内，进入某区域的水量与输出的水量之差必等于区域内蓄水量的变量，这就是水量平衡原理。

对某一区域，其水量平衡方程式为

$$I-O=\Delta W$$

式中　I、O——给定时段内输入、输出该区域的总水量；

ΔW——给定时段内区域蓄水量的变量。

若以全球陆地作为研究范围，则某一时段的水量平衡方程式为

$$P_{陆}-R-E_{陆}=\Delta W_{陆}$$

若以全球海洋为研究范围，则有

$$P_{海}+R-E_{海}=\Delta W_{海}$$

式中　$P_{陆}$、$P_{海}$——陆地和海洋上的降水量；

$E_{陆}$、$E_{海}$——陆地和海洋上的蒸发量；

R——流入海洋的径流量（地表、地下径流量）；

$\Delta W_{陆}$、$\Delta W_{海}$——陆地和海洋上研究范围内蓄水量的变量。

在短时期内，时段蓄水变化量的数值有正有负，但对于多年平均情况而言，蓄水量的变量接近零，可不考虑。即

$$\sum\Delta W_{陆}=0,\sum\Delta W_{海}=0$$

因此，陆地多年平均情况下的水量平衡方程为

$$\overline{E}_{陆}=\overline{P}_{陆}-\overline{R}$$

海洋多年平均情况下的水量平衡方程为

$$\overline{E}_{海}=\overline{P}_{海}+\overline{R}$$

式中 $\overline{E}_{陆}$、$\overline{E}_{海}$——陆地、海洋多年平均蒸发量；

$\overline{P}_{陆}$、$\overline{P}_{海}$——陆地、海洋多年平均降水量；

$\overline{R}$——河水或地下水流入海洋的多年平均径流量。

将上两式相加，即可得全球水量平衡方程式：

$$\overline{E}_{陆}+\overline{E}_{海}=\overline{P}_{陆}+\overline{P}_{海}$$

或

$$\overline{E}_{全球}=\overline{P}_{全球}$$

也就是说，多年平均情况下，地球上的总蒸发量等于总降水量。

（二）水量平衡的应用

联合国教科文组织于1978年公布了当时最新的全球水量平衡数据，海陆间的水量交换有47000km^3，即全球海洋每年向陆地输送47000km^{3}的水汽，陆地则以相同水量的径流归还海洋。全球降水量与蒸发量相等，均为577000km^3，海洋每年的蒸发量为505000km^3，降水量为458000km^3，其差额为海洋每年向陆地输送的水汽量。陆地每年的降水量为119000km^3，蒸发量为72000km^3，其差额为每年陆地流向海洋的径流量。

以上这些水量平衡因素的数值分别为：$\overline{E}_{陆}=72000\text{km}^3$，$\overline{P}_{陆}=119000\text{km}^3$，$\overline{R}=47000\text{km}^3$，$\overline{E}_{海}=505000\text{km}^3$，$\overline{P}_{海}=458000\text{km}^3$。

$$\overline{E}_{陆}+\overline{E}_{海}=72000+505000=577000(\text{km}^3)$$

$$\overline{P}_{陆}+\overline{P}_{海}=119000+458000=577000(\text{km}^3)$$

故

$$\overline{E}_{陆}+\overline{E}_{海}=\overline{P}_{陆}+\overline{P}_{海}$$

说明全球水量平衡方程式是成立的。

第二节 河 流 与 流 域

一、河流

降落在地面上的雨水，除下渗、蒸发损失外，形成的地表水在重力作用下，沿着陆地表面上有一定坡度的凹地流动，这种水流称地面径流。地面径流长期侵蚀地面，冲成沟壑，形成溪流，最后汇成河流。河流是水循环的主要路径。

（一）河流的分段

一条发育完整的河流，一般可分为河源、上游、中游、下游及河口五段。

1. 河源

河源是河流的发源地，可以是泉水、溪涧、沼泽、湖泊或冰川。

2. 上游

上游即紧接河源而大多奔流于山谷中的河流上段，上游水流一般落差大，水流湍急，水流下切能力强，常形成瀑布、急滩。

3. 中游

中游即上游以下的中间河段，随着河槽地势渐趋缓和，河面增宽，水面比降减缓，两岸常有滩地，河床较稳定。

4. 下游

下游是紧接中游的河流下段，一般处于平原区，河床宽阔，河床坡度和流速都较小，淤积明显，浅滩和河湾较多。

5. 河口

河口是河流的终点，即河流注入海洋或内陆湖泊的地方。注入海洋的河流，称为外流河，如长江、黄河等。流入内陆湖泊或消失在沙漠中的河流称为内陆河，如新疆的塔里木河和甘肃省的石羊河等。这一段因流速骤减，泥沙大量淤积，往往形成三角洲。

(二) 河流的基本特征

1. 河流横断面

河流横断面是指与水流方向相垂直的断面，两边以河岸为界，下面以河底为界，上界是水面，横断面也称过水断面。河流横断面有单式和复式两种基本形状，如图 6-2 所示。

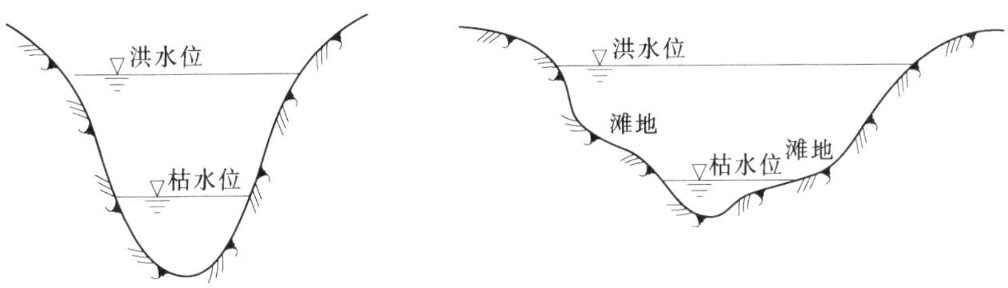

(a) 单式断面　　(b) 复式断面

图 6-2

2. 河流纵断面

河流中沿水流方向各断面最大水深点的连线称为中泓线，也称深泓线。沿河流中泓线的剖面称为河流的纵断面。

3. 河流长度

河流长度也称河长，是指从河源到河口，沿其干流量取的弯曲长度。河长的量取是在地形图上用分规或量线仪沿河流的深泓线从河源量至河口求得。

4. 河流的纵比降

中泓线上单位长度内的水面或河底落差称为河道纵比降，简称比降，常用 i 表示。设河段前后两个断面的水位或河底高程分别为 $Z_{上}$、$Z_{下}$，两断面间的河流长度为 L，则河道纵比降 i 为

$$i=\frac{Z_{上}-Z_{下}}{L}=\frac{\Delta Z}{L}$$

当河段纵断面呈折线时，可在纵断面图上，通过下游断面河底处画一斜线，如图 6-3 所示，使斜线以下的面积与原河底线以下的面积相等，此斜线的坡度即为河道的平均纵

比降。计算公式如下：

$$i=\frac{(Z_0+Z_1)L_1+(Z_1+Z_2)L_2+\cdots+(Z_{n-1}+Z_n)L_n-2Z_0L}{L^2}$$

式中　Z_0，Z_1，…，Z_n——自下游到上游沿程各点的河底高程，m；

L_0，L_1，…，L_n——相邻两点间的距离，m；

L——河段长度，m。

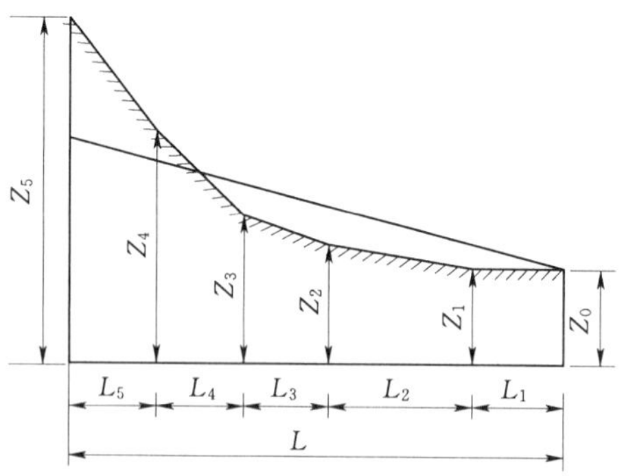

图 6－3

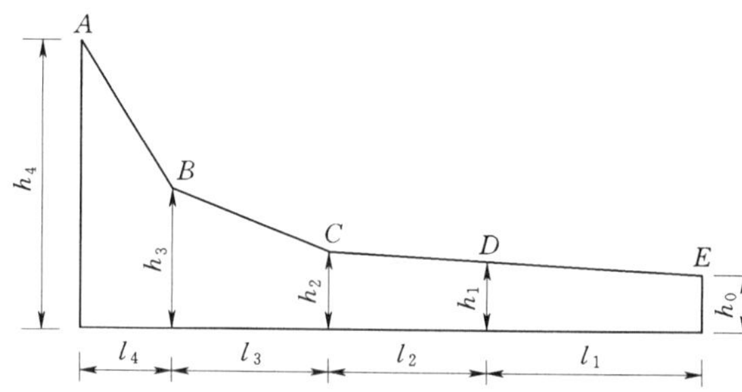

图 6－4

【例题 6－1】　如图 6－4 所示，已知某河从河源至河口总长 L 为 5500m，A、B、C、D、E 各点地面高程分别为 48m、24m、17m、15m、14m，各河段长度分别为 $l_1=2000$m、$l_2=1400$m、$l_3=1300$m、$l_4=800$m，试推求该河流的平均纵比降。

解：该河流的平均纵必降按下式计算：

$$i=\frac{(h_0+h_1)l_1+(h_1+h_2)l_2+(h_2+h_3)l_3+(h_3+h_4)l_4-2h_0L}{L^2}$$

$$=\frac{(14+15)\times 2000+(15+17)\times 1400+(17+24)\times 1300+(24+48)\times 800-2\times 14\times 5500}{5500^2}$$

$$=1.97‰$$

5. 河网密度

流域平均单位面积内的河流总长度称为河网密度。它表示一个地区河网的疏密程度，能综合反映一个地区的自然地理条件。河网密度用下式计算：

$$D=\frac{\sum L}{F}$$

式中　D——河网密度，km/km^2；

$\sum L$——流域内干、支流的总长度，km；

F——流域面积，km^2。

（三）水系及其特征

直接入海的河流称为干流，汇入干流的支流称为一级支流，汇入一级支流的称为二级支流，依此类推。水系则是由干流和各级支流构成。

水系常以干流命名，如长江水系、黄河水系、淮河水系等。需要说明的是，较大的支流也可另成水系，如长江支流的汉江水系、黄河支流的渭河水系等。

根据河系干支流分布形态，河系可分为四种类型：

（1）扇形水系。水系干支流分布形状如扇骨状，如海河水系。扇形水系利于洪水集中，容易发生大洪水。

（2）羽状水系。流域狭长，从上游至下游，各支流交错汇入干流，形状如同羽毛一般，此类为羽状水系。羽状水系洪水过程一般较平缓，历时较长。

（3）平行状水系。由许多近乎平行的支流先后汇入干流形成平行状水系。

（4）混合水系。大河流多由以上两三种形式混合排列，称为混合水系。

水系形状如图 6－5 所示。

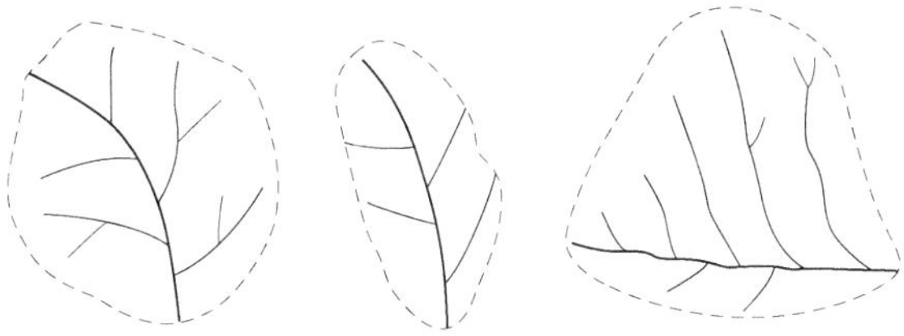

(a) 扇形水系　(b) 羽状水系　(c) 平行状水系

图 6－5

二、流域

流域是指河流的集水区域，在这个区域内，地面水和地下水都沿着流域坡面汇入河系，最后由干流流出。

流域的特征如下。

（一）分水线

流域的周界称为分水线，分水线是相邻流域的分界线，分水线有地面分水线和地下分水线，如图 6－6 所示。地面分水线一般位于山脊处，起分界地面水的作用，也称分水岭。例如秦岭是长江、黄河的分水岭，降落在秦岭以南的雨水流入长江水系，降落在秦岭以北的雨水流入黄河水系。地面与地下分水线两者是否重合，与岩层的构造和性质有关。如河床切割较深，地面分水线与地下分水线相重合，这样流域称为闭合流域。当地面分水线与地下分水线并不完全一致时，这种流域称为非闭合流域。由于地质构造上的原因，实际上很少有严格的闭合流域。对于一般流域而言，当对所论问题无太大影响时，多按闭合流域考虑。

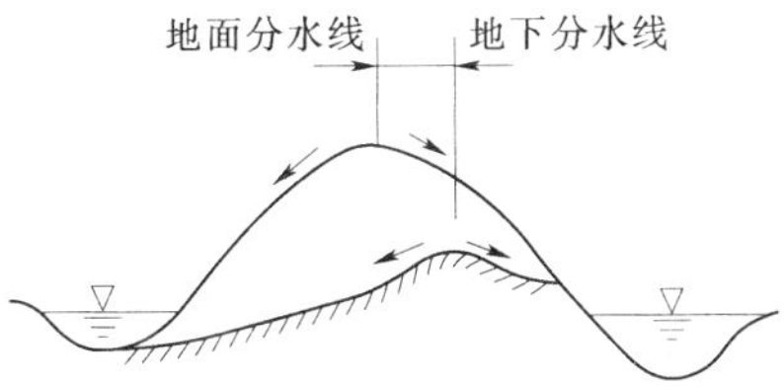

图 6－6

（二）流域面积

实际工作中，常以地面分水线所包围的面积作为集水面积，也称流域面积。流域面积是流域的主要几何特征。通常先在适当比例尺的地形图上勾绘出地面分水线，然后用求积仪量出它所包围的面积，即为流域面积。流域面积常用 F 表示，单位为 km^2。

（三）流域长度

流域长度也就是流域的轴长，以 L_f 表示，单位为 km。若流域形状不甚弯曲，流域长度可用河口到河源的直线长度来计算；对于弯曲流域，可以河口为圆心，作若干个同心圆，各同心圆与流域分水线相交处绘出许多割线，各割线中点连线的长度即为流域长度。

（四）流域平均宽度

流域面积 F 与流域长度 L_f 的比值为流域平均宽度 B，单位为 km。即

$$B=\frac{F}{L_f}$$

集水面积相近的两个流域，流域长度 L_f 越大，流域平均宽度 B 越小，径流难以集中；相反，流域长度 L_f 越小，流域平均宽度 B 越大，径流则越易集中。

（五）流域形状系数

流域形状系数是流域平均宽度 B 与流域长度 L_f 之比，以 K 表示，其计算公式为

$$K=\frac{B}{L_f}=\frac{F}{{L_f}^2}$$

K 值大小能够反映流域形状的特性，如扇形流域 K 值大，羽形流域 K 值小。

（六）流域的自然地理特征

流域的自然地理特征包括流域的地理位置、气候条件、下垫面条件等。

（1）流域的地理位置。流域的地理位置可以用流域的边界或流域中心的地理坐标经纬度表示。它可以反映流域的气候带，说明流域与海洋的距离远近，反映水文循环的强弱。

（2）流域的气候条件。流域的气候条件是指流域内多年的天气特征，包括降水、蒸发、湿度、气温、气压、风等要素。它们是河流形成和发展的主要影响因素，也是决定流域水文特征的重要因素。

（3）流域的下垫面条件。下垫面指流域的地形、地质构造、土壤和岩石性质、植被、湖泊、沼泽等情况。下垫面条件反映了每一水系形成过程的具体条件，并影响径流的变化规律。

第三节　降　　水

降水是指液态或固态的水汽凝结物从云中降落到地面的现象，如雨、雪、雹、霜、露等，其中以雨和雪为主。降水是水文循环中的一个重要环节，也是陆地水资源的主要补给来源。我国大部分地区降水以降雨为主，雪占少部分，所以，这里所述降水主要指降雨。

一、降雨的成因及分类

（一）降雨的成因

大气层是由空气、水汽分子和尘埃物质构成，气象上把水平方向物理性质（温度、湿度、气压等）比较均匀的大块空气称为气团，气团按照温度的高低分为暖气团和冷气团。当带有水汽的气团上升时，由于大气气压下降，上升的空气体积不断膨胀，消耗内能，使空气在上升过程中冷却降温，水汽凝结在微尘、灰粒等“凝结核”的周围形成小水滴或冰晶，形成了云。由于水汽继续凝结，云粒相互碰撞合并，以及过冷水滴向冰晶转移等，云中的水滴或冰晶不断增大，直到不能被上升气流所顶托时，在重力作用下就形成雨、雪、雹、霜、露等。

（二）降雨的分类

按空气上升的原因，降雨可分为四种类型。

1. 对流雨

因夏季天气酷热，蒸发加快，水汽增多，近地表空气受热急剧增温，暖湿气团上升过

程中与上层冷空气产生对流作用，使暖湿空气上升冷却而降雨，称为对流雨。对流雨常发生在夏季炎热的中午，其特点是降雨强度大，但降雨面积不广，历时也较短，常伴有雷电，故又称为雷阵雨。

2. 地形雨

当暖湿气团在运移途中遇到山丘、高原等地形阻挡时，气流将沿山坡而上，气流上升降温，冷却致雨，称为地形雨。地形雨多集中在迎风面山坡上，而在背风面，因气流下沉增温，故降雨减少或停止。如位于秦岭南麓的安康和汉中，年降雨量都超过 800mm，而位于秦岭北侧的西安、宝鸡，年降雨量均不足 600mm。

3. 锋面雨

冷气团和暖气团相遇时，在其接触处由于性质不同来不及混合而形成一个不连续面，称为锋面。锋面与地面的交线称为锋线。

当冷气团向暖气团运动与暖气团相遇时，冷气团较重而楔进暖气团下方，致使暖气团抬升，从而发生动力冷却而降雨，称为冷锋雨。冷锋雨一般强度大，历时短，雨区范围小。

当暖气团向冷气团运动时，由于地面摩擦作用，上层移动较快，相遇时使锋面坡度很小，暖空气沿着该平缓的坡面在冷气团上方滑动，在锋面上形成各种云系并冷却致雨，称为暖锋雨。暖锋雨的特点是强度小，历时长，雨区范围大。

冷锋雨和暖锋雨示意图如图 6－7 所示。

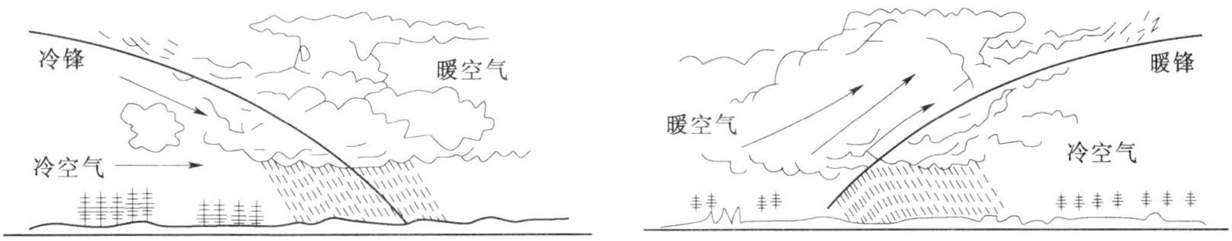

(a) 冷锋雨　　(b) 暖锋雨

图 6－7

4. 台风雨

台风雨主要是热带海洋面上的一团高温、高湿空气作强烈的复合上升运动的结果。影响我国的热带风暴主要发生在 6—10 月，以 7 月、8 月、9 月最多。台风雨是一种极易造成洪涝灾害的降雨，加之狂风，破坏性极强。

二、降水量的观测

观测降水量的仪器有雨量器和自记雨量计。

（一）雨量器

雨量器是直接观测降水量的器具，可观测一定时段内的降水量。雨量器由承雨器、漏斗储水瓶和雨量杯组成，如图 6－8 所示。承雨器口径为 20cm，设置时器口要求距地面 70cm，器口需保持水平。

降雨量的观测，通常在每天 8 时与 20 时（二段制）观测两次。雨季增加观测段次，如四段制、八段制，雨大时还要加测。分段数目应根据需要具体确定。观测时用量杯量计

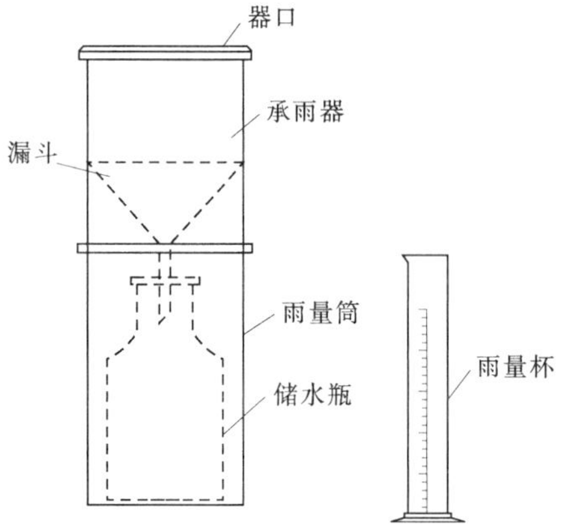

图 6－8

储水瓶中的水量，得到降雨量，以 mm 表示。日雨量是以每天早 8 时作为日分界点，即将本日 8 时至次日 8 时间的降雨量作为本日的降雨量。

当遇降雪时，将雨量筒的漏斗和储水瓶取出，仅留外筒作为承雪的器具。观测时，将雨量筒收集的降雪融化后计算降水（雪）深度。

（二）自记雨量计

自记雨量计是观测降雨过程的自记仪器，常用的自记雨量计按传感方式分，有称重式、虹吸式和翻斗式雨量计；按记录周期分，有日记、周记、月记及年记的雨量计；按观测和传递方式分，有天线遥测和有线远传的雨量计。

1. 称重式自记雨量计

这种仪器可以连续记录接雨杯上的以及储积在其内的降水的重量，记录方式可以用机械发条装置或平衡锤系统。这种仪器的优点在于能够记录雪、冰雹及雨雪混合降水。

2. 虹吸式自记雨量计

虹吸式自记雨量计的构造如图 6－9 所示。雨水从承雨器流入浮子室，浮子随注入雨水的增加而上升，并带动自记笔在自记钟外围的记录纸上画出曲线。当雨量达到 10mm 时，浮子室内的水面升至虹吸管的顶端，浮子室内的水就通过虹吸管排出到储水瓶。同时自记笔又下落至起点，随后再随着降雨量的增加而上升。自记雨量计记录的雨量曲线是累积曲线，横坐标表示时程，纵坐标表示雨量。这种曲线既表示雨量的大小，又表示降雨过程的变化情况。曲线坡度最陡处，就是降雨强度最大的时刻。

3. 翻斗式自记雨量计

翻斗式自记雨量计由感应器及信号记录器组成，其构造如图 6－10 所示。其工作原理

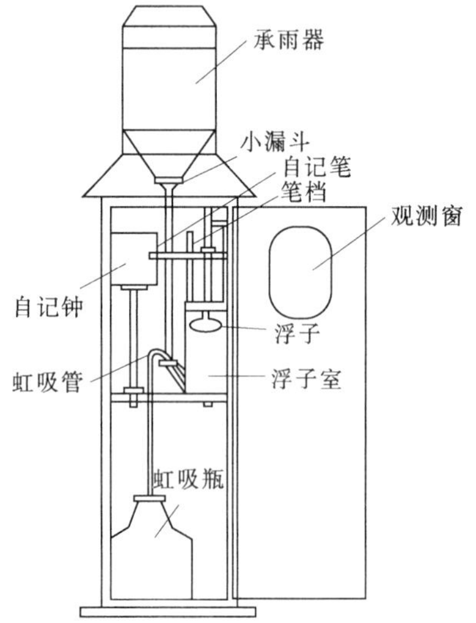

图 6－9

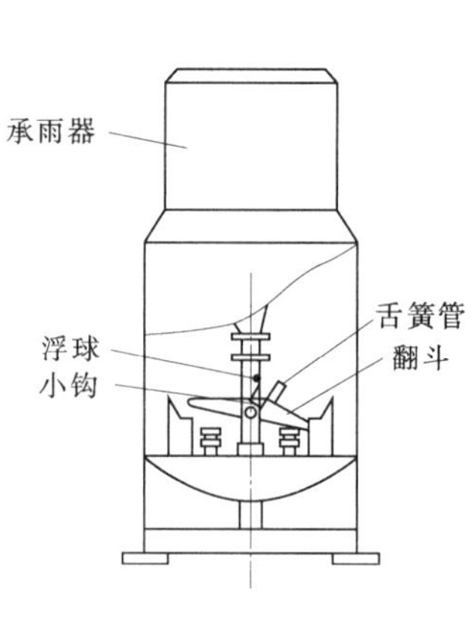

图 6－10

是：测雨时，雨水经承雨器进入对称的小翻斗的一侧，当接满 0.1mm 的降雨量时，翻斗便倾于一侧，另一侧翻斗则处于进水状态。小翻斗每倾倒一次，即接通一次电路，向记录器输送一个脉冲信号，记录器控制自记笔将雨量记录下来。自记笔每记录 100 次后，将自动从上到下落到自记纸的零线位置，再重新开始记录。

三、降雨等级划分

降水常用降水量、降水历时、降水强度、降水面积及暴雨中心等参数来描述。一定时段内降落在某一点或某一面积上的总雨量称为降水量，用水层深度表示，以 mm 计。日降水量指一日内降水总量。降水量一般根据 24h 雨量分为 7 级，见表 6-1。

表 6-1　　降水量等级表　　单位：mm

24h 雨量	<0.1	0.1～10	10～25	25～50	50～100	100～200	>200
等级	微量	小雨	中雨	大雨	暴雨	大暴雨	特大暴雨

四、降雨量资料的图示法

（一）降雨过程线

降雨过程线可分为雨量直方图和累积雨量过程线两种。直方图以时间为横坐标，以对应时段雨量为纵坐标，画出连续的小矩形图，如图 6-11（a）所示。累积雨量过程线仍以时间为横坐标，以累积雨量为纵坐标，作图时将雨量从第一时段开始逐个累加，然后从时段初到时段末连续便得到累积雨量过程线，如图 6-11（b）所示。累积雨量过程线上任意两点的坡度，即为两点的平均降雨强度。

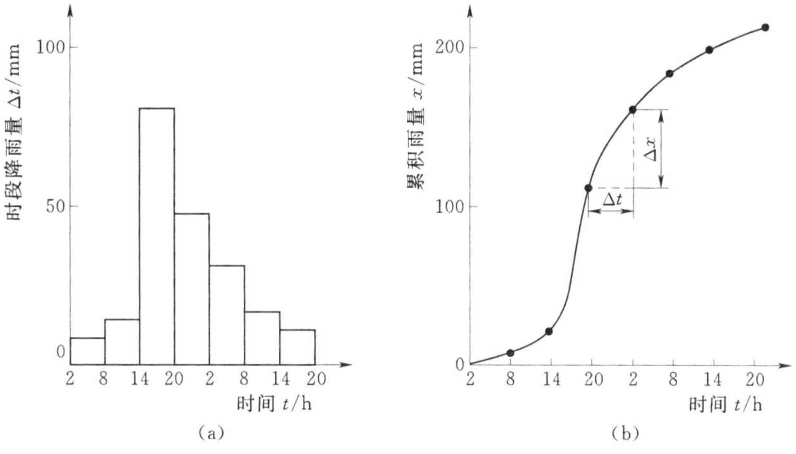

图 6-11

（二）降雨量等值线图

为了表示某一地区的次降雨量或某一固定时段降雨量在空间的分布情况，可用降雨量等值线图表示。此图可根据各雨量站的次降雨量或某一固定时段的同时降雨量，并参考地形等高线图绘制。

五、流域平均雨量的计算

雨量站观测到的降雨量只代表该站附近小范围内的降水情况，为“点雨量”。在水文分析工作中，常需知道一个流域或地区的特定时段内的平均降水量（“面雨量”）。目前，水文上常用以下三种方法计算流域平均雨量。

（一）算术平均法

如流域内共有 n 个雨量站，各雨量站的雨量分别为 $P_1, P_2, \cdots, P_n$（mm），则流域平均雨量为

$$\overline{P} = \frac{P_1 + P_2 + \cdots + P_n}{n} = \frac{1}{n}\sum_{i=1}^{n} P_i$$

需要说明的是，算术平均法只适用于流域内雨量站分布较均匀、地形起伏变化不大的情况。

（二）泰森多边形法

泰森多边形法的具体做法为：先将流域内及流域外附近的相邻雨量站用直线连接，构成若干个三角形；然后在各三角形的每条边上作垂直平分线，这些垂直平分线将流域分为 n 个不规则的多边形，每个多边形里正好有一个雨量站，如图 6－12 所示。

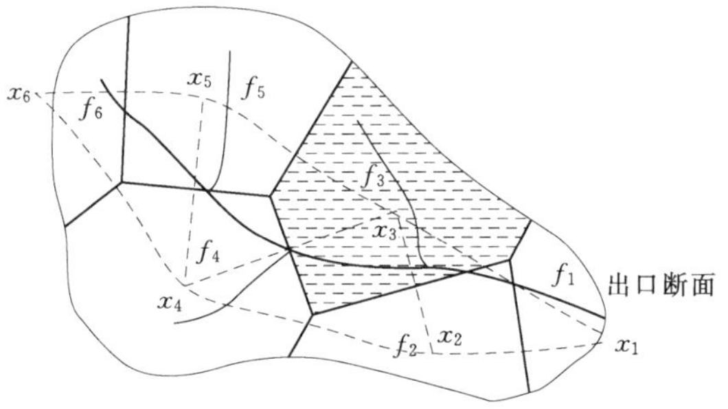

图 6－12

设每个多边形的面积用 f_i 表示，每个多边形的雨量用此多边形内的雨量站的雨量 P_i 表示，流域的面积为 F，用加权平均法即可计算流域的平均雨量，计算公式为

$$\overline{P} = \frac{P_1 f_1 + P_2 f_2 + \cdots + P_n f_n}{F} = \sum_{i=1}^{n} P_i \frac{f_i}{F}$$

泰森多边形法应用比较广泛，对于流域内雨量站分布不太均匀或流域内地形变化较大的情况都能使用。

【例题 6－2】 某流域面积为 300km^2，流域内及其附近有 A、B、C 三个雨量站的具体位置如图 6－13 所示。流域上有一次降雨，三个雨量站的雨量依次为 260mm、120mm、150mm，试绘出泰森多边形图，并用算术平均法和泰森多边形法计算本次降雨的平均雨量（已知：A、C 雨量站泰森多边形权重分别为 0.56、0.44）。

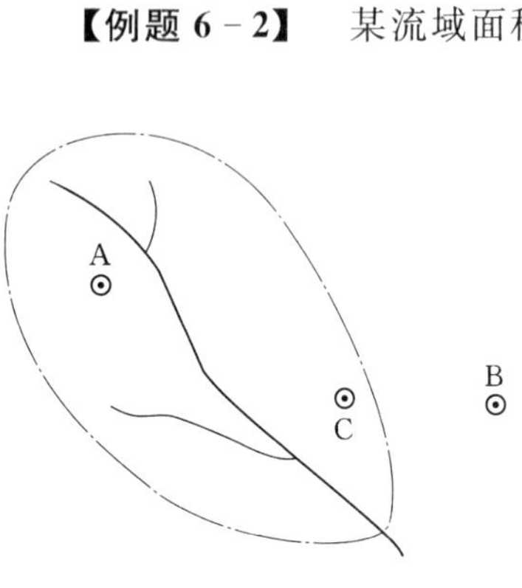

图 6－13

解：（1）利用算术平均法计算平均雨量。

流域内有 A、C 两个雨量站，根据算术平均法计算如下：

$$\overline{P} = \frac{P_1 + P_2}{2} = \frac{260 + 150}{2} = 205(\text{mm})$$

（2）利用泰森多边形法计算平均雨量。

流域内及其附近有三个雨量站，作泰森多边形绘制于图 6－14。由于 B 雨量站离流域较远，在流域内代表面积为 0，A、C 雨量站泰森多边形权重分别为 0.56、0.44，计算得

$$\overline{P}=0.56\times260+0.44\times150=211.6(\text{mm})$$

（三）等雨量线法

对于流域内没有足够的雨量站，流域内地形起伏又较大的情况，可采用等雨量线法来计算平均雨量。其具体做法为：根据等雨量线图计算出相邻两条等雨量线间的面积 f_i，并计算出该面积上的平均雨量值 $\frac{P_i+P_{i+1}}{2}$，如图 6－15 所示，可按下式计算流域平均雨量：

$$\overline{P}=\frac{\frac{1}{2}(P_1+P_2)f_1+\frac{1}{2}(P_2+P_3)f_2+\cdots+\frac{1}{2}(P_n+P_{n+1})f_n}{f_1+f_2+\cdots+f_n}=\frac{1}{F}\sum_{i=1}^{n}\frac{1}{2}(P_i+P_{i+1})f_i$$

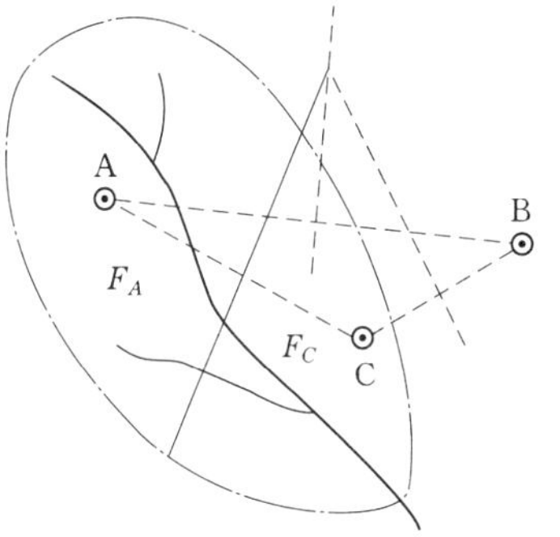

图 6－14

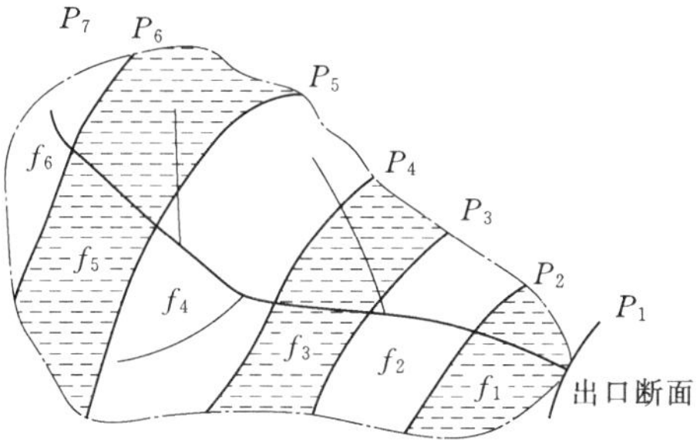

图 6－15

【例题 6－3】　已知某次降雨的等雨量线图如图 6－16 所示，图中等雨量线上的数字以 mm 计，在流域内各等量线之间的面积 F_1、F_2、F_3、F_4 分别为 500km²、1500km²、3000km²、4000km²。试用等雨量线法推求流域平均降雨量。

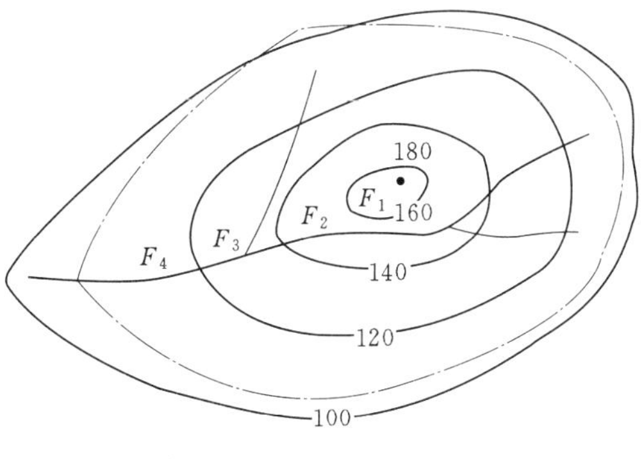

图 6－16

解： 根据等雨量线法公式计算流域平均雨量：

$$\overline{P}=\frac{1}{F}\sum_{i=1}^{n}\frac{1}{2}(P_i+P_{i+1})f_i$$

$$=\frac{\frac{160+180}{2}\times 500+\frac{140+160}{2}\times 1500+\frac{120+140}{2}\times 3000+\frac{100+120}{2}\times 4000}{500+1500+3000+4000}$$

$$=\frac{170\times 500+150\times 1500+130\times 3000+110\times 4000}{9000}$$

$$=126.7(\mathrm{mm})$$

第四节　蒸发与下渗

一、蒸发

蒸发是指水由液态或固态转化为水汽向空中扩散的过程，是水文循环的重要环节。水文分析中研究的蒸发为自然界的流域蒸发，包括水面蒸发、土壤蒸发及植物散发。

（一）水面蒸发

自然界中的各种水体在太阳辐射的作用下，其水分子在不断地运动着，当某些水分子所具有的动能大于水分子之间的内聚力时，水分子便会逸入大气成为水汽，进而向四周及上空扩散；另外，进入大气的水分子，在其运动过程中有部分重新回到水中。影响蒸发过程的主要因素有气温、湿度、风速、水面大小等。水面蒸发量常用蒸发水层的深度来表示，用字母 E 表示，单位为 mm。

水面蒸发量多用蒸发器进行观测。常用的蒸发器规格有直径为 20cm 的蒸发皿、口径为 80cm 带套盆的蒸发器、口径为 60cm 的埋在地表下的带套盆的 E－601 蒸发器等（图 6－17）。这三种蒸发器都属于小型蒸发器皿，其观测到的蒸发量与天然水体水面上的蒸发量仍有显著差别。有关资料表明，当蒸发器的直径超过 3.5m 时，蒸发器观测的蒸发量与天然水体的蒸发量才基本相同。因此，采用小型蒸发器皿观测的蒸发量数据，都应乘以一个折算系数 K，才能作为天然水体蒸发量的估计值，即

$$E=KE_{器}$$

式中　E——天然水面蒸发量，mm；

$E_{器}$——蒸发器实测蒸发量，mm；

K——蒸发器折算系数。

折算系数一般通过与大型蒸发池的对比观测资料确定，即

$$K=\frac{E_{池}}{E_{器}}$$

折算系数 K 随蒸发皿（器）的直径而异，且与月份及所在地区有关。在实际工作中，应根据当地的分析资料选用。

（二）土壤蒸发

土壤蒸发是指土壤中所含的水分以水汽的形式逸出地面的过程。土壤蒸发较水面蒸发

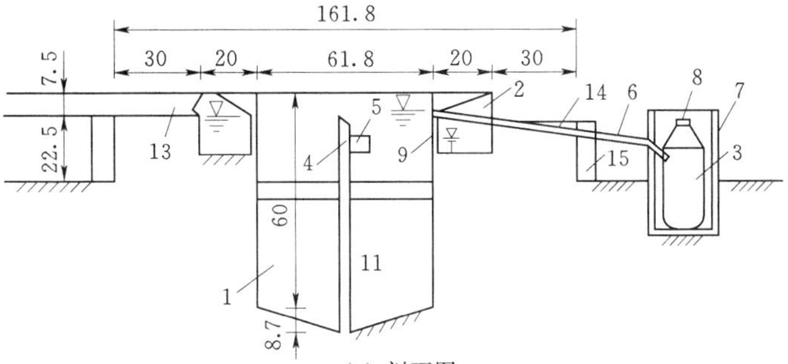

(a) 剖面图

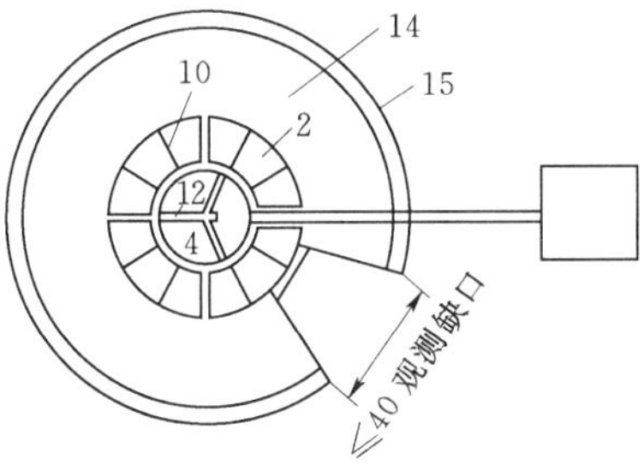

(b) 平面图

图 6-17（单位：cm）

1—蒸发圈；2—水圈；3—溢流桶；4—测针桩；5—器内水面指示针；6—溢流用胶管；7—放溢流桶的箱；8—箱盖；9—溢流嘴；10—水圈外缘的撑挡；11—直管；12—直管支撑；13—排水嘴；14—土圈；15—土圈外围的防塌设施

复杂，其影响因素除了温度、湿度、风力等气象因素外，还与土壤含水量、土壤性质、地势等因素有关。根据土壤水分的变化可将土壤蒸发分为三个阶段。当土壤含水量大于田间持水量时，土壤十分湿润甚至饱和，水分从地表蒸发后，能得到下层的充分供应，此时土壤蒸发主要发生在表层，蒸发速度稳定。由于土壤蒸发耗水作用，土壤含水量不断减小，当其减少到小于田间持水量以后，土壤中毛管的连续状态将逐渐被破坏，使得土壤内部的水分向上输送受到影响，于是进入第二阶段；此阶段内，土壤蒸发速度随着能由毛管水供给地表蒸发的范围缩小而降低。随着土壤含水量继续减少，当毛管水完全不能到达地表后，进入第三阶段；此阶段中，土壤水分蒸发主要发生在土壤内部，蒸发的水汽由分子扩散作用通过表面的干涸层逸入大气，蒸发速度极其缓慢。

（三）植物散发

土壤中的水分经植物根系吸收后，输送至叶面，经由气孔逸入大气，称为植物散发或蒸腾。植物散发既是水分蒸发的过程，也是植物的生理过程。植物散发发生在土壤—植物—大气连续体之间，因此植物散发受到气象因素、土壤水分状况、植物生理条件等的综合影响。植物散发的水量随植物的品种和季节而不同。如土壤含水量在枯萎点以下时，植物得不到水分供应，就要枯萎而死亡。因为植物生长在土壤中，植物散发与土壤蒸发总是同时存在的，通常将此两者合称为陆面蒸发。

（四）流域蒸发

水文上通常将水面蒸发、土壤蒸发及植物散发之和称为流域总蒸发量。从现有技术条件看，要精确求出各项蒸发量是有困难的，因此流域总蒸发量不能利用三个量相加直接获得。通常是先对全流域进行综合研究，再用流域水量平衡法计算分析求出。

二、下渗

下渗是指水分从土壤表面进入土壤内部的运动过程。下渗是降雨形成径流过程中的主要损失，它不仅直接决定地面径流的大小，同时也影响土壤水分状况和地下水变化。

（一）下渗的物理过程

下渗是水从土壤表面进入土壤的运动过程。当雨水落在干燥土壤表面后，水分首先在分子力的作用下，被土壤颗粒吸附，形成薄膜水。当薄膜水满足以后，继续渗入的水分充填土粒间的空隙，产生毛管力，水分在毛管力的作用在土壤空隙中作不稳定流动。当毛管水满足以后，毛管力消失，毛管作用停止。继续渗入的水分在土壤空隙中形成自由水，并充满孔隙达到饱和。其后，下渗的水充填土壤空隙，自由水在重力作用下沿空隙向下流动，称为重力下渗。当水分供应充足时，重力下渗会逐渐趋于稳定，故又称为稳定下渗。水文中，有时将分子力、毛管力、重力作用下的下渗阶段分别称为渗润阶段、渗漏阶段、渗透阶段。实际上，这些阶段并无明显分界，各阶段可能同时交错进行。

（二）下渗量的测定

下渗量的大小一般用下渗率表示。下渗率是指单位时间内，单位面积上渗入土壤中的水量。下渗率一般用 f 表示，单位以 mm/h 或 mm/min 计。下渗率可通过野外下渗实验来测定。最简单的实验方法是在地面打入同心环，在环中注水，使环内水面维持不变，根据加水量的详细记录，换算出下渗率的变化过程。需要注意的是，利用同心环测定下渗率时，由于土面有一水层，与实际降雨情况差别较大。下渗率的变化过程还可利用人工降雨来测定，只是除要记录实验过程中的降雨强度外，还要记录实验土壤表面的径流过程，通过水量平衡分析来确定出下渗率的变化过程。

（三）下渗量的变化过程

大量下渗试验表明，下渗率随时间呈递减规律。开始时，下渗率很大，以后随着土壤吸收水量的增加而迅速减少，最后趋于一个稳定值，称为稳定下渗率 f_c，如图 6－18 所示。

不少学者根据试验和理论研究提出了许多计算下渗率的经验公式或理论公式，较常用的经验公式如下。

1. 霍顿公式

霍顿公式的表达式为

$$f_t=(f_0-f_c)e^{-\beta t}+f_0$$

式中　f_t——t 时刻的下渗率，mm/h；

f_0——初始下渗率，mm/h；

f_c——稳定下渗率，mm/h；

β——递减指数；

e——自然对数的底。

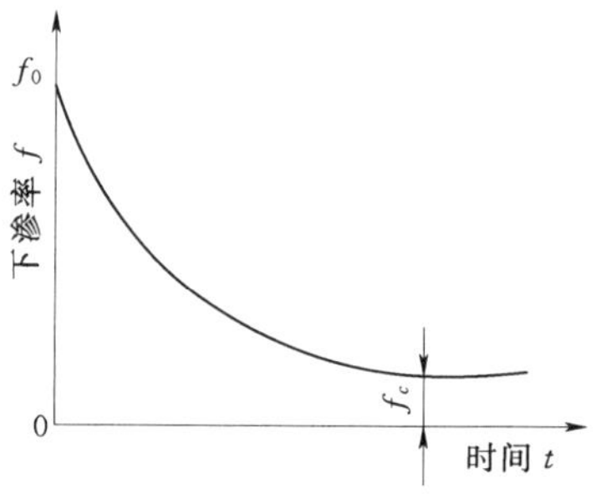

图 6－18

上式中的参数β、f_0及f_c可根据试验资料确定。

2. 菲利浦公式

菲利浦公式的表达式为

$$f_t = f_c + \frac{1}{2} s t^{\frac{1}{2}}$$

式中　s——土壤吸水系数。

s及f_c可由试验资料确定。

第五节　径　　流

一、径流的形成过程

径流是指降水形成的沿着流域地面和地下等不同路径流入河流、湖泊、洼地或海洋的水流。其中沿着地表流动的水流称为地表径流（或称地面径流），沿土壤表层相对不透水层界面流动的水流称为表层流（或称壤中流），在地表以下沿着岩土空隙流动的水流称为地下径流。因我国的河流以降雨径流为主，冰雪融水径流只是在局部地区发生，以下主要讨论降雨径流过程。

流域内从降雨开始至水流汇集到流域出口断面的整个物理过程，称为径流形成过程。为便于分析，一般把径流形成过程划分为产流过程和汇流过程。

（一）产流过程

降雨开始时，除少量降落到河流水面的降雨直接形成径流外，一部分降雨滞留在植物枝叶上，称为植物截留，截留的雨量耗于雨后蒸发。其余降落到地面上的雨水，开始下渗充填土壤空隙，当降雨强度小于下渗强度时，雨水将全部入渗到地下；当降雨强度大于下渗强度时，超出下渗的雨水称为超渗雨，超渗雨会形成地面积水，积水沿坡面流动，在流动过程中有一部分水量要流到低洼的地方并滞留其中，称为填洼，填洼雨量最终耗于蒸发和下渗。还有一部分将以地面漫流的形式流入河槽形成径流，称为地面径流。下渗到地面以下的雨水，除补充土壤含水量外还逐步向下层渗透，当土壤含水量达到田间持水量后，下渗趋于稳定。继续下渗的雨水，沿着土壤空隙流动，一部分从土壤空隙流出，注入河槽形成径流，称为表层流或壤中流；另一部分继续向深层下渗，到达地下水面后以地下水的形式汇入河流，称为地下径流。

综上所述，由一次降雨形成的径流包括地面径流、表层流、地下径流三部分，产生径流的那一部分雨量称为净雨。降雨不能形成径流的部分雨量称为损失量，它主要包括存储于土壤空隙的下渗量、植物截留量、填洼量和雨期蒸散发量。可以说，流域的产流过程就是降雨扣除损失形成各种径流的过程。

（二）汇流过程

净雨沿坡面从地面和地下汇入河网，然后经河网汇集到流域出口断面，这一完整的过程称为流域汇流过程。一般将全过程分为坡地汇流和河网汇流两个阶段。坡地汇流是指降雨产生的各种径流由坡地表面、饱和土壤空隙以及地下水库等分别注入河网，引起河槽中水量增大、水位上涨的过程。汇入河网的水流，从上游向下游，从支流向干流汇集，最后全部先后流经流域出口断面，这个汇流过程称为河网汇流。在河网汇流过程中，沿途不断有坡面漫流、表层流及地下径流汇入。当降雨和坡面漫流停止后，河网汇流过程还要延续相当长的时间，因为已经汇入河网的水流，还需一段向流域出口断面汇集的时间。

产流和汇流两个过程不是相互独立的，实际上这两个过程是同时进行的，即一边产流，一边汇流。径流形成过程如图 6-19 所示，也可用框图表示（图 6-20）。

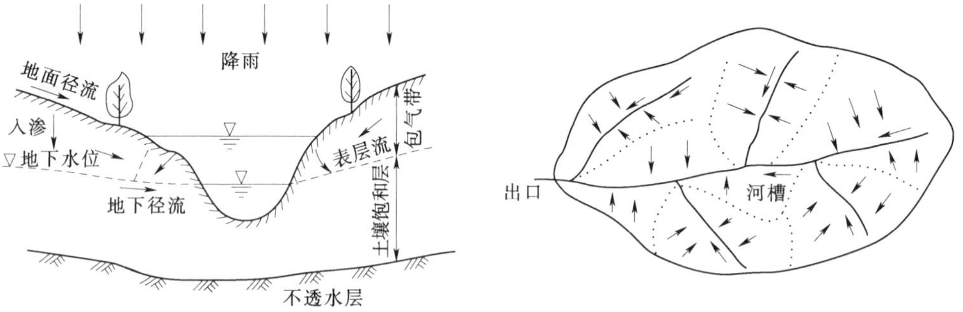

(a) 坡面漫流　　(b) 河网汇流

图 6-19

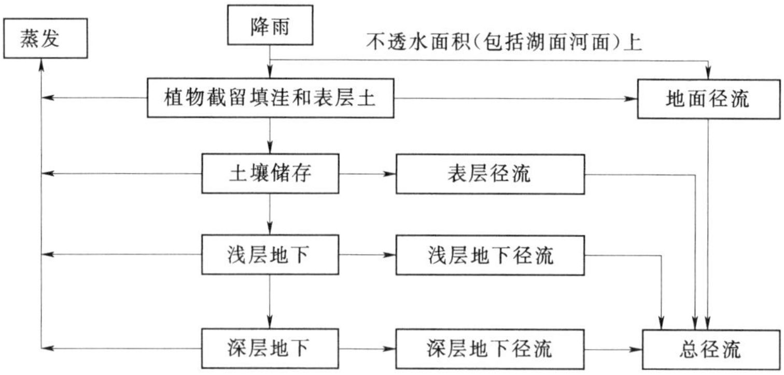

图 6-20

二、径流的表示方法

径流量的大小通常用以下几种方式表示。

（一）流量

流量是指单位时间通过河流某一过水断面的水量，常用 Q 表示，单位为 m^3/s。流量有瞬时流量、日平均流量、月平均流量、年平均流量和多年平均流量之分。流量随时间的变化过程可用流量过程线来表示，如图 6-21 所示是各时刻的瞬时流量过程线。

（二）径流总量

径流总量是指一定时段 T 内通过某一断面的总水量，常用 W 表示，单位有 m^3、万 m^3、亿 m^3 等。径流总量有时也用其时段平均流量与时段的乘积表示，其单位为

(m^3/s)·月或(m^3/s)·年等。

一个时段的径流总量为

$$W=\overline{Q}T$$

式中　$\overline{Q}$——该时段内的平均流量；

T——时段长。

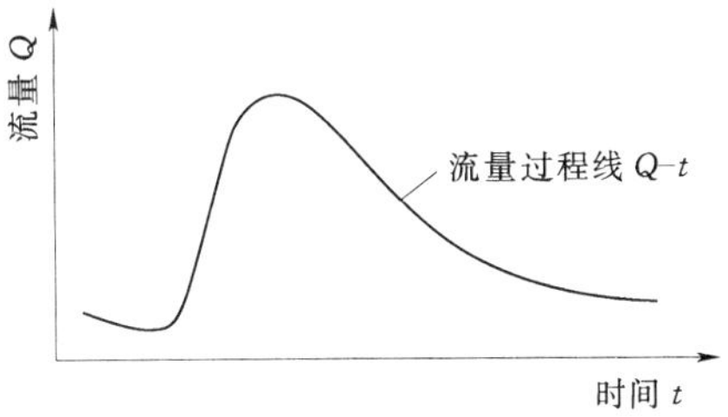

图 6-21

（三）径流深

径流深是指将某一时段的径流总量平铺在整个流域面积上所得的水层深度，常用 R 表示，单位为 mm。

径流深的计算公式为

$$R=\frac{W}{1000F}$$

式中　W——某时段径流总量，m^3；

F——流域面积，km^2。

（四）径流模数

径流模数是流域出口断面流量与流域面积 F 的比值，随着对 Q 赋予的意义不同，如洪峰流量、多年平均流量等，而称为洪峰流量模数，多年平均流量模数。径流模数常用 M 表示，常用的单位为 $L/(s\cdot km^2)$。

径流模数的计算公式为

$$M=\frac{1000Q}{F}$$

式中符号意义同前。

（五）径流系数

径流系数 α 是某一时段的径流深 R 与相应时段流域平均降雨深 P 之比值，即

$$\alpha=\frac{R}{P}$$

因 $R<P$，故 $\alpha<1$。

【例题 6-4】　某流域面积 $F=121000km^2$，多年平均降水量 $\overline{P}=767mm$，多年平均流量 $\overline{Q}=822m^3/s$。试根据这些已知资料计算该流域的多年平均径流总量、多年平均径流深、多年平均径流模数、多年平均径流系数。

解：(1) 计算多年平均径流总量：

$$W=\overline{Q}T=822\times365\times86400=2.59\times10^{10}(m^3)$$

(2) 计算多年平均径流深：

$$R=\frac{W}{1000F}=\frac{2.59\times10^{10}}{1000\times121000}=214(mm)$$

(3) 计算多年平均径流模数：

$$M=\frac{1000Q}{F}=\frac{1000\times822}{121000}=6.79[L/(s\cdot km^2)]$$

(4) 计算多年平均径流系数：

$$a=\frac{R}{P}=\frac{214}{767}=0.28$$

三、径流的观测及数据整理

河流中的水流是经常变化的，为掌握它的变化过程，为开发利用河流水资源提供可靠的水文资料，就需要按照一定的原则在河流上布设水文站进行长期的水文观测。水位和流量是反映水位径流变化的基本水文要素，也是水文站观测的主要内容。

（一）水位观测与数据整理

1. 水位观测

水位是指河流、湖泊、水库及海洋等水体的自由水面距离固定基面的高程，单位为m。目前全国统一采用黄海基面，过去有的曾采用大沽基面、吴淞基面、珠江基面的，或使用假定基面、测站基面或冻结基面的。使用水位资料时一定要查清其基面。

常用的水位观测设备有水尺和自记水位计两类。

水尺按构造形式不同，可分为直立式、倾斜式、矮桩式与悬锤式等。观测时，水面在水尺上的读数加上水尺零点的高程即为当时的水位值。

自记水位计能将水位变化的连续过程自动记录下来，有的还能将所观测的数据以数字或图像的形式传送至接收点。

水位观测的次数视水情变化而定。当水位变化缓慢时（日变幅在0.12m以内），规定每日8时、20时观测两次（称二段制观测，8时是基本时）；枯水期日变幅在0.06m以内，用一段制观测；日变幅在0.12～0.24m时，用四段制观测。有峰谷出现时，还要加测。

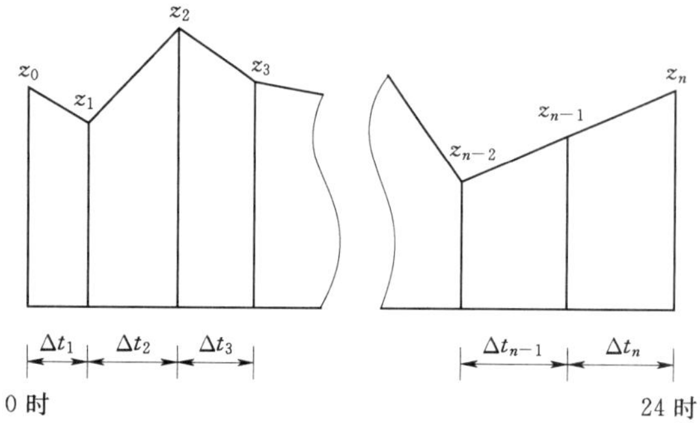

图6-22

2. 水位观测数据整理

水位观测数据整理工作的内容包括日平均水位、月平均水位、年平均水位的计算。

日平均水位计算时，如一日内水位变化缓慢，或水位变化较大，但系等时距人工观测或从自记水位计上摘录，可采用算术平均法计算；若一日内水位变化较大，且系不等时距观测或从自记水位计上摘录，则采用面积包围法，即将当日0～24时内水位过程线所包围的面积，除以一日时间求得，如图6-22所示。其计算公式为

$$\overline{Z}=\frac{1}{48}[Z_0\Delta t_1+Z_1(\Delta t_1+\Delta t_2)+Z_2(\Delta t_2+\Delta t_3)+\cdots+Z_{n-1}(\Delta t_{n-1}+\Delta t_n)+Z_n\Delta t_n]$$

根据逐日平均水位可计算出月平均水位、年平均水位及不同保证率水位。

（二）流量测验

流量是反映水资源和江河、湖泊、水库等水体水量变化的基本数据，也是河流最重要的水文特征值。目前，水文上常用测量流量的方法为流速面积法，采用流速仪法测流。

流速仪法测流的基本原理是：天然河道过水断面上，各点流速随水平及垂直方向的位

置不同而变化，即 $v=f(b,h)$。其中 v 是断面上某一点的流速，b 是该点至水边的水平距离，h 是该点至水面的垂直距离。因此，通过全断面的流量 Q 为

$$Q=\int_0^A v\mathrm{d}A=\int_0^B\int_0^H f(b,h)\mathrm{d}h\,\mathrm{d}b$$

式中　A——过水断面面积，$\mathrm{d}A$ 为 A 内的单元面积（其宽为 $\mathrm{d}b$，高为 $\mathrm{d}h$），m^2；

v——垂直于 $\mathrm{d}A$ 断面的流速，m/s；

B——水面宽度，m；

H——水深，m。

因为 $f(b,h)$ 的关系非常复杂，目前尚不能用数学公式表达，实际工作中是把上述积分式变成有限差分的形式来推求流量。流速仪法测流，就是将过水断面划分成若干部分，用普通测量方法测算出各部分断面的面积，用流速仪施测流速并计算出各部分面积上的平均流速，两者的乘积称为部分流量，各部分流量之和即为全断面的流量，即

$$Q=\sum_{i=1}^{n}q_i$$

式中　q_i——第 i 个部分的部分流量，m^3/s；

n——过水断面划分的个数。

由此可见，流速仪法测流实质上包括断面测量、流速测量和流量计算三部分内容。

1. 断面测量

过水断面测量就是在断面上布设一定数量的测深垂线，测出各条测深垂线的起点距和水深，并观测水位，用测得的水位减去水深，即得各测深垂线处的河底高程。由河底高程和起点距即可绘出横断面图，如图 6－23 所示。根据横断面图可计算各部分的面积。

测深垂线的位置，应根据过水断面情况布设于河床变化的转折处，并且主槽较密，滩地较稀。根据不同的河宽，测深垂线的间距可参考表 6－2 选定。

表 6－2　　**测深垂线最大间距**　　单位：m

水面宽	＜50	50～100	100～300	300～1000	＞1000
最大间距	3～5	5～10	10～20	20～50	50

测定起点距时，中小河流可在断面上架设过河索道，并直接读出起点距，称此法为断面索法；大河上常用仪器测角交会法，常用仪器为经纬仪、平板仪、六分仪等。通过量测出观测角 β，利用三角关系即可计算出起点距 $S=L\tan\beta$，如图 6－24 所示。

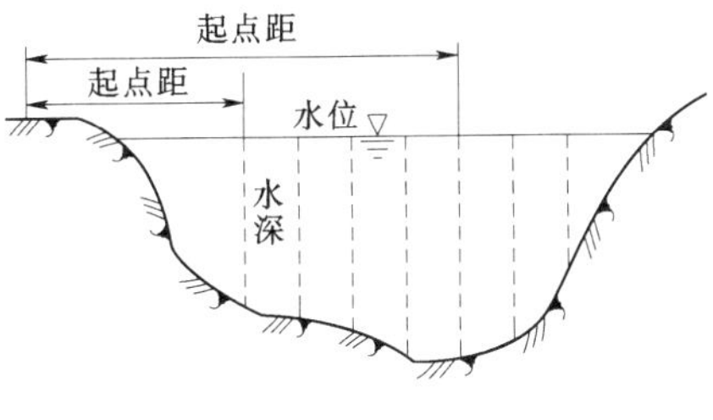

图 6－23

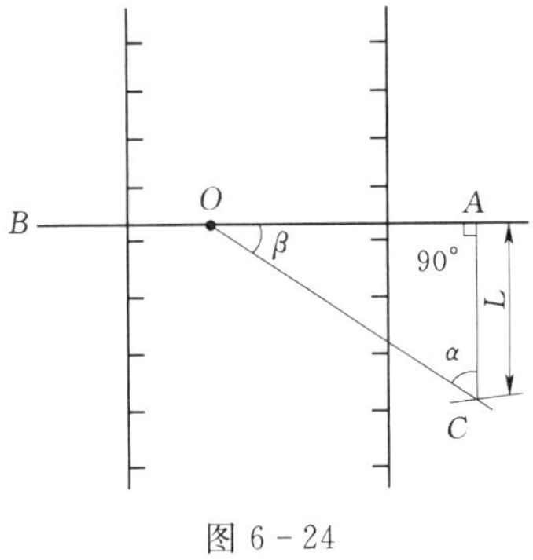

图 6－24

2. 流速测量

我国目前应用最广的流速仪有旋杯式和旋桨式两种。它们主要由感应水流的旋转器（旋杯或旋桨）、信号记录器和保持仪器正对水流的尾翼三部分组成。旋杯式流速仪和旋桨式流速仪的结构分别如图 6-25 和图 6-26 所示。

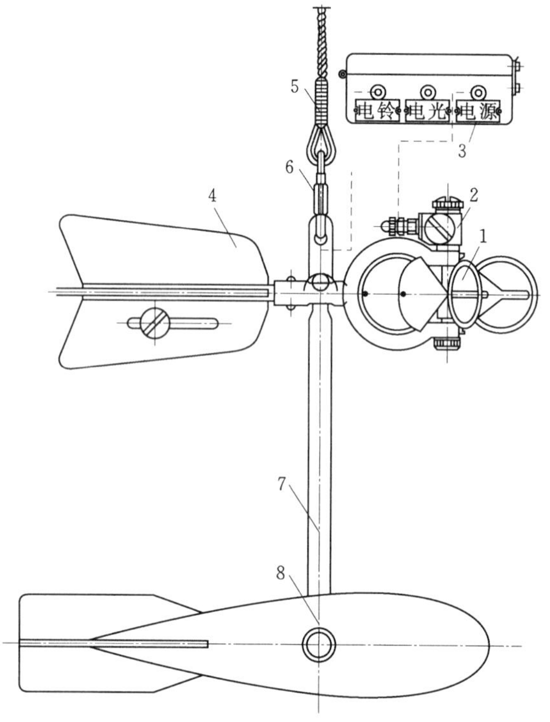

图 6-25

1—旋杯；2—传讯盒；3—电铃计数器；4—尾翼；5—钢丝绳；6—绳钩；7—悬杆；8—铅鱼

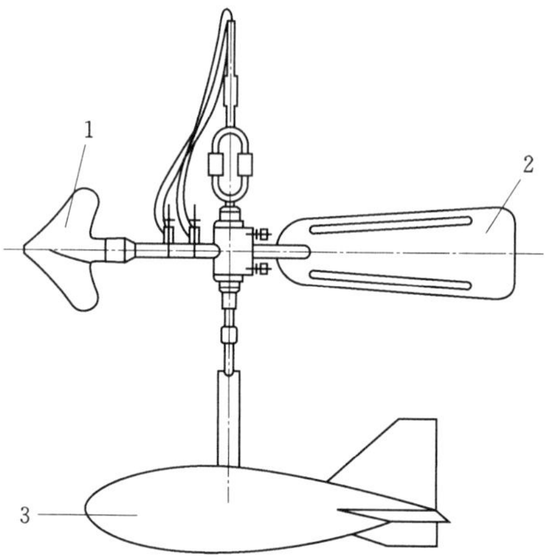

图 6-26

1—旋桨；2—尾翼；3—铅鱼

流速仪在工作时，旋杯或旋桨因受水流冲击会发生转动，水流速度越大，旋杯或旋桨旋转越快，任意点水流速度 u 和单位时间内的转数$\frac{R}{T}$呈直线关系，具体关系式如下：

$$u=k\frac{R}{T}+C$$

式中 u——水流点速度，m/s；

T——测速历时，s，为消除水流脉动影响，一般不应小于 100s；

R——流速仪在 T 历时内的总转数，一般根据信号数再乘以每一信号所代表的转数求得；

k、C——测速仪常数，流速仪出厂时由厂家率定求得；当流速仪使用一段时间后，应重新对 k、C 进行率定。

用流速仪测量流速时，首先应在测流断面上布设若干条测速垂线，其数目视水面宽、断面流速分布特点及测量精度要求而定。每条垂线上又应设若干测速点，测速点数目随水深不同而异，测速垂线上测点布置可参见表 6-3。

表 6-3　　测速垂线上测点布置

垂线水深 h/m	测点相对水深
<1.5	一点法（0.6h）
1.5～3	二点法（0.2h、0.8h）
3～10	三点法（0.2h、0.6h、0.8h）
>10	五点法（0.0h、0.2h、0.6h、0.8h、1.0h）

当各点流速测出后，可计算出各垂线的平均流速 v_m。

一点法：$v_m = u_{0.6h}$

二点法：$v_m = \frac{1}{2}(u_{0.2h} + u_{0.8h})$

三点法：$v_m = \frac{1}{3}(u_{0.2h} + u_{0.6h} + u_{0.8h})$

五点法：$v_m = \frac{1}{10}(u_{0.0h} + 3u_{0.2h} + 3u_{0.6h} + 2u_{0.8h} + u_{1.0h})$

3. 流量计算

（1）各部分断面平均流速的计算。如图 6-27 所示，计算各部分断面的平均流速。

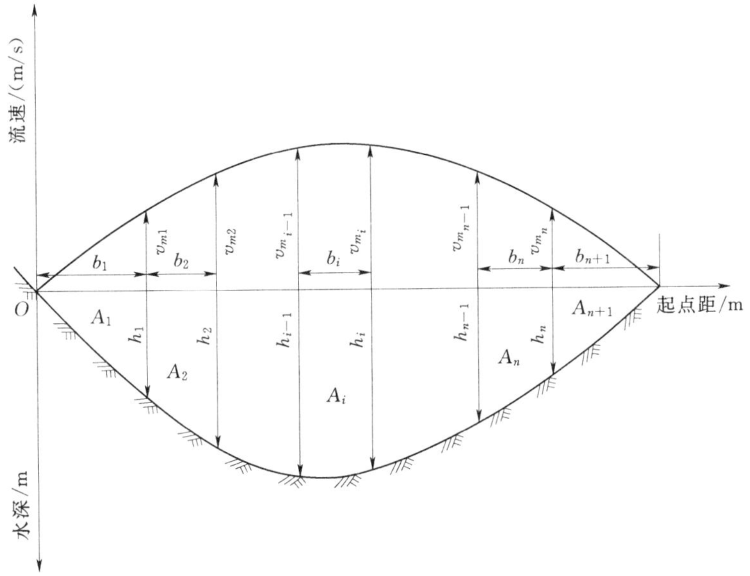

图 6-27

岸边部分（两个，左岸和右岸）由距岸第一条测速垂线与河底及水面所构成，一般为三角形，其断面平均流速为

$$v_1 = \alpha v_{m_1}$$

$$v_{n+1} = \alpha v_{m_n}$$

式中　α——岸边流速系数，其值视岸边情况而定。斜坡岸边 α=0.67～0.75，一般取 0.70；陡岸 α=0.80～0.90；死水边 α=0.60。

中间部分由相邻两条测速垂线与河底及水面所构成，中间部分断面平均流速为相邻两垂线平均流速的平均值，按下式计算：

$$v_i=\frac{1}{2}(v_{m_{i-1}}+v_{m_i})$$

（2）各部分面积的计算。各部分面积的计算需对应求出两条测速垂线间的面积。岸边部分按三角形面积公式计算，中间部分按梯形面积公式计算。如两条测速垂线间无另外的测深垂线，则该部分面积就是这两条测深（同时是测速）垂线间的面积。如两条测速垂线间有多条测深垂线，则两条测速垂线间的面积应等于这部分测深垂线间的断面面积相加。

（3）各部分流量的计算。由各部分断面平均流速与各部分面积之乘积得到部分流量，即

$$q_i=v_iA_i$$

（4）断面流量及其他水力要素计算。

断面流量：
$$Q=\sum_{i=1}^{n}q_i$$

断面平均流速：
$$\overline{v}=\frac{Q}{A}$$

断面平均水深：
$$\overline{h}=\frac{A}{B}$$

式中 A——过水断面总面积；

B——水面宽度。

（三）水位-流量关系

水位和流量作为反映河道水文要素的主要参数，水位的观测比较容易，而流量的测算要复杂得多。水文中一般通过一定次数的流量测验后，根据实测的水位、流量的对应资料建立水位-流量关系曲线。在管理应用中，可由实测水位查求流量，从而进行流量资料的整编。

1. 稳定的水位-流量关系曲线

在河床稳定、测站控制性能良好的情况下，河道的水流状态比较平稳，水位与流量点绘的点形成的点群呈带状分布，水位流量关系稳定。这时可以通过点群中心绘出单一光滑曲线，如图 6-28 所示。稳定的水位-流量关系曲线的特点是：有一个水位就有一个流量与之对应。同时也可根据实测资料绘出水位-面积和水位-流速关系曲线。

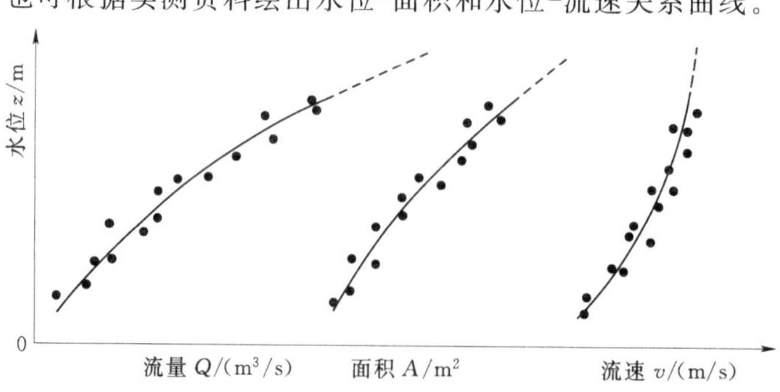

图 6-28

2. 不稳定的水位-流量关系曲线

天然河道中，往往由于河床冲淤、洪水涨落、变动回水等因素的影响，使水位-流量关系点群分布散乱，无法绘出单一的关系曲线。例如当河床淤积时，会使同一水位下的过水断面面积减小，流量也随之减小，则水位-流量关系点距将偏向稳定曲线的左边；当河床冲刷时，水位-流量关系点距将偏向稳定曲线的右边，如图 6－29 所示。又如当受洪水涨落影响时，水面比降发生变化，水位-流量关系形成绳套曲线，在同一水位下，涨水段由于比降增大使流量增大，水位关系点距偏向稳定曲线的右边；落洪段水面比降小，流量也小，水位关系点距偏向稳定曲线的左边，如图 6－30 所示。

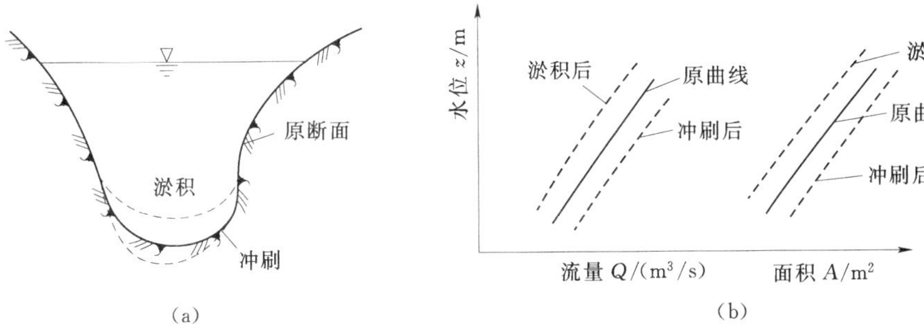

图 6－29

3. 水位-流量关系曲线的外延

在工程实际中，常需要特大的流量数据进行规划设计或指导运行管理工作。而高水位历时短、测流困难，致使高水位时的水位-流量关系曲线较少，甚至没有。因此，需要将水位-流量关系曲线向高水位延长。图 6－29 中的虚线就是曲线的外延部分。

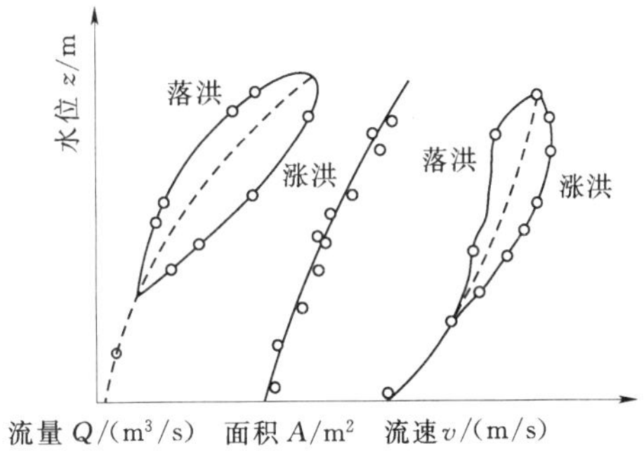

图 6－30

水位-流量关系曲线的高水外延，应利用实测大断面、洪水调查等资料，根据断面形态、河段水力特性，采用多种方法综合分析拟定。低水延长，应以断流水位控制。具体做法可参考其他有关书籍。

知识应用——北京市《水利专业基础与实务（中级）》考试

根据 2016 年 1 月《水利专业基础与实务（中级）》考试大纲编写组发布的《水利专业基础与实务（中级）》考试大纲，从对水利专业中级专业技术资格人员应具备的学识和技能要求出发，提出了“掌握”、“熟悉”和“了解”共 3 个层次的要求。这 3 个层次的具体涵义为：掌握系指在理解准确、透彻的基础上，能熟练自如地运用并分析解决实际问题；熟悉系指能说明其要点，并解决实际问题；了解系指概略知道其原理及应用范畴。大纲包括《水文水资源》《水利工程》等5大部分，其中《水文水资源》部分比重最大，本章内容在北京市《水利专业基础与实务（中级）》考试大纲中的体现如下：

（1）掌握水文循环、区域与流域水量平衡、流域径流形成过程等最基本的水文学原理。

（2）掌握水文学的基本概念（降水、蒸发、入渗，径流、流域与河系，地表径流地下径流、径流深、径流系数、径流模数等）。

（3）掌握流域产流和汇流的基本概念（如产流、汇流、净雨等），了解流域产流过程和汇流过程。

（4）掌握水文要素的定量计算方法（流域面积、河流长度、河流坡降、降雨过程及流域平均雨量、蒸发量、径流量、径流深等）。

（5）掌握自然界水文循环及水资源可再生性的原理，河流与流域及其对水文变化的影响，降水成因、分类与计算方法，蒸发分类与计算方法，下渗过程与计算，径流及其形成的定量描述方法，流域水量平衡计算方法。

（6）掌握水位、流量（断面和流速测量）等水文信息要素的观测方法与计算，熟悉水文调查方法及水文资料整编的主要内容。

知识与技能训练

6-1　何谓自然界的水文循环？产生水文循环的原因是什么？

6-2　写出某闭合流域的年水量平衡方程式，并说明各符号的物理意义。

6-3　简述河川径流的形成过程。

6-4　下渗过程分为哪几个阶段？影响下渗的因素有哪些？

6-5　毁林开荒为什么会加剧下游的洪水灾害？

6-6　同样暴雨情况下，为什么流域城市化以后，发生洪水的概率比天然流域显著增大？

6-7　试说明计算流域平均降水量的方法有哪些？各自的适用条件如何？

6-8　某流域的面积 $F=5600\text{km}^2$，多年平均流量 $Q=90\text{m}^3/\text{s}$，多年平均降水量 $P=690\text{mm}$，试求年径流总量、径流模数、径流深度和径流系数。

6-9　某闭合流域面积 $F=1000\text{km}^2$，流域多年平均年降水量 $P=1400\text{mm}$，多年平均流量 $Q=20\text{m}^3/\text{s}$。今拟在本流域修建水库，由此增加的水面面积 $\Delta F=100\text{km}^2$，按当年蒸发皿实测的多年平均蒸发值 $\overline{E}_{蒸}=2000\text{mm}$，蒸发皿折算系数 $k=0.8$，该流域原来的水面面积极微，可忽略不计。若修建水库前后流域的气候条件保持不变，试问建库后多年平均流量是多少？

6-10　如图6-31所示，某流域内及其附近有甲、乙、丙、丁4个雨量站，各雨量站的雨量如图6-31所示。试绘出泰森多边形图，并求该流域的平均降雨量。

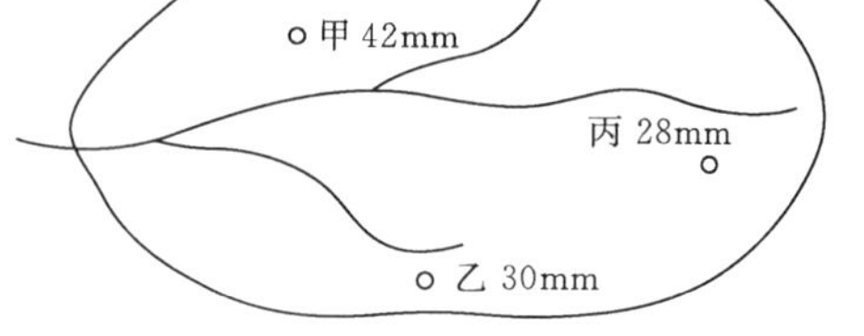

图6-31

第七章 水 文 统 计

【学习目标】

通过本章学习，要了解随机变量的概念，掌握随机变量统计参数的计算方法，掌握重现期的计算方法；掌握经验频率曲线的绘制方法；熟悉统计参数对P－Ⅲ型曲线的影响，能够熟练使用适线法估算P－Ⅲ型曲线参数。

第一节 水文统计参数的基本概念

河流中各种水文要素（如水位、流量、流速、降雨量、泥沙等）的一般变化规律，称为水文现象。同其他自然现象一样，水文现象的发生、发展和演变过程，既有必然性的一面，也有偶然性的一面。必然现象是指事物在发展、变化中必然会出现的现象。例如流域上的降雨必然沿着流域不同路径流入河流、湖泊或海洋，形成径流，充分体现了水文现象的必然性。偶然现象是指事物在发展、变化中可能出现也可能不出现的现象。例如，强降水必然产生径流，但同一河流上任一断面的流量每天都不相同，属于偶然现象，或称随机现象。

在水文分析计算中，主要是通过对大量水文要素的实测资料进行统计分析计算，找出其规律；然后根据其统计规律预估河流未来时期可能发生的水文情势，为水利工程规划、设计及施工提供合理的依据。为达到这个目的，就需要利用水文统计方法，将数学上的概率论和数理统计知识应用到水文上来。

一、事件、概率与频率

（一）事件的分类

事件是指在一定条件组合下，进行随机试验的结果中，所有可能出现或不可能出现的事情，是概率论中最基本的概念之一。事件可以是数量性质的，例如某河流的年最大洪峰流量值，投掷骰子的点数等；事件也可以是属性性质的，例如天气中的刮风、下雨、多云、晴天等。

事件按其出现的可能性分为必然事件、不可能事件和随机事件。

1. 必然事件

必然事件是指在一定条件下必然会发生的事。例如，流域内大面积降雨并且产流的情况下，河中水位上升是必然事件。

2. 不可能事件

不可能事件是指在一定条件下不可能出现的事。例如，流域内普遍连续降雨而河道出口处水位下降是不可能事件。

3. 随机事件

随机事件是指在一定条件下可能发生也可能不发生的事，即在事先是无法确定的。例如，河流某断面每年出现的最大洪峰可能大于某个数值，也可能小于某个数值，这是随机事件。

在多次随机试验中，随机事件出现的各种结果用变量 X 来表示，变量 X 随试验结果不同可用不同的 X_i 表示，这些数值即为随机变量。例如，水文站每测一次水位或流量都会有一定的量值，这些量值都称为随机变量。水文统计法就是利用水位、流量、降雨量等实测水文资料作为随机变量，通过统计分析，推求水文现象（随机事件）的统计规律。

（二）系列、总体和样本

由若干个或无数个随机变量组成的一列数值，称为随机变量系列，简称系列。相对而言，随机变量的全部称为总体，总体中的一部分称为样本。例如，一条河流从形成到消失的漫长年代中，历年最大洪峰流量的全部，就是该河流洪峰流量这个随机变量的总体。通过实测或调查得到的某些年份的洪峰流量值是总体中的一部分，称为总体的样本。

对于某河流洪峰流量的总体我们是不可能得到的，而只能获得其洪峰流量总体的一个样本。样本虽然不能完全代表总体，但如果样本具有足够的代表性，就可以借助样本的规律性推求总体的规律性。因此，在水文分析中常用样本的规律推求总体的规律，由此产生的误差称为抽样误差。

（三）概率

有这样一种随机事件，其试验的所有可能结果都是等可能的，且试验中所有可能出现的结果总数是有限的，这类随机事件称为“古典型随机事件”。其中某一随机事件出现的可能性大小可用概率来表示，其表达式为

$$P(A)=\frac{m}{n}\times 100\%$$

式中 $P(A)$——在一定条件下随机事件 A 发生的概率；

m——出现随机事件 A 的结果数；

n——在随机试验中所有可能出现的结果总数。

显然，必然事件的概率等于 1，不可能事件的概率等于 0，随机事件的概率介于 0 与 1 之间。概率越接近 1，表示某随机事件发生的可能性越大；概率越接近 0，表示随机事件发生的可能性越小。

但对于水文上的随机事件而言，通常各事件出现的可能性不相等，并且试验所有可能出现的结果总数是无限的，因此不能利用上述古典型随机事件的概率来表示其出现的可能性大小，为此引出了频率的概念。

（四）频率

频率是指若干次试验（样本）中，某一事件出现的次数与总次数（样本的容量）的比值。例如设随机事件 A 在 n 次试验中重复出现了 m 次，则 A 事件的频率为

$$P(A)=\frac{m}{n}\times 100\%$$

需要注意的是，虽然频率和概率的表达形式是一样的，但它们的含义是不同的。概率

计算式中的 n 是随机试验中所有可能出现的结果总数，是总体的概念；频率计算式中的 n 是某次试验的总次数，它是该随机事件系列中的一组样本，而不是总体。

实践证明，频率和试验次数 n 有关。当 n 值不多时，事件的频率很不稳定；当 n 值无限增多时，事件的频率就逐渐趋近一个常数，这个常数便是事件发生的概率。

由于水文现象的各种要素变化比较复杂，完整的变化过程无法获得，水文要素的概率是无法通过直接计算得出的，只能将有限年份的实测水文资料当成是多次重复试验的结果，用频率作为概率的近似值，这是水文分析计算中很重要的一个概念。

二、重现期

由于频率这个名词比较抽象，为了便于理解，水文中常用“重现期”来代替频率表示随机事件出现的可能性大小。所谓重现期，是指某随机事件在长时间内发生的平均周期，即在很长的一段时间内，该随机事件平均多少年出现一次，也称“多少年一遇”，用字母 T 表示。

若以 P 表示频率，T（年）表示重现期，则两者关系如下。

研究暴雨洪水问题时，一般设计频率 $P<50\%$，其重现期为

$$T=\frac{1}{P}$$

例如某河流断面设计洪水的频率 $P=1\%$，则其重现期 $T=100$ 年，表示此河流断面出现不小于该级别洪水的情况，在长时间内平均 100 年出现一次，但不能认为是每隔 100 年必然出现一次。

研究枯水问题时，一般设计频率 $P>50\%$，其重现期为

$$T=\frac{1}{1-P}$$

例如某灌溉渠道设计依据的枯水频率 $P=90\%$，则其重现期 $T=10$ 年，表示此渠道出现不大于该级别枯水的情况，在长时间内平均 10 年出现一次。也就是说，10 年中只有 1 年用水得不到满足，其余 9 年用水均可得到保证。

三、统计参数

为了描述随机变量的统计规律，可以用一些统计参数来描述随机变量频率分布的重要信息，水文中常用到以下统计参数。

（一）均值 $\overline{X}$

设某水文变量的观测系列（样本）为 X_1，X_2，X_3，…，X_n，则其均值（$\overline{X}$）为

$$\overline{X}=\frac{X_1+X_2+X_3+\cdots+X_n}{n}=\frac{1}{n}\sum_{i=1}^{n}X_i$$

均值又称期望，表示样本系列的平均情况，反映系列总体水平的高低。例如甲、乙两条河流的多年平均流量分别是 $\overline{Q}_{甲}=100m^3/s$、$\overline{Q}_{乙}=500m^3/s$，说明乙河流的水资源比甲河流的水资源丰富。

（二）均方差 σ

均值表示系列的平均水平，而均方差则表示系列中各个值对于均值的离散程度。当两

个系列的均值相同时，变量分布在均值两侧的离散程度不一定相同。例如，有甲、乙两个系列，其值分别为：

甲系列：29，30，31

乙系列：1，30，59

这两个系列的均值都是30，但两系列中各取值相对于均值的离散程度显然是不同的，可以用均方差来反映。均方差（σ）的计算式为

$$\sigma=\sqrt{\frac{\sum_{i=1}^{n}(X_i-\overline{X})^2}{n-1}}$$

均值相同的两个系列，均方差σ越大，表示系列中各样本取值离散程度越大；均方差σ越小，表示系列中各样本取值离散程度越小。

前述甲、乙两系列，分别计算它们的均方差如下：

$$\sigma_{甲}=\sqrt{\frac{(29-30)^2+(30-30)^2+(31-30)^2}{3-1}}=1$$

$$\sigma_{乙}=\sqrt{\frac{(1-30)^2+(30-30)^2+(59-30)^2}{3-1}}=29$$

由此可知，乙系列的离散程度要比甲系列大。

（三）变差系数 C_v

均值相同的系列，可用均方差来比较它们的离散程度。但当系列均值不同时，就不能用均方差来进行比较，有的甚至说明不了问题。例如有丙、丁两个系列：

丙系列：15，20，25

丁系列：1995，2000，2005

丙系列的均值 $\overline{X}_{丙}=20$，丁系列的均值 $\overline{X}_{丁}=2000$，显然丙、丁两个系列的均值不相等，但这两个系列的均方差均为 $\sigma_{丙}=\sigma_{丁}=5$，这又说明了两者的离散程度是相同的。但由于这两个系列的均值相差悬殊，虽然这两个系列的最大值和最小值与均值的绝对差值都是5，但是对于丙系列，5相当于均值的 $5/20=1/4$；对于丁系列，5仅相当于均值的 $5/2000=1/400$。在某些近似计算中，丁系列的这种差别可忽略不计，而丙系列中的差别是比较显著的。

为了克服以均方差衡量系列离散程度的此类不足，水文统计中常用均方差与均值的比值作为衡量系列相对离散程度的一个参数，这个比值称为变差系数，也称离差系数或离势系数，用 C_v 表示。其计算式为

$$C_v=\frac{\sigma}{\overline{X}}=\frac{1}{\overline{X}}\sqrt{\frac{\sum_{i=1}^{n}(X_i-\overline{X})^2}{n-1}}=\sqrt{\frac{\sum_{i=1}^{n}(K_i-1)^2}{n-1}}$$

式中　K_i——模比系数，$K_i=\dfrac{X_i}{\overline{X}}$。

利用变差系数的计算公式，可计算出丙、丁两个系列变差系数分别为：$C_{v丙}=0.25$，

$C_{v丁}=0.0025$，这说明丙系列的相对离散程度远比丁系列大。

（四）偏差系数 C_s

偏差系数又称偏态系数，常用 C_s 表示。偏差系数是反映系列中各值对均值是对称分布还是不对称分布，以及不对称（偏态）的程度。其计算式为

$$C_s=\frac{\sum_{i=1}^{n}(X_i-\overline{X})^3}{(n-3)\overline{X}^3C_v^3}=\frac{\sum_{i=1}^{n}(K_i-1)^3}{(n-3)C_v^3}$$

当 $C_s=0$ 时，表示样本系列中各值在均值两侧的分布是对称的，称为正态分布。若分布不对称，则 $C_s\neq0$，称为偏态分布。其中，$C_s>0$ 称为正偏系列，$C_s<0$ 称为负偏系列。如图 7-1 所示，从总体分布的密度曲线看，曲线下的面积以均值 $\overline{x}$ 为界，对于 $C_s=0$，左边等于右边；对于 $C_s>0$，左边大于右边；对于 $C_s<0$，左边小于右边。水文现象大多属于正偏分布。

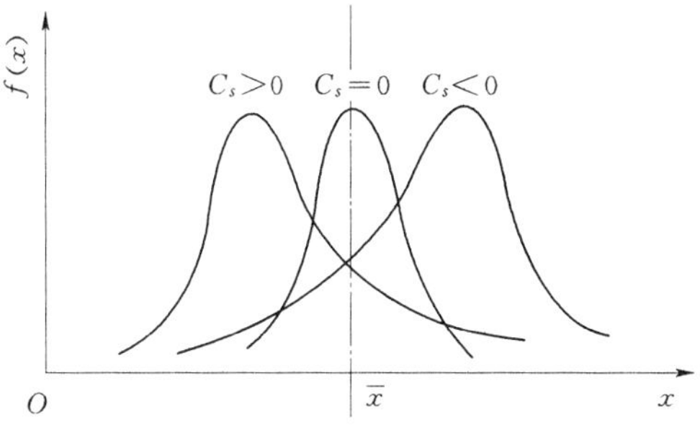

图 7-1

第二节　经验频率曲线

一、频率分布

随机变量在随机试验中可以取得所有可能值中的任何一个值，每一个取值都对应一定的概率，只是有的概率大，有的概率小。这种随机变量的各个值与其概率一一对应的关系，称为随机变量的概率分布规律。水文中常用频率代替概率，所以概率分布规律也可用频率分布规律代替。

水文上的随机变量大多为连续性随机变量，其可能取值有无限个，而取个别值的概率几乎趋近零，因而无法研究取个别值的概率，只能研究在某个区间取值的概率分布规律，而且更多的是研究随机变量取值不小于某一数值的概率分布。

在水文计算中，根据样本系列资料，将不小于某一数值的随机变量出现的次数与样本容量的比值称为经验累积频率。依据随机变量与经验累积频率的对应关系，点绘出的曲线称为经验累积频率曲线，简称经验频率曲线。

现以某河 75 年最大洪峰流量的实测资料为例，说明流量和频率曲线的分布规律。以 $Q=100\text{m}^3/\text{s}$ 为组距，流量按从大到小递减顺序排列，并统计各组流量出现次数和累积出现次数，分别见表 7-1 中的（1）、（2）、（4）栏，利用简单公式 $P=\frac{m}{n}\times100\%$ 计算频率和累积频率，列于表 7-1 中的（3）、（5）栏。

以频率为纵坐标，流量为横坐标，可绘出如图 7-2（a）所示的流量-频率关系图（柱状）；以流量为纵坐标，累积频率为横坐标，可绘出如图 7-2（b）所示的流量-累积

频率关系图（台阶状）。

表 7-1 某河最大洪峰流量频率计算表

洪峰流量 /(m^3/s)	出现次数	频率 /%	累计出现次数	累计频率 /%
(1)	(2)	(3)	(4)	(5)
1400～1300	1	1.3	1	1.3
1300～1200	1	1.3	2	2.6
1200～1100	2	2.7	4	5.3
1100～1000	3	4.0	7	9.3
1000～900	5	6.7	12	16.0
900～800	8	10.7	20	26.7
800～700	14	18.7	34	45.3
700～600	20	26.7	54	72.0
600～500	11	14.7	65	86.7
500～400	6	8.0	71	94.7
400～300	3	4.0	74	98.7
300～200	1	1.3	75	100.0
总计	75	100.0		

注 各组区间不包括其上限数值。

若流量的实测次数（年数）趋于无穷大，组距间隔趋于无穷小，则流量-频率关系图将形成一根左端有限，右端无限，中间高两侧低的偏斜菱形曲线，如图 7-2（a）中虚线所示，称为频率密度曲线，设 $f(x)$ 为此时的频率密度曲线函数。同时，当组距间隔趋于无穷小时，流量-累积频率关系图将形成一根中间平缓两侧陡峭的卧 S 形，如图 7-2（b）中虚线所示，称为频率分布曲线，设 $F(x)$ 为此时的频率分布曲线函数。大量资料表明，绝大多数水文现象都具有这样的规律性。

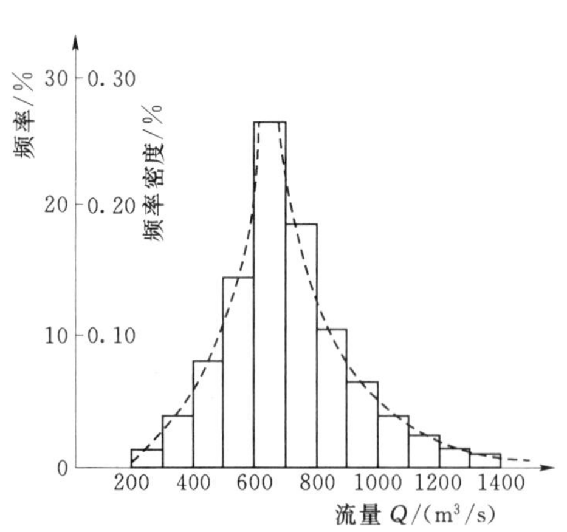

(a) 频率直方图

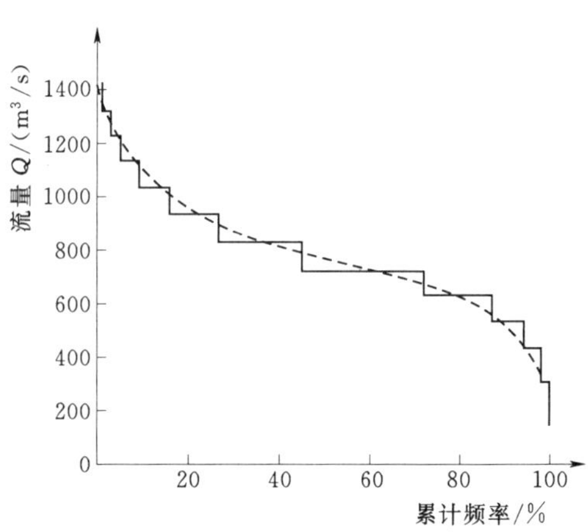

(b) 累计频率曲线

图 7-2

频率密度曲线函数 $f(x)$ 与频率分布曲线函数 $F(x)$ 存在着内在的联系，累积频率可表示为

$$P(x \geqslant X_P)=F(x)=\int_{X_P}^{\infty} f(x)\mathrm{d}x$$

图 7-3 所示的是频率密度曲线与频率分布曲线的关系图，可以看出，频率分布曲线可由频率密度曲线积分而得，即图中密度曲线阴影部分的面积 P 就是分布曲线上 X_P（流量）所对应的累积频率 P（横坐标值）。在水文水利分析计算中，一般是用其累计频率点绘关系图，并且简称为频率曲线。

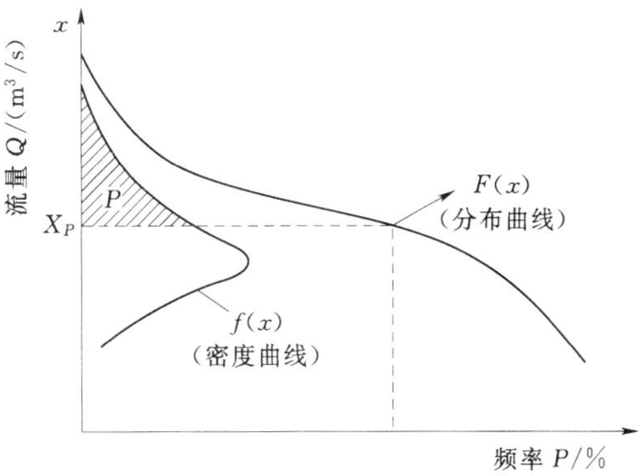

图 7-3

二、经验频率曲线的绘制

（一）经验频率公式

在水文计算中，利用实测和调查的水文资料推算的频率，称为经验频率，其计算公式称经验频率公式。由于随机变量系列是按递减顺序排列的，所以计算出的频率是累计经验频率。

如果运用简单公式 $P=\frac{m}{n}\times 100\%$ 进行累计频率计算，具有明显的缺陷。只有当 n 值趋于无限时它才合理。例如，表 7-1 中最后一项 $m=n=75$，则频率 $P=100\%$，这就是说该站洪峰流量的最小值是 $200\mathrm{m^3/s}$，样本之外不会出现比它更小的数值，这显然与实际情况不符。随着观测年数的增加，一定有可能出现更小的洪峰流量。为了弥补实测和调查的水文资料是有限系列的缺陷，规范规定对于连续系列采用数学期望公式计算经验频率：

$$P=\frac{m}{n+1}\times 100\%$$

式中　P——累积经验频率（m 项变量的累积频率），%；

m——系列中随机变量按递减顺序排列的序号；

n——有限系列的总项数。

（二）经验频率曲线的绘制

下面以具有代表性的某站 1966—1989 年（24 年）的年降雨量资料为例，说明经验频率曲线的绘制。

（1）将该站 1966—1989 年的年降雨量资料列于表 7-2 中（1）、（2）栏。

（2）将（2）栏中数据由大到小排序，列入（3）栏。

（3）将排序的降雨量编序号列入（4）栏。

（4）用期望公式计算频率 P 值列入（5）栏。

（5）根据（3）、（5）栏的数值，以随机变量为纵坐标，频率为横坐标，在坐标纸上点绘出经验频率点，如图 7-4 所示。

了大量的实际统计资料分布趋势的基础上，提出了多种理论频率曲线，理论频率曲线具有相应的数学方程式。

需要说明的是，理论频率曲线并非完全由水文现象的客观规律推导出来的，而是以经验频率曲线为依据，通过适线选配而定的。因此，理论频率曲线也具有一定的经验性。

在多种理论频率曲线中，P－Ⅲ型曲线与我国水文资料的经验频率曲线配合得较好，所以在我国得到广泛应用。

一、P－Ⅲ型曲线

P－Ⅲ型曲线的数学方程式比较复杂，直接利用方程求解相当困难。经数学推导，得出一个简单公式如下：

$$X_P=(\Phi_P C_v+1)\overline{X}=K_P\overline{X}$$

式中　X_P——与频率 P 相对应的随机变量取值；

Φ_P——离均系数，与频率 P 和偏差系数 C_s 有关；

K_P——模比系数。

由上式可知，P－Ⅲ型曲线是由 $\overline{X}$、C_v、C_s 这三个统计参数决定的。只要知道这三个统计参数的数值，便可通过查表，计算得到不同频率 P 相应的变量值 X_P，从而可绘出P－Ⅲ型曲线。

在实际工作中，当根据实测或调查资料绘出经验频率曲线后，关键问题是寻求一条与经验频率曲线符合较好的理论频率曲线，这就需要通过多次试算调整这三个统计参数才能得到。为此，就需要了解这三个参数对理论频率曲线的影响。

二、统计参数对P－Ⅲ型曲线的影响

（一）均值$\overline{X}$对P－Ⅲ型曲线的影响

均值 $\overline{X}$ 反映了累积频率曲线的位置高低，如图 7－6 所示。如 C_v 和 C_s 不变，$\overline{X}$ 增大则曲线上移；反之，$\overline{X}$ 减小则曲线下移。

（二）变差系数 C_v 对P－Ⅲ型曲线的影响

变差系数 C_v 反映了累积频率曲线的陡缓程度，如图 7－7 所示。如 $\overline{X}$ 和 C_s 不变，C_v 增大则曲线左上右下，线形变陡；反之，C_v 减小则曲线左下右上，线形变缓；当 $C_v=0$ 时，曲线将变成一条水平线。

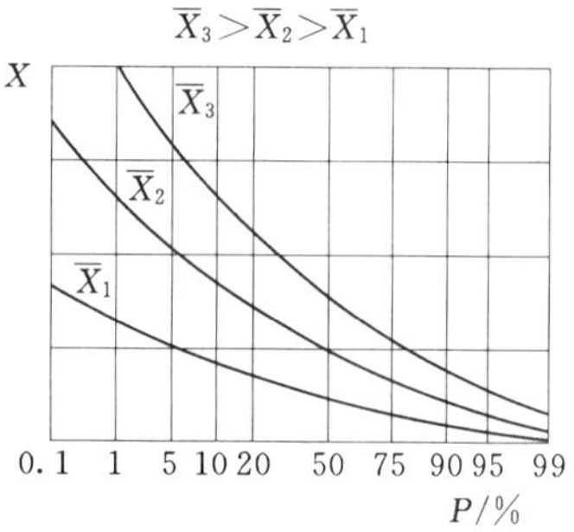

图 7－6

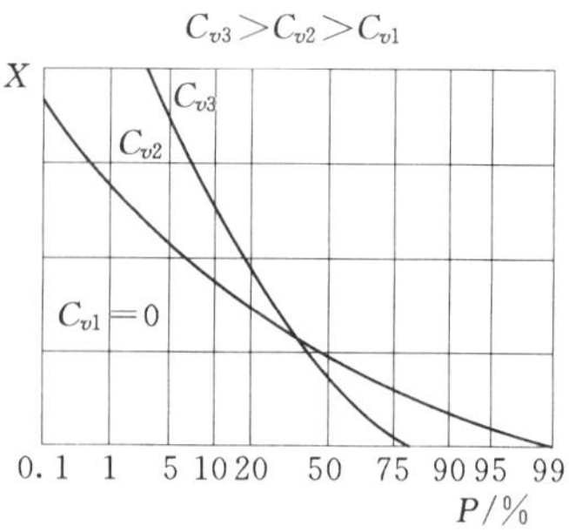

图 7－7

(三) 偏差系数 C_s 对 P-Ⅲ型曲线的影响

偏差系数 C_s 反映了累积频率曲线的弯曲程度，如图 7-8 所示。如 $\overline{X}$ 和 C_v 不变，C_s 增大则曲线弯曲严重，线形凹曲较大；反之，C_s 减小则曲线弯曲不严重，线形凹曲较小；当 $C_s=0$ 时，曲线将变成一条斜直线。

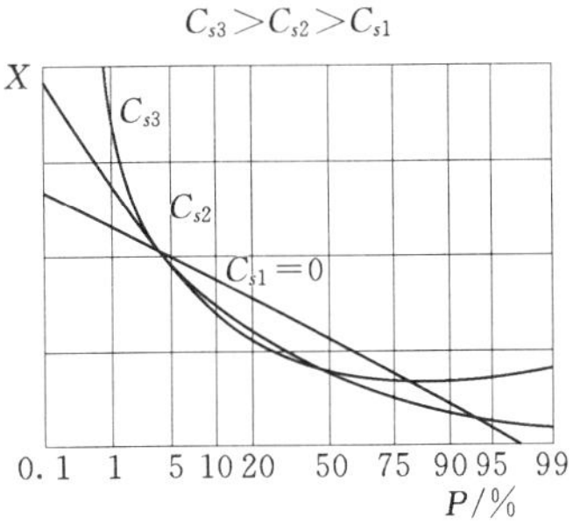

图 7-8

三、适线法

适线法是以经验频率点据为基础，在一定的适线法则下，求解与经验点据拟合最优的频率曲线参数。我国水文水利计算中多采用 P-Ⅲ型曲线。适线法估算 P-Ⅲ型曲线参数的具体步骤如下：

(1) 将实测资料按由大到小的顺序进行排列，计算系列中各值的经验频率，然后在频率格纸上点绘经验点据。

(2) 根据样本资料，代入公式$\overline{X}=\dfrac{X_1+X_2+X_3+\cdots+X_n}{n}=\dfrac{1}{n}\sum\limits_{i=1}^{n}X_i$ 和 $C_v=\dfrac{\sigma}{\overline{X}}=\dfrac{1}{\overline{X}}\sqrt{\dfrac{\sum\limits_{i=1}^{n}(X_i-\overline{X})^2}{n-1}}=\sqrt{\dfrac{\sum\limits_{i=1}^{n}(K_i-1)^2}{n-1}}$ 计算均值 $\overline{X}$ 和变差系数 C_v；对于偏差系数 C_s，由于其抽样误差一般很大，故一般不直接用公式计算，而是根据实际经验假定 C_s 为 C_v 的某一倍数予以确定。一般情况下，对于年径流，$C_s=(2\sim3)C_v$；对于暴雨、洪水，$C_s=(2.5\sim4)C_v$。

(3) 根据假定的 $\overline{X}$、C_v、C_s，查表得到 Φ_P 或 K_P 值，则可根据公式 $X_P=(\Phi_P C_v+1)\overline{X}=K_P\overline{X}$ 计算出不同频率的随机变量值。在绘有经验点据的坐标纸上，以 X_P 为纵坐标，P 为横坐标，绘制 P-Ⅲ型曲线。如果该 P-Ⅲ型曲线与经验点据拟合得好，则该线就是所求的频率曲线；如果拟合得不好，则要根据三个统计参数对 P-Ⅲ型曲线的影响进行分析，在抽样误差范围内合理地调整参数，再次适线直至配合最佳为止。

(4) 适线过程中，如需调整统计参数，一般调整最多的为偏差系数 C_s，其次是变差系数 C_v，必要时也可以对均值 $\overline{X}$ 作适当的调整。

【例题 7-1】 现有某具有代表性测站 1957—1980 年 24 年间实测的年降雨量资料系列，详见表 7-3，试推求 $P=50\%$、80%、90%的设计年降雨量 X_P。

表 7-3　某站年降雨量经验频率及统计参数计算表

年份	年降雨量 /mm	从大到小排序 /mm	序号	$P=\dfrac{m}{n+1}\times100\%$ /%	K_i	$(K_i-1)^2$
(1)	(2)	(3)	(4)	(5)	(6)	(7)
1957	745	841	1	4.0	1.47	0.2237
1958	841	784	2	8.0	1.37	0.1392

续表

年份	年降雨量 /mm	从大到小排序 /mm	序号	$P=\frac{m}{n+1}\times 100\%$ /%	K_i	$(K_i-1)^2$
1959	386	745	3	12.0	1.30	0.0929
1960	565	672	4	16.0	1.18	0.0313
1961	623	663	5	20.0	1.16	0.0260
1962	558	629	6	24.0	1.10	0.0103
1963	585	627	7	28.0	1.10	0.0096
1964	784	623	8	32.0	1.09	0.0083
1965	561	585	9	36.0	1.02	0.0006
1966	488	565	10	40.0	0.99	0.0001
1967	543	561	11	44.0	0.98	0.0003
1968	629	558	12	48.0	0.98	0.0005
1969	410	556	13	52.0	0.97	0.0007
1970	663	548	14	56.0	0.96	0.0016
1971	556	543	15	60.0	0.95	0.0024
1972	526	530	16	64.0	0.93	0.0051
1973	548	526	17	68.0	0.92	0.0062
1974	627	514	18	72.0	0.90	0.0100
1975	672	512	19	76.0	0.90	0.0107
1976	514	491	20	80.0	0.86	0.0196
1977	346	488	21	84.0	0.85	0.0211
1978	530	410	22	88.0	0.72	0.0795
1979	491	386	23	92.0	0.68	0.1049
1980	512	346	24	96.0	0.61	0.1552
总计	13703	13703	—	—	24.00	0.9600

解：(1) 将各年份年降雨量分别列入表 7-3 中的 (1)、(2) 栏；将历年年降雨量按从大到小的顺序排列，列入 (3) 栏；将排序的降雨量编序号列入 (4) 栏；用期望公式计算频率 P 值列入 (5) 栏；根据 (3)、(5) 栏的数值，以随机变量为纵坐标，频率为横坐标，在坐标纸上点出经验频率点；通过经验频率点据目估确定经验频率曲线，如图 7-9 中的虚线所示。

(2) 计算均值 $\overline{X}$。

$$\overline{X}=\frac{X_1+X_2+X_3+\cdots+X_n}{n}=571(\text{mm})$$

(3) 分别计算 K_i、$(K_i-1)^2$ 值，分别列于表 7-6 中的 (6)、(7) 栏。

(4) 计算变差系数 C_v。

$$C_v=\sqrt{\frac{\sum_{i=1}^{n}(K_i-1)^2}{n-1}}=\sqrt{\frac{0.9600}{24-1}}=0.20$$

（5）根据工程经验，暂取 $C_s=2C_v=0.4$ 进行初试计算，当 $\overline{X}=571\text{mm}$、$C_v=0.2$、$C_s=2C_v=0.4$，查得不同频率 P 对应的 K_P 值，进而计算出其对应的 X_P 值，这样就可在绘有经验频率曲线的坐标纸上绘制本条理论频率曲线，如图 7-9 所示的①线。从①线可以看出，其与经验频率点据拟合得不好，主要原因是 C_v 偏小，建议增大 C_v 值，这样曲线左上右下，线形变陡，可与经验频率点据更好地拟合。

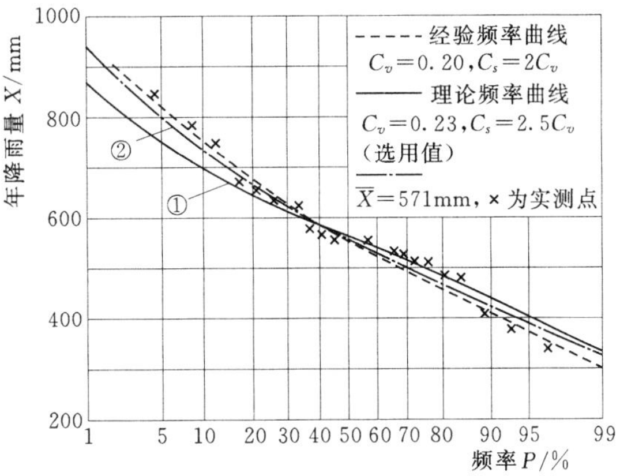

图 7-9

（6）取 $C_v=0.23$，$C_s=2C_v=0.46$，按照（5）中的步骤重新适线，后发现理论频率曲线仍与经验频率点据拟合不好，经分析主要原因是 C_s 偏小。

（7）取 $C_v=0.23$，$C_s=2.5C_v=0.575$，重新适线将理论频率曲线绘制到坐标纸上，如图 7-9 所示的②线，可见②线与经验频率点据配合较好，即为所求的频率曲线。

以上适线计算过程见表 7-4。

表 7-4　　某站年降雨量理论频率计算表

参数	P/%	1	2	5	10	20	50	75	90	95
$\overline{X}=571\text{mm}$ $C_v=0.20$ $C_s=0.40$	K_P	1.52	1.45	1.35	1.26	1.16	0.99	0.86	0.75	0.70
	X_P	868	828	771	719	662	565	491	428	400
$\overline{X}=571\text{mm}$ $C_v=0.23$ $C_s=0.46$	K_P	1.61	1.53	1.41	1.30	1.19	0.98	0.84	0.72	0.66
	X_P	919	874	805	742	679	560	480	411	377
$\overline{X}=571\text{mm}$ $C_v=0.23$ $C_s=0.575$	K_P	1.64	1.54	1.41	1.31	1.19	0.98	0.84	0.73	0.66
	X_P	936	879	805	748	679	560	480	417	377

从配合较好的理论频率曲线（本案例中为②线）上，查出指定设计频率下的年降雨量分别如下：

当 $P=50\%$时，$X_{50\%}=560\text{mm}$；

当 $P=80\%$时，$X_{80\%}=457\text{mm}$；

当 $P=90\%$时，$X_{90\%}=417\text{mm}$。

知识应用——北京市《水利专业基础与实务（中级）》考试

本章内容在北京市《水利专业基础与实务（中级）》考试大纲中的体现如下：

（1）掌握频率、重现期、相关系数等基本概念，以及频率与重现期的关系及其不同情况的表示方法。

（2）熟悉理论频率曲线（P－Ⅲ型分布），统计参数（$\overline{X}$、C_v、C_s）及其物理意义。

（3）了解无偏估计和抽样误差。

知识与技能训练

7－1　何谓水文统计？其任务是什么？

7－2　重现期和频率有何关系？$P=10\%$的丰水年，其重现期为多少年？含义是什么？

7－3　什么叫理论频率曲线？它的作用是什么？为什么说理论频率曲线仍具有一定的经验性？

7－4　试述三个统计参数 $\overline{X}$、C_v、C_s 的意义，并分别说明它们对理论频率曲线的影响。

7－5　海森频率格纸的作用是什么？

7－6　简述适线法的方法步骤。

7－7　某水文站有 31 年的平均流量资料，见表 7－5。要求绘制该站流量的经验频率曲线，计算 3 个主要统计参数，并绘制理论频率曲线。

表 7－5　　某水文站历年年平均流量资料

年份	流量 Q /(m^3/s)	年份	流量 Q /(m^3/s)	年份	流量 Q /(m^3/s)	年份	流量 Q /(m^3/s)
1965	1676	1973	614	1981	343	1989	1029
1966	601	1974	490	1982	413	1990	1463
1967	562	1975	990	1983	493	1991	540
1968	697	1976	597	1984	372	1992	1077
1969	407	1977	214	1985	214	1993	571
1970	2259	1978	196	1986	1117	1994	1995
1971	402	1979	929	1987	761	1995	1840
1972	777	1980	1828	1988	980	—	—

第八章　设计年径流分析计算

【学习目标】

通过本章学习，要掌握水文资料的可靠性、一致性、代表性审查要点；要能够选取合理的代表年，进行具有长期实测资料的设计年径流量及年内分配计算；能够对具有短期径流资料的系列进行延展；能够利用等值线图法和水文比拟法进行缺乏径流资料的设计年径流分析计算。

年径流是指一个年度内通过河流某断面的水流，那么一年内通过该断面的水量称为该断面以上流域的年径流量，该水量在年内随时间的变化过程称为年径流的年内分配。

年径流的天然情势往往与用水部门的需求有矛盾，如图 8-1 所示为某河流指定断面径流分配的简化示意图。图中 $\overline{Q}$ 代表年平均流量，假设某用水部门在全年的用水量为 Q_R，Q_1 和 Q_1' 代表两种情况下 T_1 时段的来水量，Q_2 和 Q_2' 代表两种情况下 T_2 时段的来水量。在洪水时段（T_1）天然来水过剩（$Q_1>Q_R$），而在枯水时段（T_2）天然来水不足（$Q_2<Q_R$）。为保证 T_2 时段的用水要求，必须将 T_1 时段部分过剩水量存蓄起来供后面时段使用。显然，水库的库容等于：

$$V=(Q_R-Q_2)T_2$$

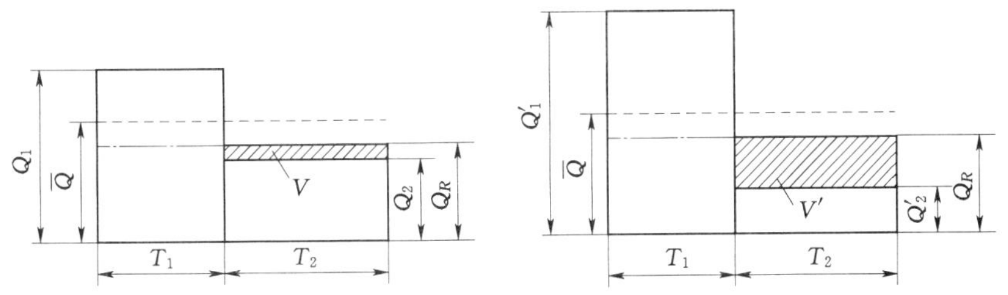

(a)　　(b)

图 8-1

如果用水过程一定，库容只取决于天然径流的年内分配过程。径流在年内、年际、地区之间均具有差异性，对于一定的用水量，不同年份计算所得的库容也有所不同。为此，需确定一设计标准，用以确定工程规模。在水利工程的规划设计阶段，要分析工程规模、来水、用水、保证率四者之间的关系，经过技术经济比较来确定工程规模。其中，设计保证率由用水部门确定，工程规模还要依据来水和用水的平衡分析，由水利计算来确定，而其中的来水问题是靠水文分析计算来解决。

设计年径流是指相应于某一设计标准的年径流量及其年内分配过程。设计年径流计算的任务就是分析和预测工程使用期限内的年径流及其变化情况，为合理确定水利水电工程规模提供正确的水文数据。

第一节 具有长期实测资料的设计年径流量分析计算

在水利工程规划设计阶段，为确定工程规模，要求水文计算能够提供未来工程运行期间的径流过程。而水利工程的使用年限一般长达几十年甚至几百年，要确切地预报未来长期的径流过程基本不可能。目前常用的方法是利用当地过去的长期径流变化过程来代表未来的径流变化情况。这种思路的依据就是，虽然某地的年径流变化过程不能重现，但是长期的变化情势基本上是稳定的。这样就可把 n 年实测径流量系列作为年径流量总体的随机样本，利于其样本分布函数 $F_n(x)$ 推断总体分布函数 $F(x)$，以此来代替未来工程运行期间（M 年）年径流的分布规律。图 8-2 为年径流样本和总体示意图。

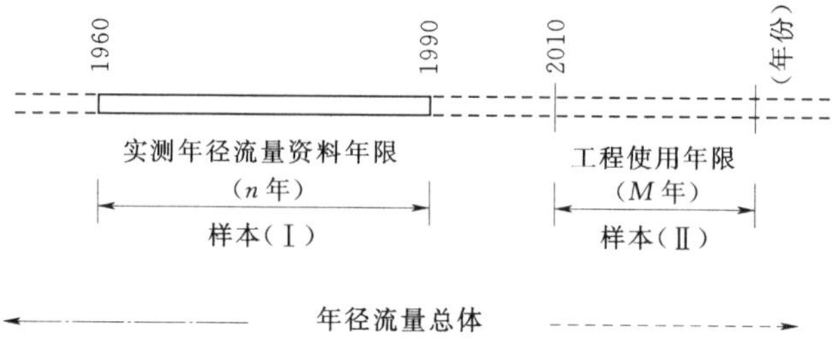

图 8-2

具有长期实测资料的设计年径流计算通常有三个步骤：

（1）对实测径流资料进行审查。

（2）运用数理统计方法推求设计年径流量。

（3）用代表年法推求径流年内分配过程。

一、水文资料的审查

水文资料是进行水文分析的依据，它直接影响着工程设计的精度。因此，必须慎重地对水文资料进行审查，也就是对实测年径流系列的可靠性、一致性和代表性进行鉴定。

（一）资料可靠性审查

所谓可靠性，就是对原始资料的可靠程度进行鉴定。虽然径流资料通常是以《水文年鉴》的方式刊发，一般情况下还是比较可靠的，但仍不排除可能会有错误，应对其测验及整编方法进行甄别。

（二）资料一致性审查

所谓一致性，就是要求统计系列的每一个随机变量的取值具有同一物理成因组成；对于径流资料而言，就是要求径流系列资料是建立在气候条件和下垫面条件稳定的基础上。如果影响径流的因素长期没有显著变化，则说明其成因一致；否则，资料的一致性就遭到破坏，必须对受到影响的水文资料进行还原计算，通过一定方法将其还原到不受影响的“天然状态”。

（三）资料代表性审查

所谓代表性，就是指所抽取的样本的分布规律能否代表总体的分布规律。水文计算中，在利用以往 n 年实测径流系列求得的样本分布函数 $F_n(x)$ 推求总体分布 $F(x)$ 时，n 年实测径流资料是总体的一个样本，由它来反映总体的分布规律，不可避免地存在抽样误差。而抽样误差的大小取决于 n 年实测径流资料代表性的高低。代表性分析时，可利用径流系列包括丰水段、平水段、枯水段的一般规律进行周期性分析。也可选取具有更长观测期，且与欲研究的径流资料有密切联系的系列为参证变量（如当地年降雨量系列），如参证变量的系列长度为 N 年，与设计代表站 n 年径流系列有 n 年同步观测期，研究 n 年参证变量的统计特征（主要是均值和变差系数）与 N 年参证变量的统计特征的关系，如果两者的统计特征接近，说明参证变量的 n 年系列在 N 年系列中具有很好的代表性，从而也可以说明设计代表站 n 年的径流系列也具有较好的代表性。

二、设计代表年法的设计年径流量及其年内分配计算

在审查分析长期实测径流量资料后，根据工程设计的具体要求确定计算时段，对各种时段径流量进行频率计算，可求出指定频率下各种时段的设计流量值；在实测径流量资料中，选择时段径流量与设计值相接近，且对工程不利的年份为代表年；求得设计时段径流量与代表时段流量的比值，对代表年的径流过程按此比值进行缩放，即可得到设计的年径流过程线。

（一）设计年径流量的计算

1. 计算时段的确定

计算时段的确定与工程要求有关。对灌溉工程而言，一般取灌溉期作为计算时段，也可取灌溉期内主要需水期为计算时段。如南方某双季稻灌区灌溉期为4—10月，但主要需水期为7—9月，故可以取两个控制时段来统计时段径流量。再如，对于水利水电工程来说，枯水期水量和年水量决定着发电效益，故可选取枯水期或年作为计算时段。

2. 频率计算

通过对实测径流资料进行审查，并对不同计算时段的径流量进行统计选样后，组成各计算时段的长期径流量系列，再利用前述适线法分别进行频率计算，从而推求出指定设计保证率的设计年径流量和其他控制时段的设计径流量。

在适线过程中，应尽量照顾大部分点据分布趋势，侧重于考虑中下部平水年和枯水年的点群分布定线。一般情况下，在年径流分析中，可取 $C_s=(2\sim3)C_v$，但最终应以适线结果为准。另外，适线过程中尤其要注意实测资料系列中出现的特小径流值，它对于枯水段的适线影响较大。

3. 成果的合理性分析

设计年径流成果的合理性分析，主要是分析频率计算成果是否符合客观规律。分析的主要内容是对径流系列的统计参数进行分析，分析工作的主要依据是水量平衡原理和径流的地理分布规律。

（1）多年平均年径流量的检查。多年平均年径流量具有地理分布规律，可将设计站与上下游站及邻近流域的多年平均径流量进行比较，便可判断所得成果的合理性。

（2）年径流变差系数 C_v 的检查。反映径流年际变化程度的年径流的 C_v 值也具有一定的地理分布规律。目前，我国一些流域已经绘制有年径流量的 C_v 等值线图，可据此检

查年径流量 C_v 值的合理性。只是这些年径流量 C_v 等值线图一般是根据大中流域的资料绘制的，对于某些有特殊下垫面条件的小流域年径流量 C_v 值可能并不协调，分析时应予以注意。另外，C_v 值一般随流域面积的增大而有减小的趋势。

（3）与流域平均年降水量统计参数进行比较。一般年径流量（以径流深表示）的均值应小于流域平均年降水量的均值，年径流的 C_v 值应大于年降水量的 C_v 值。

（二）设计年径流的年内分配计算

设计年径流的年内分配计算就是推求设计代表年的月径流过程。目前的方法是：先从实测年、月径流资料中，按一定的原则选择代表年，然后再利用同倍比法或同频率法缩放选用的实际代表年径流过程而求得。

1. 代表年的选择

代表年应从实测资料中选择，并应遵循以下两条原则。

（1）水量相近原则。即选取的代表年的年径流量应与设计值相接近。

（2）对工程不利的原则。在实测径流资料中水量与设计值接近的年份可能不止一年，为了安全起见，应选择水量在年内分配过程对工程不利的年份为代表年。对于灌溉工程，应选择灌溉需水期径流量比较枯，而非灌溉期径流量又相对较大的年份为代表年，这种年份年内分配经调节计算后，往往需要较大的蓄水库容才能保证供水；对于水利水电工程，应选择枯水期较长，且枯水期径流量又较小的年份作为代表年。

此外，灌溉工程只选枯水代表年；水利水电工程一般选丰水、平水和枯水三个代表年，相对于这三种代表年的设计年径流的频率可取 $P\leqslant25\%$、$P=50\%$、$P\geqslant75\%$。

2. 同倍比缩放法

同倍比缩放法是将选出的代表年的年内逐月（旬）径流量乘以相同的缩放系数 K，即可得到设计年径流的年内分配过程。缩放系数为

$$K=\frac{Q_{\mathrm{P}}}{Q_{\mathrm{D}}}$$

式中　Q_{P}——设计年径流量；

Q_{D}——代表年的年径流量。

【例题 8-1】 拟兴建一水利水电工程，经计算其设计年径流 $Q_{\mathrm{P}}=11\mathrm{m}^3/\mathrm{s}$，选定的代表年的年径流年内分配情况见表 8-1。试利用同倍比法确定设计年径流的年内分配。

表 8-1　代表年的年径流年内分配表

月份	1	2	3	4	5	6	7	8	9	10	11	12	年平均
月平均流量 /(m^3/s)	5	4	5	9	13	20	27	18	10	7	6	5	10.8

解： 缩放系数为

$$K=\frac{Q_{\mathrm{P}}}{Q_{\mathrm{D}}}=\frac{11}{10.8}=1.02$$

用缩放系数分别乘以代表年各月的径流量得到设计年对应月径流量，见表 8-2。

表 8-2　设计年径流年内分配表

月份	1	2	3	4	5	6	7	8	9	10	11	12	年平均
月平均流量 /(m^3/s)	5.1	4.1	5.1	9.2	13.3	20.4	27.5	18.4	10.2	7.1	6.1	5.1	11.0

同倍比法简单易行，计算出来的设计年径流的年内分配变化规律与代表年一致。但是，推求出的设计年径流过程各控制时段的径流量并不一定全部符合设计频率。有时需要所求的年径流过程线中的几个时段和全年的径流量同时满足设计频率，这就需要使用同频率缩放法。

3. 同频率缩放法

同频率缩放法是将代表年各月（旬）的径流量分段按不同的倍比缩放。例如，若要求设计最小 1 个月、最小 3 个月、最小 5 个月以及全年的径流量都要符合设计频率，那么各种倍比值可按下列公式推求。

最小 1 个月的倍比：

$$R_1=\frac{W_{1P}}{W_{1D}}$$

最小 3 个月其余两个月的倍比：

$$R_{3-1}=\frac{W_{3P}-W_{1P}}{W_{3D}-W_{1D}}$$

最小 5 个月其余两个月的倍比：

$$R_{5-3}=\frac{W_{5P}-W_{3P}}{W_{5D}-W_{3D}}$$

全年其余 7 个月的倍比：

$$R_{12-5}=\frac{W_{12P}-W_{5P}}{W_{12D}-W_{5D}}$$

式中　W_{1P}、W_{3P}、W_{5P}、W_{12P}——设计最小 1 个月、最小 3 个月、最小 5 个月和全年的径流量；

W_{1D}、W_{3D}、W_{5D}、W_{12D}——代表年最小 1 个月、最小 3 个月、最小 5 个月和全年的径流量。

用同频率缩放法求出的各时段的缩放倍比 R_i 对代表年各相应时段进行分段缩放，即可得出设计年径流的年内分配。此时，各时段的径流量都符合设计频率的要求，这比同倍比缩放法计算的结果要更合理一些。但由于采用了几个不同的倍比缩放，破坏了代表年径流的分配形状。因此，同频率缩放法求得的成果往往需要做径流成因分析，以论证这种径流年内分配的合理性。

【例题 8-2】 某设计站设计年径流 $Q_P=118.5m^3/s$，设计最大 1 个月、3 个月的径流量分别为 450(m^3/s)·月、896(m^3/s)·月，典型年年径流为 $130m^3/s$，年内分配见表 8-3。

试用同频率缩放法计算设计年的年内分配。

解：（1）计算缩放倍比。

代表年最大 1 个月（9 月）的水量为：$W_{1D}=415(m^3/s)\cdot$月

代表年最大 3 个月（8 月、9 月、10 月）的水量为：$W_{1D}=864(m^3/s)\cdot$月

最大 1 个月的倍比：

$$R_1=\frac{W_{1P}}{W_{1D}}=\frac{450}{415}=1.084$$

最大 3 个月其余两个月的倍比：

$$R_{3-1}=\frac{W_{3P}-W_{1P}}{W_{3D}-W_{1D}}=\frac{896-450}{864-415}=0.993$$

全年其余 9 个月的倍比：

$$R_{12-3}=\frac{W_{12P}-W_{3P}}{W_{12D}-W_{3D}}=\frac{118.5\times 12-896}{130\times 12-864}=0.756$$

（2）用同频率法计算设计年径流年内分配。

将各月的缩放倍比列于表 8-3 中，将代表年各月径流值乘以相应的缩放倍比，便可得到设计年径流的年内分配，成果列于表 8-3 中。

表 8-3　　同频率缩放法设计年径流年内分配计算表　　单位：m^3/s

月份	1	2	3	4	5	6	7	8	9	10	11	12
代表年	42.3	55.8	85.5	91	83.3	40.7	99.3	204	415	245	123	77.6
缩放倍比	0.756	0.756	0.756	0.756	0.756	0.756	0.756	0.993	1.084	0.993	0.756	0.756
设计年	32.0	42.2	64.6	68.8	63.0	30.8	75.1	202.6	449.9	243.3	93.0	58.7

第二节　具有短期径流资料的设计年径流量分析计算

当实测年径流量系列不足 30 年，或虽有 30 年，但系列不连续或代表性不足时，应进行插补延长，以提高系列的代表性；然后根据展延后的系列进行频率计算。在具有短期径流资料的情况下，即可利用这种思路，将已有径流系列的年、月径流量进行展延。

在水文计算中，通常应用图解相关法来展延系列。例如，某河甲站具有 1971—1980 年 10 年的年径流资料，通过初步审核认为该 10 年的年径流系列的代表性较差，必须加以展延。经分析，选择该站下游乙站为参证站，两站的年径流资料列于表 8-4。根据两站同期的 10 年观测资料定出关系线，如图 8-3 所示；然后根据乙站 1961—1970 年的年径流资料，应用相关线展延甲站同时期的年径流数值，成果见表 8-4 带下划线的数字。

表 8-4　　某河乙站和甲站年径流资料表　　单位：m^3/s

年份 站名	1961	1962	1963	1964	1965	1966	1967	1968	1969	1970
乙站	1400	1050	1370	1360	1710	1440	1640	1520	1810	1410
甲站	<u>1120</u>	<u>800</u>	<u>1100</u>	<u>1080</u>	<u>1510</u>	<u>1180</u>	<u>1430</u>	<u>1230</u>	<u>1610</u>	<u>1150</u>

续表

年份 站名	1971	1972	1973	1974	1975	1976	1977	1978	1979	1980
乙站	1430	1560	1440	1730	1630	1440	1480	1420	1350	1630
甲站	1230	1350	1160	1450	1510	1200	1240	1150	1000	1450

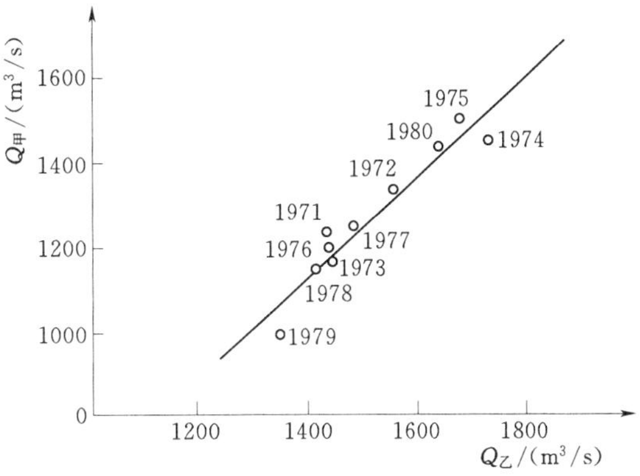

图 8-3

注：点据旁标的数字表示年份。

由上文可以看出，展延年径流系列的关键问题是如何恰当地选取参证变量。参证变量的选取应满足以下条件：

（1）参证变量与设计变量在成因上应有密切联系。

（2）参证变量和设计变量要有一段相当长时期同步观测资料，以便建立相关关系。

（3）参证变量应具有充分长的实测资料，一方面系列本身应有较好的代表性，另一方面有足够多的资料对设计系列进行展延。

展延径流资料时，一般选择流域降水资料或上、下游站径流资料为参证变量，有时可用其他变量，如气温等。

有了经插补延长的年径流系列后，就可进行频率计算和年内分配计算，具体方法与有长期径流资料时的方法完全相同。

第三节 缺乏径流资料的设计年径流量分析计算

在中小型水利水电工程规划设计中，经常遇到缺乏实测径流资料的情况，或者虽有短期实测径流资料，但又无法展延的情况。此时，设计年径流量及其年内分配只能通过间接途径来推求。目前，常用的方法是等值线图法和水文比拟法。

一、等值线图法

各省（自治区）《水文手册》（图集）中，均刊载有多年平均年径流深等值线图和年径流量变差系数 C_v 等值线图、偏差系数 C_s 的分区图或建议的 C_s/C_v 比值，可供缺乏资料地区查用。

1. 多年平均年径流深的估算

影响流域多年平均年径流量的主要因素是降水量和蒸发量，这两个水文特征值都具有地理分布规律。流域的下垫面条件（如流域大小、土壤质地等）对多年平均年径流量也有影响，但这是个非分区因素。为消除此项因素的影响，水文分析中常将流域多年平均年径流量除以流域面积，得到多年平均年径流深。将有资料流域的许多测站的多年平均年径流深，点绘在流域面积的形心处，即可绘制等值线图。所谓流域形心，就是沿任意几个方向都能将流域面积划分成两等份的几条直线的交点。而在山区，径流有随高程增加而增大的趋势，故常将数值点绘在流域平均高程处。

利用等值线图法推求缺乏资料流域多年平均年径流深时，首先需在等值线图上勾绘出拟设计工程所在流域的范围，并确定流域形心。在流域面积较小、流域内等值线分布均匀的情况下，可由通过流域形心的等值线确定流域的多年平均年径流深，或根据形心附近的两条等值线内插求得形心处的数值。如流域面积较大，或等值线分布不均匀时，可用等值线间的面积加权计算设计流域的多年平均年径流深，流域多年平均年径流深可由下式计算：

$$R_{设}=\frac{0.5(R_1+R_2)f_1+0.5(R_2+R_3)f_2+\cdots+0.5(R_{n-1}+R_n)f_{n-1}}{F}$$

式中　$R_{设}$——设计站所在流域多年平均年径流深，mm；

R_i——等值线所代表的多年平均年径流深，mm；

f_i——相邻两条等值线间的部分流域面积，km^2；

F——总流域面积，km^2。

需要注意的是，多年平均年径流深等值线图一般都是依据中等流域的实测径流资料绘制的，利用等值线图计算多年平均径流深的方法较适用于中等流域。而下垫面因素是影响小流域多年平均径流量的主要因素，如流域内河槽下切深度不大，不能获取全部的地下水，可能出现枯水期长时间的断流现象等，此时小流域的多年平均径流深较同一地区中等流域为小。因此，在小流域内使用等值线图法时应根据流域实际情况加以修正。

2. 年径流变差系数 C_v 的估算

年径流变差系数等值线图也是根据中等流域的资料绘制的，其查用方法与多年平均年径流深等值线图相似。但年径流变差系数等值线图的精度一般较低，特别是用于小流域时，由图上查读的 C_v 值可能比实际的偏小，必须结合具体条件加以修正。

3. 年径流量偏差系数 C_s 的估算

年径流量偏差系数 C_s 一般在地区上变化规律不明显，通常表示为分区图（表），可直接选取用 C_s/C_v 的倍比。研究径流时，一般多采用 $C_s=2C_v$。

4. 设计年径流量及其年内分配的计算

确定年径流量的三个统计参数后，可根据指定的设计频率，查 P－Ⅲ型曲线的模比系数 K_P 值表确定 K_P 值，即可计算出设计年径流量 Q_P。

为配合各参数等值线图的应用，各省（自治区）《水文手册》（图集）中，都根据气候和地理条件划分了水文分区，并给出了各分区的丰水、平水、枯水年型径流的典型分配过程，可供缺乏径流资料的流域推求设计年径流年内分配时查用。

二、水文比拟法

水文比拟法是将气候和自然地理条件一致的参证流域的资料，移置到设计流域使用的方法。此方法的关键是选取恰当的参证流域。参证流域选择需符合以下条件：

（1）参证流域应具有长期实测径流资料，且代表性好。

（2）参证流域与设计流域必须属同一气候区，且自然地理条件相似。

（3）参证流域面积与设计流域面积不能相差太大。

根据以上条件选出参证流域后，若设计流域与参证流域面积相差不超过 3%，可直接将参证流域的三个统计参数移用到设计流域来。

若流域面积相差在 3%～15%以内，则应按面积比修正的方法来推求设计流域多年平均流量，即

$$\overline{Q}_{设}=\frac{F_{设}}{F_{参}}\overline{Q}_{参}$$

式中 $\overline{Q}_{设}$、$\overline{Q}_{参}$——设计流域及参证流域多年平均流量；

$F_{设}$、$F_{参}$——设计流域及参证流域的流域面积。

当流域面积相差超过 15%时，不能简单地按面积比修正，尚需考虑其他因素的影响。

至于年径流量的 C_v 值，可直接移用参证流域的相应数值，如果考虑影响径流的因素有差异时，可根据流域特性的差异略加修正。

年径流的 C_s 值一般根据 C_s 与 C_v 的比值确定，可以将参证流域的 C_s 与 C_v 的比值直接移用或做适当的修正。在实际工程中，常采用 $C_s=2C_v$。

使用水文比拟法时，可将参证流域的代表年（或典型年）的径流年内分配百分数移用到设计流域中，进而推求设计年径流的年内分配。

知识与技能训练

8-1 水文资料的“三性”审查指的是什么？如何审查水文资料的代表性？

8-2 计算设计年径流量的目的是什么？

8-3 具有长期实测资料时，如何利用设计代表年法进行设计年径流及其年内分配计算？

8-4 推求设计年径流的年内分配时，应遵循哪些原则选取代表年？

8-5 延展年径流系列时，参证变量的选取应符合哪些条件？

8-6 飞口水利枢纽位于清河中游，其位置如图 8-4 所示。流域控制面积为 $10100km^2$，其主要任务为发电。已知飞口站与青口站径流资料相关关系较好。试根据表 8-5～表 8-7 所给资料推求飞口站设计频率为 95%时的年径流量。与本流域上下游站和流域资料比较，分析成果的合理性。从所给表中选择一个典型年，计算设计年径流的年内分配。

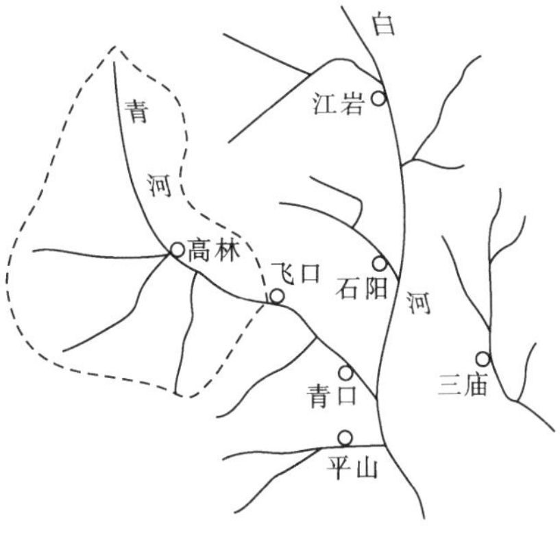

图 8-4

表 9-1　　水利水电工程分等指标

工程等别	工程规模	水库总库容/($\times10^8 m^3$)	防洪		治涝	灌溉	供水	发电
			保护城镇及工矿企业的重要性	保护农田/($\times10^4$ 亩)	治涝面积/($\times10^4$ 亩)	灌溉面积/($\times10^4$ 亩)	供水对象重要性	装机容量/($\times10^4$kW)
Ⅰ	大（1）型	≥10	特别重要	≥500	≥200	≥150	特别重要	≥120
Ⅱ	大（2）型	10～1.0	重要	500～100	200～60	150～50	重要	12～30
Ⅲ	中型	1.0～0.10	中等	100～30	60～15	50～5	中等	30～5
Ⅳ	小（1）型	0.10～0.01	一般	30～5	15～3	5～0.5	一般	5～1
Ⅴ	小（2）型	0.01～0.001		<5	<3	<0.5		<1

注　1. 水库总库容指水库最高水位以下的静库容。
　　2. 治涝面积和灌溉面积均指设计面积。

表 9-2　　永久性水工建筑物级别

工程等别	主要建筑物	次要建筑物	工程等别	主要建筑物	次要建筑物
Ⅰ	1	3	Ⅳ	4	5
Ⅱ	2	3	Ⅴ	5	6
Ⅲ	3	4			

表 9-3　　山区、丘陵区水利水电工程永久性水工建筑物的洪水标准［重现期（年）］

项目		水工建筑物级别				
		1	2	3	4	5
设计		1000～500	500～100	100～50	50～30	30～20
校核	土石坝	可能最大洪水（PMF）或10000～5000	5000～2000	2000～1000	1000～300	300～200
	混凝土坝、灌浆石坝	5000～2000	2000～1000	1000～500	500～200	200～100

表 9-4　　平原区水利水电工程永久性水工建筑物的洪水标准［重现期（年）］

项目		水工建筑物级别				
		1	2	3	4	5
水库工程	设计	300～100	100～50	50～20	20～10	10
	校核	2000～1000	1000～300	300～100	100～50	50～20
拦河水闸	设计	100～50	50～30	30～20	20～10	10
	校核	300～200	200～100	100～50	50～30	30～20

水利水电工程设计所采用的各种标准的设计洪水，包括洪峰流量、时段洪量、洪水过程线三要素。推求设计洪水的方法有两种类型，即由流量资料推求设计洪水和由暴雨资料推求设计洪水。当必须采用可能最大洪水（PMF）作为非常运用洪水标准时，则由水文

气象资料推求可能最大暴雨，然后计算可能最大洪水。

本部分主要介绍由流量资料推求设计洪水的方法。

第二节 设计洪峰流量及设计洪量的推求

一、选样

河流上每年有多次洪水，因而每年就有许多个洪峰及洪量，那么应选择哪些洪峰值或洪量值来组成频率计算的样本系列呢?

对于洪峰流量，目前常采用年最大值法选样，即每年只选取最大的一个瞬时洪峰流量，若有 n 年资料，就选出 n 个最大洪峰流量，组成洪峰流量的样本。

对于洪量，采用固定时段独立选取年最大值法选样。确定统计时段时，习惯上常取时段长度为 1d、3d、5d、7d、10d、15d、30d 等。就具体的工程而言，可根据洪水特性和工程设计要求，选定 2～3 个计算时段即可。若有 n 年资料，各不同时段分别选出 n 个最大洪水量，组成不同时段的洪量样本系列。同一年内所选取的固定时段洪量，可能是发生在同一次洪水中，也可能不发生在同一次洪水中，关键是选取最大值。图 9-2 所示的最大 1d 洪量和最大 3d、5d 洪量就不属于同一次洪水。

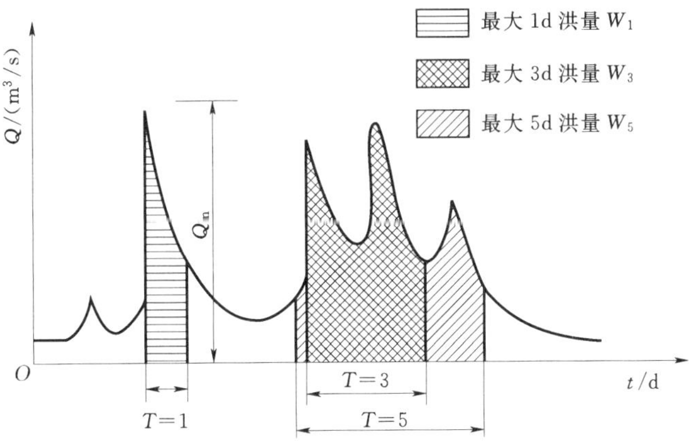

图 9-2

二、资料审查

在使用洪水资料前，必须对原始资料的可靠性、一致性、代表性进行审查。

洪水资料包括实测洪水资料和历史洪水调查考证资料。对实测资料的审查重点应放在资料观测和整编质量较差的年份，以及对设计洪水计算成果影响较大的大洪水年份。对调查洪水的审查，应重点论证洪峰流量、洪水总量的数值和重现期的可靠性，并要注意不要遗漏考证期内的大洪水。

洪水系列的一致性审查，是要分析洪水形成的条件是否相同。当流域内因修建蓄水、引水、提水、分洪、滞洪等工程，大洪水发生时堤防溃决、溃坝等，明显改变了洪水过程，影响了洪水系列的一致性；或因河道整治、水尺零点高程系统变动影响水（潮）位系列一致性时，应将系列统一到同一基础。

洪水资料的代表性反映样本系列能否代表总体分布。但洪水的总体又难以获得，一般认为，资料年限越长，并能包括大、中、小等各种洪水年份，则代表性较好。

三、特大洪水的处理

所谓特大洪水，是指比系列中的一般洪水大得多的稀遇洪水，特大洪水可能出现在实测资料系列，也可能是经实地调查或文献考证而获得的。

我国河流的实测流量资料一般都不长，根据现有的短期流量资料推求百年一遇、千年一遇等稀遇洪水，难免会有较大的抽样误差。往往出现一次新的大洪水以后，重新计算的设计洪水就会发生很大的变动，使成果极不稳定。

例如，河北某河流在1955年进行规划时，根据当时20年洪峰流量系列资料推得千年一遇洪峰流量 $Q_m=7500m^3/s$，而在1956年发生一次特大洪水，实测洪峰流量达 $13100m^3/s$。将此洪水加入系列按 $n=21$ 年重新进行频率计算，推得千年一遇洪峰流量 $Q_m=25900m^3/s$，两者相差非常大。后经深入进行实地调查和文献考证后，取得若干个可靠的历史大洪水的流量数值和稀遇程度的资料。若将1794年、1853年、1917年和1939年该地区发生的历史洪水，连同1956年的实测洪水一起组成样本系列，进行特大值处理后，求得千年一遇洪峰流量 $Q_m=22600m^3/s$。1963年该河又发生了实测洪峰流量为 $12000m^3/s$ 的大洪水，将此洪峰流量加入到系列后，得千年一遇的洪峰流量 $Q_m=23300m^3/s$。由此可见，在洪水频率计算中，应用历史洪水资料可以显著地提高资料的代表性。

特大洪水和实测洪水加在一起可以组成一个洪水系列（样本），但如何确定各次特大洪水和一般实测洪水的频率，进而进行频率计算是问题的关键。

洪水系列（洪峰或洪量）有两种情况：一是系列中没有特大洪水，在进行频率计算时，各项数值直接按大小顺序统一排位，各项之间没有空位，由大到小排列是连序的，这样的样本就称为连序系列，如图9-3（a）所示；二是系列中有特大洪水，特大洪水与其他各项洪水之间存在一些空位，由大到小是不连序的，这样的样本称为不连序系列，如图9-3（b）所示。需要注意的是，这里所谓的“连序”与“不连序”并非指日历年的连序与不连序，两者差别在于系列内各项洪峰或洪量值由大到小排列的中间有无空位。

连序系列的经验频率计算公式较为简单，在学习情境七“频率计算”部分已经讲述。这里主要介绍不连序系列的经验频率计算方法。

不连续系列的经验频率计算，有两种不同的计算方法。

（1）把实测系列和特大值系列都看作是从总体中独立抽出的两个随机连序样本，各项洪水可分别在各自系列中排序，实测系列的经验频率仍按连序系列的经验频率计算：

$$P_m=\frac{m}{n+1}$$

式中　P_m——实测系列第 m 项的经验频率；

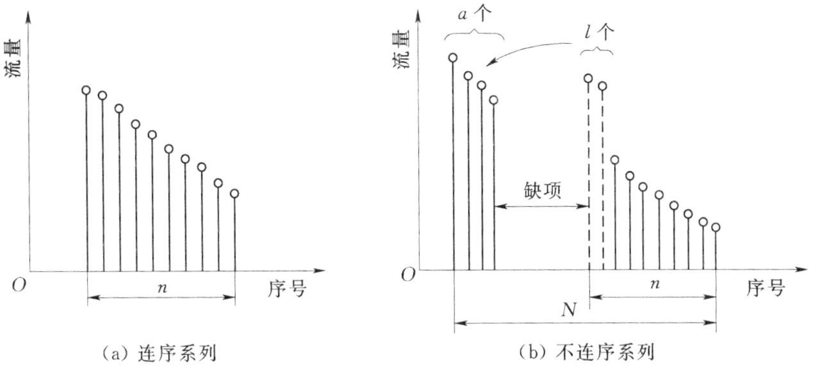

图 9－3

m——实测系列由大到小排列的序号；

n——实测系列的年数。

特大洪水系列的经验频率计算公式为

$$P_M=\frac{M}{N+1}$$

式中　P_M——特大洪水第 M 序号的经验频率；

M——特大洪水由大到小排列的序号；

N——自最远的调查考证年份至今的年数。

需要注意的是，当实测系列内含有特大洪水时，此特大洪水中也应在实测系列中占序号。例如实测资料为 100 年，其中有 3 个特大洪水，则一般洪水最大项排序应为第四位，其经验频率为

$$P_4=\frac{4}{100+1}$$

（2）把实测系列和特大值系列共同组成一个不连续系列，作为代表总体的一个样本，不连续系列各项在调查考证期 N 年内统一排位。

假设在调查考证期 N 年中有特大洪水 a 个，其中 l 个发生在 n 年实测系列之内，这类不连序洪水系列中各项洪水的经验频率可采用下列数学期望公式计算。

a 个特大洪水的经验频率为

$$P_M=\frac{M}{N+1}\quad (M=1,2,\cdots,a)$$

式中　N——历史洪水调查考证期；

a——特大洪水个数；

M——特大洪水序位；

P_M——第 M 项特大洪水的经验频率。

$n-l$ 个连序洪水的经验频率为

$$P_m=\frac{a}{N+1}+\left(1-\frac{a}{N+1}\right)\frac{m-l}{n-l+1}\quad (m=l+1,\cdots,n)$$

式中 l——从 n 项连序系列中抽出的特大洪水个数。

四、洪水频率计算

洪水频率计算时，频率曲线的线型应采用P-Ⅲ型。对特殊情况，经分析论证后也可采用其他线型。采用P-Ⅲ型频率曲线进行分析时，与频率计算部分的方法类似，也采用适线法。首先采用矩法或其他参数估计法，初步估算统计参数；再根据经验频率点据和选定的频率曲线线型，通过调整统计参数使曲线与经验频率点据拟合得最好，此时的参数即为所求的曲线线型的参数。

在用矩法初估参数时，对于不连续系列，假定 $n-l$ 年系列的均值和均方差与除去特大洪水后的 $N-a$ 年系列的相等，即 $\overline{Q}_{N-a}=\overline{Q}_{n-l}$，$\sigma_{N-a}=\sigma_{n-l}$，则统计参数的计算公式为

$$\overline{Q}=\frac{1}{N}\left[\sum_{j=1}^{a}Q_j+\frac{N-a}{n-l}\sum_{i=l+1}^{n}Q_i\right]$$

$$C_v=\frac{1}{\overline{Q}}\sqrt{\frac{1}{N-1}\left[\sum_{j=1}^{a}(Q_j-\overline{Q})^2+\frac{N-a}{n-l}\sum_{i=l+1}^{n}(Q_i-\overline{Q})^2\right]}$$

$$=\sqrt{\frac{1}{N-1}\left[\sum_{j=1}^{a}(K_j-1)^2+\frac{N-a}{n-l}\sum_{i=l+1}^{n}(K_i-1)^2\right]}$$

式中 Q_j——特大洪水，$j=1，2，\cdots，a$；

Q_i——一般洪水，$i=l+1，l+2，\cdots，n$；

K_j——特大洪水模比系数；

K_i——一般洪水模比系数。

由矩法计算的偏态系数 C_s 值，与目估配线的成果相差较大，故一般不用矩法计算，而是参考附近地区资料选定一个 C_s/C_v 值。对于 $C_v<0.5$ 的地区，可试用 $C_s/C_v=3\sim4$ 进行配线；对于 $0.5<C_v<1.0$ 的地区，可试用 $C_s/C_v=2.5\sim3.5$ 进行配线；对于 $C_v>1.0$ 的地区，可试用 $C_s/C_v=2\sim3$ 进行配线。

以下通过一个实例说明洪水频率计算的具体步骤。

【例题9-1】 某坝址断面处水文站有1949—1978年共30年的洪峰流量资料。1979年进行大坝设计时，经调查考证获得两次历史洪水资料，分别为：1788年的洪峰流量 $Q_m=9200m^3/s$，是1788年以来的最大值；1909年的洪峰流量 $Q_m=6710m^3/s$，是1909年以来的第2位。实测系列中的1954年为1909年以来的第1位，洪峰流量 $Q_m=7400m^3/s$；1788—1909年的其他洪水情况未能查清。根据以上资料推求千年一遇的设计洪峰流量。

解：（1）计算经验频率。从1909年到大坝设计时的1979年，调查考证期 $N_1=70$ 年中，已查清没有遗漏比1954年更大的洪水，故1954的洪峰流量 $Q_m=7400m^3/s$、1909年的洪峰流量 $Q_m=6710m^3/s$ 可分别排为70年中的第1、2位。因在1788—1909年其他洪水情况未能查清，1788年为调查考证期 $N_2=191$ 年中的第1位，而1909年以来的洪水不

能提出来放在191年中一起排位。根据以上分析，由分别处理法计算各年洪峰流量的经验频率，见表9－5。

表9－5　　洪峰流量经验频率计算表

按时间次序排列		按大小排列		$N_2=191$		$N_1=70$		$n=30$	
年份	流量/(m^3/s)	年份	流量/(m^3/s)	序号	频率/%	序号	频率/%	序号	频率/%
1788	9200	1788	9200	1	0.52				
1909	6710	1954	7400			1	1.4		
1954	7400	1909	6710			2	2.8		
1949	3128	1954	7400						(已抽出)
1950	1190	1955	4230					2	6.4
1951	4190	1951	4190					3	9.6
1952	3860	1953	4030					4	12.9
1953	4030	1952	3860					5	16.1
…	…	…	…					…	…
1974	2000	1977	1540					26	83.9
1975	2720	1972	1490					27	87.1
1976	2350	1978	1360					28	90.3
1977	1540	1966	1240					29	93.4
1978	1360	1950	1190					30	96.8

（2）初估统计参数。分别用以下两个公式初步估计均值$\overline{Q}$和变差系数C_v值：

$$\overline{Q}=\frac{1}{N}\left(\sum_{j=1}^{a}Q_j+\frac{N-a}{n-l}\sum_{i=l+1}^{n}Q_i\right)$$

$$C_v=\frac{1}{\overline{Q}}\sqrt{\frac{1}{N-1}\left[\sum_{j=1}^{a}(Q_j-\overline{Q})^2+\frac{N-a}{n-l}\sum_{i=l+1}^{n}(Q_i-\overline{Q})^2\right]}$$

$$=\sqrt{\frac{1}{N-1}\left[\sum_{j=1}^{a}(K_j-1)^2+\frac{N-a}{n-l}\sum_{i=l+1}^{n}(K_i-1)^2\right]}$$

经计算得：$\overline{Q}=2835m^3/s$，$C_v=0.497$。

（3）配线并推求设计值。取$\overline{Q}=2840m^3/s$，$C_v=0.5$，$C_s=3.5C_v$，理论曲线与经验曲线配合较好，如图9－4所示。由理论曲线查得千年一遇的设计洪峰流量为$10735m^3/s$。

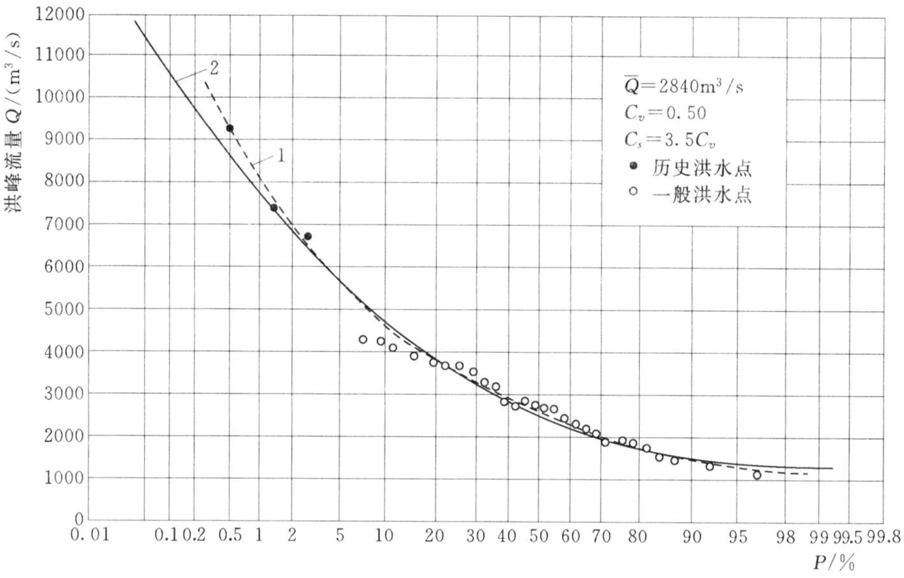

图 9-4

1—经验频率曲线；2—P-Ⅲ型曲线

第三节　设计洪水过程线的推求

通过洪水频率计算可以求得某一设计标准（设计频率）的洪峰和时段洪量，但是规划设计中还常需要一条完整的洪水过程线，即设计洪水过程线，作为确定水工建筑物规模和尺寸的依据。目前，还没有完善的方法来推求指定频率的洪水过程线。一般是将典型洪水过程线加以放大，使放大后过程线中的某些要素（洪峰、时段洪量）等于相应的设计值，则可认为这样的过程线就是设计洪水过程线。

一、典型洪水过程线的选择

典型洪水过程线是从实测洪水资料中选取，是用以推求设计洪水过程线的基础，分析计算中应选择能反映洪水特性、对工程防洪运用较不利的大洪水作为典型，且应遵循以下原则：

（1）选择峰高量大的实测洪水过程线作为典型洪水过程线。因为这种洪水的特征值接近设计值，放大后变形小，与真实情况更加接近。

（2）典型洪水过程应具有一定的代表性。也就是说，选择的典型洪水的发生季节、地区组成、峰形特征、洪水历时、峰量关系等能反映本流域大洪水的一般特性。

（3）选择对工程安全较不利的实测洪水作为典型洪水。一般选择峰形比较集中，并且主峰靠后的过程线作为典型，因为这种情况求得的防洪库容往往较大。

实际操作中，符合上述原则的实测洪水可能有多个，这时可选出几个典型，分别进行放大，求得几条设计洪水过程线，以备调洪计算时选用。

二、典型洪水过程线的放大

目前，我国普遍采用同倍比放大法和同频率放大法对典型洪水过程线进行放大。

（一）同倍比放大法

将典型洪水过程线上各个时刻的流量都按同一个倍比值进行放大，来推求设计洪水过程线的方法称为同倍比放大法。同倍比放大法适用于防洪主要是由峰或时段洪量控制的工程。

当某时段洪量起决定性作用时，可将典型洪水过程线按洪量的放大倍比 K_{wt} 放大，使放大后的洪量等于设计洪量，称为按量放大。放大倍比 K_{wt} 由下式求出：

$$K_{wt}=\frac{W_{t\mathrm{P}}}{W_{t\mathrm{D}}}$$

式中　K_{wt}——按量放大的放大系数；

$W_{t\mathrm{P}}$——控制时段 t 的设计洪量；

$W_{t\mathrm{D}}$——典型洪水过程线在控制时段 t 的最大洪量。

当洪峰起决定性作用时，则将典型洪水过程线按洪峰的放大倍比 K_Q 放大，并使放大后的洪峰等于设计洪峰，称为按峰放大。放大倍比 K_Q 由下式求出：

$$K_Q=\frac{Q_{\mathrm{mP}}}{Q_{\mathrm{mD}}}$$

式中　K_Q——以峰控制的放大系数；

Q_{mP}——设计洪峰流量；

Q_{mD}——典型洪水过程的洪峰流量。

同倍比放大法比较简单，计算工作量小，但往往难以使峰、量同时符合设计标准，而且按量放大和按峰放大所得到的过程线也是不一样的。为克服此矛盾，目前大、中型水库设计洪水多采用同频率放大法。

（二）同频率放大法

将典型洪水过程线的峰和量，按几个不同的放大倍比值进行放大，使放大后的过程线的洪峰及各种历时的洪量分别等于设计洪峰和设计洪量。也就是说，放大后的过程线，其洪峰流量和各种历时的洪水总量都符合同一设计频率。这种方法称为同频率放大法。

当选定控制时段为 1d、3d、7d、15d 时，各种放大倍比值可按下式推求。

洪峰流量放大比 K_Q：$K_Q=\dfrac{Q_{\mathrm{mP}}}{Q_{\mathrm{mD}}}$

最大 1d 的洪量放大比 K_{W1}：$K_{W1}=\dfrac{W_{1\mathrm{P}}}{W_{1\mathrm{D}}}$

最大 3d 的洪量，3d 之内、1d 之外的洪量放大比 K_{W3-1}：$K_{W3-1}=\dfrac{W_{3\mathrm{P}}-W_{1\mathrm{P}}}{W_{3\mathrm{D}}-W_{1\mathrm{D}}}$

最大 7d 的洪量，7d 之内、3d 之外的洪量放大比 K_{W7-3}：$K_{W7-3}=\dfrac{W_{7\mathrm{P}}-W_{3\mathrm{P}}}{W_{7\mathrm{D}}-W_{3\mathrm{D}}}$

最大 15d 的洪量，15d 之内、7d 之外的洪量放大比 K_{W15-7}：$K_{W15-7}=\dfrac{W_{15\mathrm{P}}-W_{7\mathrm{P}}}{W_{15\mathrm{D}}-W_{7\mathrm{D}}}$

式中　Q_{mP}、W_{1P}、W_{3P}、W_{7P}、W_{15P}——设计洪峰流量和 1d、3d、7d、15d 设计洪量；

Q_{mD}、W_{1D}、W_{3D}、W_{7D}、W_{15D}——典型洪水洪峰流量和 1d、3d、7d、15d 洪量。

需要说明的是，最大 1d 洪量包括在最大 3d 洪量中，最大 3d 洪量包括在最大 7d 洪量中，最大 7d 洪量包括在最大 15d 洪量中。这样处理后得出的洪水过程线的洪峰和不同时段洪量都恰好等于设计值。时段划分视过程线的长度而定，但不宜太多，一般以 2～3 个为宜。在放大典型洪水过程中，由于在两种天数衔接的地方放大倍比不一样，因而在放大后的时段分界处出现不连续的突变现象，此时可以徒手修匀，使其成为光滑曲线，并要保持洪峰和各时段洪量等于设计值。

【例题 9-2】 已求得某站千年一遇洪峰流量和 1d、3d、7d 洪量分别为：$Q_{mP}=10245m^3/s$，$W_{1P}=114000(m^3/s)\cdot h$，$W_{3P}=226800(m^3/s)\cdot h$，$W_{7P}=348720(m^3/s)\cdot h$，现选得典型洪水过程线见表 9-6。试按同频率放大法计算千年一遇设计洪水过程线。

表 9-6　　　　**典型设计洪水过程线**

月　日　时	典型洪水 Q /(m^3/s)	月　日　时	典型洪水 Q /(m^3/s)
8　4　8	268	8　7　8	1070
20	375	20	885
5　8	510	8　8	727
20	915	20	576
6　2	1780	9　8	411
8	4900	20	365
14	3150	10　8	312
20	2583	20	236
8　7　2	1860	11　8	230

解： 从表 9-6 可以看出，典型洪水洪峰 $Q_{mD}=4900m^3/s$

1d 洪量：8 月 6 日 2 时至 8 月 7 日 2 时 $W_{1D}=74718(m^3/s)\cdot h$

3d 洪量：8 月 5 日 8 时至 8 月 8 日 8 时 $W_{3D}=121545(m^3/s)\cdot h$

7d 洪量：4 日 8 时至 11 日 8 时 $W_{7D}=159255(m^3/s)\cdot h$

洪峰的放大倍比：$K_Q=\dfrac{Q_{mP}}{Q_{mD}}=\dfrac{10245}{4900}=2.09$

最大 1d 洪量的放大倍比：$K_{W1}=\dfrac{W_{1P}}{W_{1D}}=\dfrac{114000}{74718}=1.53$

最大 3d 的洪量，3d 之内、1d 之外的洪量放大倍比：

$$K_{W3-1}=\frac{W_{3P}-W_{1P}}{W_{3D}-W_{1D}}=\frac{226800-114000}{121545-74718}=2.41$$

最大 7d 的洪量，7d 之内、3d 之外的洪量放大倍比：

$$K_{W7-3}=\frac{W_{7P}-W_{3P}}{W_{7D}-W_{3D}}=\frac{348720-226800}{159255-121545}=3.23$$

典型洪水洪峰流量及各时段洪量的放大倍比列于表9－7（3）栏中，将（2）栏中的典型洪水与相应的放大倍比相乘即为对应的设计洪水，列在（4）栏中，但在各时段分界点处出现了突变现象，根据要求将设计洪水过程线修匀后，得到修匀后的设计洪水过程线，列于（5）栏中。

表9－7　同频率放大法设计洪水过程线计算表

月　日　时	典型洪水 $Q/(m^3/s)$	放大倍比	设计洪水过程线 $Q_P/(m^3/s)$	修匀后的设计洪水过程线 $Q_P/(m^3/s)$
(1)	(2)	(3)	(4)	(5)
8　4　8	268	2.23	866	866
20	375	3.23	1211	1211
5　8	510	3.23/2.41	1647/1229	1440
20	915	2.41	2205	2205
6　2	1780	2.41/1.53	4290/2723	3510
8	4900	2.09/1.53	10245/7497	10245
14	3150	1.53	4820	4820
20	2583	1.53	3952	3952
8　7　2	1860	1.53/2.41	2846/4483	3660
8　7　8	1070	2.41	2579	2579
20	885	2.41	2133	2133
8　8	727	2.41/3.23	1752/2348	2050
20	576	3.23	1860	1860
9　8	411	3.23	1328	1328
20	365	3.23	1179	1179
10　8	312	3.23	1008	1008
20	236	3.23	762	762
11　8	230	3.23	743	743

知识应用——北京市《水利专业基础与实务（中级）》考试

本章内容在北京市《水利专业基础与实务（中级）》考试大纲中的体现如下：

（1）掌握洪水与设计洪水的概念、洪水要素及洪水危害性。

（2）掌握《防洪标准》（GB 50201—2014）中有关水利水电工程的内容（如工程级别、建筑物级别、水库规模等）。

（3）了解设计洪水的主要内容、主要方法和步骤。

知识与技能训练

9-1　设计洪水三要素包括哪些?

9-2　为什么要对特大洪水进行处理?如何处理?

9-3　典型洪水过程线的放大有哪些方法?它们各自的优缺点和适用条件如何?

9-4　已知某水库坝址断面有32年洪水实测资料，历年洪峰流量见表9-8。根据洪水调查得知1910年和1924年曾发生过特大洪水，推算洪峰流量为$8150m^3/s$和$6990m^3/s$。试推求200年一遇的洪峰流量。

表9-8　实测洪峰流量

年份	流量 Q /(m^3/s)	年份	流量 Q /(m^3/s)	年份	流量 Q /(m^3/s)	年份	流量 Q /(m^3/s)
1952	1722	1960	860	1968	1460	1976	1560
1953	1560	1961	1540	1969	1700	1977	2670
1954	3440	1962	2540	1970	2460	1978	480
1955	310	1963	3200	1971	1980	1979	2450
1956	2210	1964	1880	1972	2650	1980	2970
1957	1860	1965	2350	1973	900	1981	2300
1958	2200	1966	650	1974	1200	1982	1600
1959	5350	1967	1340	1975	890	1983	1100

9-5　已求得某站百年一遇洪峰流量和1d、3d、7d洪量分别为：$Q_{mP}=2680m^3/s$、$W_{1P}=1.2$亿m^3、$W_{3P}=1.97$亿m^3、$W_{7P}=2.55$亿m^3。选得典型洪水过程线，并计算得典型洪水洪峰和各历时洪量分别为：$Q_{mD}=2180m^3/s$、$W_{1D}=1.06$亿m^3、$W_{3D}=1.48$亿m^3、$W_{7D}=1.91$亿m^3。试按同频率放大法计算放大倍比。

第十章 由暴雨资料推求设计洪水

【学习目标】

通过本章的学习，要掌握由面雨量和点雨量计算设计面暴雨量的方法，能够对设计暴雨进行时程分配；能够推求设计净雨，并推求设计洪水过程。

当设计流域实测流量资料不足，或流量资料系列的一致性遭到破坏，无法利用实测流量资料推求设计洪水时，可利用暴雨资料推求设计洪水。由暴雨资料推求设计洪水是以径流形成的产汇流理论为基础，假定设计洪水是由同频率的暴雨所形成。由暴雨资料推求设计洪水的计算过程分为设计暴雨的推求、设计净雨的推求和设计洪水过程线的推求三个步骤。

第一节 设计暴雨的推求

设计暴雨的推求包括推求符合给定设计标准的暴雨量及其在时间上的分配过程。推求设计洪水所需要的设计暴雨量是指设计断面以上流域的设计面暴雨。根据当地雨量资料条件，设计面暴雨量的分析计算方法可分为直接法和间接法两种。直接法是由面雨量系列资料直接进行频率计算，来推求设计面暴雨量，适用于雨量资料充分的流域；间接法是通过降雨的点面关系，由设计点雨量间接推求设计面暴雨量，适用于雨量资料短缺的中小流域。

一、由面雨量资料直接计算设计面暴雨量

（一）面暴雨量的选样

当设计流域及附近雨量站网较密，观测系列又较长，能求出一个长期的年最大流域平均雨量（面雨量）资料系列时，可直接选取每年中各种时段的年最大面雨量，组成不同时段的样本系列，分别作频率分析，以推求不同时段的设计面雨量。

为保证频率计算成果的精度，应对暴雨资料的可靠性、代表性和一致性进行审查，尽量插补展延面暴雨资料系列，并对特大暴雨进行有效处理。

暴雨量的选样方法一般采用固定时段最大值独立选样法，是在搜集流域内和附近雨量站的资料并进行分析审查的基础上，先根据当地雨量站的分布情况，确定推求流域平均雨量（面雨量）的计算方法（如算术平均法、泰森多边形法或等雨量线法等），计算每年各次大暴雨的逐日面雨量；然后选定不同的统计时段，按独立选样的原则，统计逐年不同时段的年最大面雨量。

关于暴雨统计时段的选定，对于大、中流域而言，我国一般采用 1d、3d、7d、15d、

30d，其中1d、3d、7d暴雨是一次暴雨的核心部分，是直接形成所求的设计洪水部分，而统计更长时段的雨量是为了分析暴雨核心部分起始时刻流域的蓄水状况。

（二）特大暴雨的处理

暴雨资料系列的代表性与系列中是否包含特大暴雨有直接关系，若在短期资料系列中，一旦出现一次罕见的特大暴雨，就可以使原频率计算成果完全改观。特大暴雨处理的关键是确定其重现期。特大暴雨的重现期可根据该次暴雨的雨情、水情和灾情以及邻近地区的长系列暴雨资料分析确定。当设计流域或涝区缺乏大暴雨资料，而邻近地区已出现大暴雨时，可移用邻近地区的暴雨资料加入设计流域或涝区暴雨系列进行频率分析。但对移用的可行性及重现期应进行分析，并注意地区差别，做必要的改正。

（三）频率计算及合理性分析

面暴雨量频率计算一般也采用适线法，其经验频率公式采用期望值公式，线型采用P-Ⅲ型曲线。根据我国暴雨特性及实践经验，我国暴雨的 C_s 与 C_v 的比值，一般地区为3.5左右；$C_v>0.6$ 的地区，其比值约为3；$C_v<0.45$ 的地区，其比值约为4。

频率计算后，应对设计暴雨的统计参数及设计值进行地区综合分析和合理性检查。

（1）暴雨均值随着历时的增加而增加。变差系数 C_v 值随历时的变化可概化为单峰菱形曲线；当历时较短时，C_v 较小，随着历时的增加，C_v 亦增加；当历时增加到一定程度后，C_v 出现最大值后，随着历时的增加，C_v 又逐渐减小。

（2）应结合气候、地形条件将本流域的分析成果与邻近地区的统计参数进行比较，做地区上的协调。

（3）各种历时的设计暴雨量应与邻近地区的特大暴雨实测记录相比较，以检查设计值是否安全可靠。

二、由点雨量资料间接计算设计面暴雨量

当流域面积较小、直接进行面暴雨频率分析的资料统计有困难时，可用相应历时的设计点雨量和点面关系间接计算设计面雨量。

（一）设计点暴雨量的计算

推求设计点暴雨量时，此点最好在流域的形心处。如果在流域形心或附近有一观测资料系列较长的雨量站，则可用该站的暴雨资料直接进行频率计算求得设计点暴雨量。实际上，往往有长系列资料的测站并不一定在流域形心或附近，此时可先求出流域内各测站的设计点暴雨量，并绘制设计暴雨等值线图，然后通过地理插值推求流域中心站的设计点暴雨量。当流域内缺乏具有较长雨量资料的代表站时，设计点暴雨量的推求可利用暴雨等值线图或参数的分区综合成果进行分析。

（二）设计面暴雨量的计算

设计面暴雨量 H_A 可用设计点暴雨量 H_0 和点面换算系数 α_A 求出，即

$$H_A=\alpha_A H_0$$

暴雨的点面关系通常有两种：定点定面关系和动点动面关系。

1. 定点定面关系

定点定面关系是采用流域所在地区雨量资料分布的固定地点雨量和固定流域面雨量的

综合关系。通常用流域中心或流域内某一雨量站作为定点，以设计流域面积作为定面，计算某历时次暴雨的点暴雨量及相应的流域平均暴雨量，建立点暴雨量与面暴雨量的相关关系。点面关系图以流域面积为横坐标，以面暴雨量与相应的点暴雨量之比值，即点面换算系数为纵坐标。

2. 动点动面关系

如分析设计流域所在地区综合定点定面关系的资料尚不具备，也可借用动点动面关系推求设计面暴雨量。动点动面关系根据某一历时的暴雨图分析计算求得。即以暴雨图上暴雨中心的点雨量与其四周等雨量线围成的面积的平均雨量建立点面关系。关系图的绘制与定点定面关系图相同。但横坐标已不是流域面积，而是各等雨量线所包围的面积。

当流域面积很小时，可用设计点暴雨量作为流域设计面暴雨量。

三、设计暴雨的时程分配

在求出各种时段指定频率的设计面雨量后，可在设计流域内选择一次实测大暴雨过程作为典型，再利用同倍比法或同频率法放大典型暴雨过程，即可得到设计暴雨的时程分配。当设计流域内无实测资料时，可借用邻近暴雨特性相似流域的典型暴雨过程，或引用各省（自治区）暴雨洪水图集中按地区综合概化成的典型概化雨型（一般以百分比表示）来推求设计暴雨的时程分配。

关于典型暴雨的选择，应遵循以下原则：

（1）所选典型暴雨的雨量与设计暴雨量相近。

（2）所选典型暴雨的分配过程应为本流域设计条件下比较容易发生的，即所选的典型暴雨的雨峰个数、主雨峰位置和实际降雨时数（或天数）是大暴雨中较常见的情况。

（3）所选典型暴雨的分配过程是对工程不利的，即所选的典型暴雨的雨量集中、主雨峰比较靠后，这样的降雨分配所形成的洪水其洪峰较大且出现较迟，对水利工程的安全不利。

【例题 10-1】 已知某流域具有充分的雨量资料，经面暴雨量频率计算分析，得各时段 $P=1\%$ 的设计雨量分别为 $H_{6h}=64mm$、$H_{24h}=106mm$、$H_{72h}=178mm$。试用同频率法求 $P=1\%$ 的设计暴雨过程。

解：（1）选择典型暴雨。对流域内实测大暴雨过程进行分析比较后，选定 2002 年 7 月的一次大暴雨作为典型暴雨，其暴雨过程见表 10-1。

表 10-1　　某流域典型暴雨过程

时段（6h）	1	2	3	4	5	6	7	8	9	10	11	12	合计
典型暴雨/mm	12.2	6.8	0.0	20.0	1.5	3.8	4.7	11.3	46.7	21.5	3.8	8.7	141.0

（2）统计各时段典型雨量。根据典型暴雨过程，经统计典型最大 6h、24h、72h 雨量及位置分别如下：

最大 6h 为第 9 时段，$H_{D,6h}=46.7mm$；

最大 24h 为第 7～10 时段，$H_{D,24h}=84.2mm$；

最大 72h 为第 1～12 时段，$H_{D,72h}=141.0mm$。

（3）计算各种历时的放大倍比。

$$K_1=\frac{64.0}{46.7}=1.37$$

$$K_{4-1}=\frac{106-64}{84.2-46.7}=1.12$$

$$K_{12-4}=\frac{178-106}{141.0-84.2}=1.27$$

（4）推求设计暴雨过程。将各放大倍比系数列于表 10-2 中与典型暴雨过程相对应的位置上，通过放大计算得设计暴雨过程。

表 10-2　　某流域设计暴雨过程计算结果

时段（6h）	1	2	3	4	5	6	7	8	9	10	11	12	合计
典型暴雨/mm	12.2	6.8	0.0	20.0	1.5	3.8	4.7	11.3	46.7	21.5	3.8	8.7	141.0
放大倍比	1.27	1.27	1.27	1.27	1.27	1.27	1.12	1.12	1.37	1.12	1.27	1.27	
设计暴雨/mm	15.5	8.6	0.0	25.4	1.9	4.8	5.3	12.7	64.0	24.1	4.8	11.0	178.1

第二节　设计净雨的推求

降雨经过截留、填洼、下渗等损失后，剩余的雨量称为净雨，在我国常将净雨量称为产流量。设计净雨的推求也就是设计条件下产流量的推求，是从设计暴雨中扣除损失量的计算过程，其常用的方法有降雨径流相关法和初损后损法。

一、降雨径流相关法

降雨径流相关法是用每场降雨过程流域的面平均雨量和相应的径流量，以及影响径流形成的主要因素建立起一种定量的关系曲线。一般以次降雨量 P 为纵坐标，以相应的径流深 R 为横坐标，以流域前期影响雨量 P_a 为参数，然后按点群分布的趋势和规律，定出一条以 P_a 为参数的等值线，常称为 $P-P_a-R$ 三变量相关图，如图 10-1 所示。

$P-P_a-R$ 三变量相关图具有以下两个特点：

（1）P 相同时，P_a 越大，损失越小，则 R 越大，故 P_a 等值线的数值自左向右逐渐增大。

（2）P_a 相同时，P 越大，损失相对于 P 越小，$P-R$ 线的坡度随 P 的增大而减缓，但不会小于 45°。

$P-P_a-R$ 三变量相关图做好后，就可以根据降雨过程和降雨开始时的 P_a，查算相应的净雨过程。如图 10-1 所示为某流域的 $P-P_a-R$ 三变量相关图，该流域上有一次降雨，其过程为 $P_1=70$mm、$P_2=62$mm，降雨开始时的 $P_a=40$mm。在 $P_a=40$mm 线上，由 $P_1=70$mm 查得本时段的径流深 $R_1=25$mm；由 $P_1+P_2=132$mm、$P_a=40$mm 查得 $R_1+R_2=68$mm，则第二时段的径流深 $R_2=68-25=43$mm。依此类推，可以计算多时段净雨量（径流深）。需要注意的是，如果降雨开始时的 P_a 值不在某一条等值线上，就需要用内插法查算净雨量。

当遇到降雨径流资料不多，建立 $P-P_a-R$ 三变量相关图时因点据较少，定线发生困难时，可绘制简化的三变量相关图，即以 $P+P_a$ 为纵坐标、径流深 R 为横坐标的 $P+P_a-R$ 相关图，如图 10-2 所示。

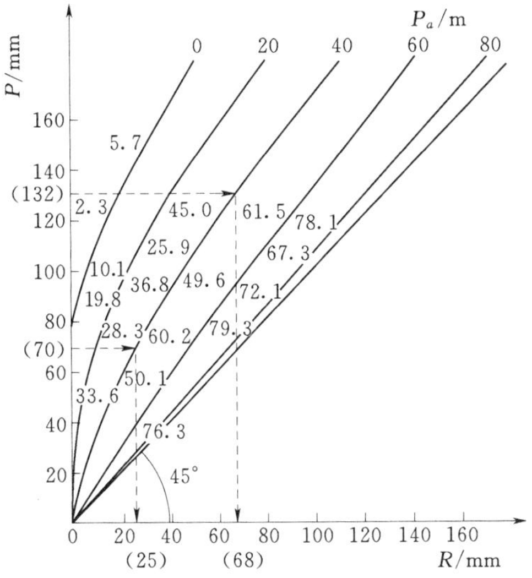

图 10-1

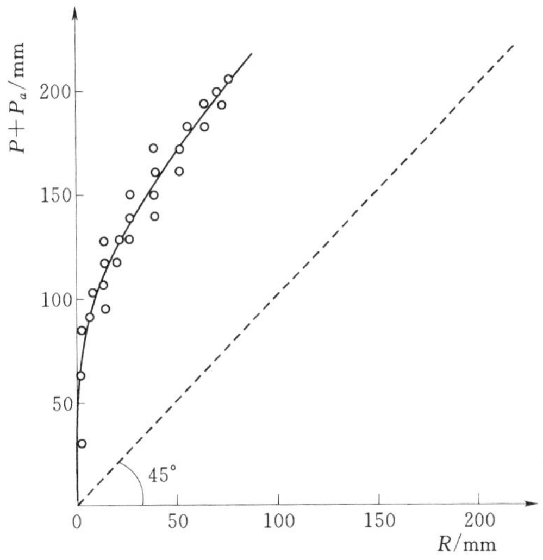

图 10-2

二、初损后损法

初损后损法适用于干旱、半干旱地区，或湿润地区的少雨季节，且包气带很厚的情况。初损后损法将一次降雨的下渗损失过程分为初损和后损两个阶段。

如图 10-3 所示，当降雨开始时，由于土壤相对较干燥，下渗强度 f_p 很大，如果雨强小于下渗强度（$i<f_p$），则降雨能够全部入渗，这个阶段称为初损阶段，此阶段的下渗量称为初损量 I_0，历时为 t_0。随着降雨继续，土壤含水量不断增加，下渗强度不断减小，当下渗强度小于雨强（$f_p<i$）时，下渗按下渗强度进行，$(i-f_p)$ 部分形成地表径流，此后的降雨期称为后损阶段；后损阶段的下渗强度越来越小，最后趋于稳定。

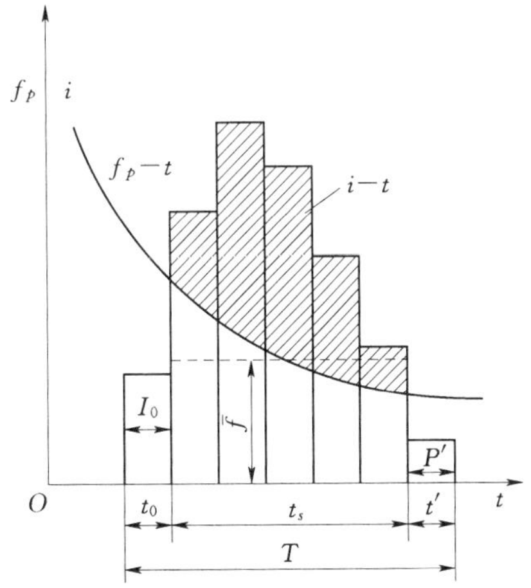

图 10-3

后损阶段的下渗损失可以用超渗历时 t_s 内的平均下渗能力 $\overline{f}$ 计算。当 $i>\overline{f}$ 时，按 $\overline{f}$ 下渗，净雨量为 $(i-\overline{f})\Delta t$；当 $i<\overline{f}$ 时，按 i 下渗，如图 10-3 所示中的 P'。根据水量平衡原理，一次降雨所形成的净雨深可按下式计算：

$$h_s=P-I_0-\overline{f}t_s-P'$$

式中　P——一次降雨量，mm；

h_s——P 所形成的地面净雨深（等于地面径流深），mm；

I_0——初损量，mm，包括植物截留、填洼及产流前下渗的水量；

t_s——后损阶段的超渗历时，h；

$\overline{f}$——平均后损率，mm/h；

P'——后损阶段非超渗雨量，mm。

由上式可以看出，当一个流域的 I_0 和 $\overline{f}$ 的变化规律为已知时，就可根据设计流域的具体情况确定相应 I_0 和 $\overline{f}$ 值，由此可进一步由降雨过程推求净雨过程。

【例题 10－2】 某流域一次降雨过程见表 10－3，并在该流域的初损 I_0 相关图和平均后期下渗能力 $\overline{f}$ 相关图上查得该次降雨的 I_0＝23.0mm，$\overline{f}$＝1.5mm/h，试求该次降雨的地面净雨过程。

表 10－3　　某流域一次降雨过程

时段（Δt＝6h）	1	2	3	4	5	6
雨量/mm	23.0	31.0	39.5	47.0	9.0	3.0

解： 流域第 1 时段的降雨量为 23.0mm，正好等于该流域的初损 I_0＝23.0mm，则初损量 23.0mm 全部在第 1 时段发生。

从第 2 时段开始，以 $\overline{f}$＝1.5mm/h 产生后期下渗，因各时段均为 6h，则各时段的后期下渗量均为 9.0mm。但到了第 6 时段时，因第 6 时段的降雨量仅为 3.0mm，则仅能下渗 3.0mm，所以第 2～5 时段的后期下渗量均为 9.0mm，第 6 时段的后期下渗量为 3.0mm。

将各时段的降雨量减去初损量和后期下渗量，即为产生的地面净雨。具体计算成果见表 10－4。

表 10－4　　净雨计算过程表

时段（Δt＝6h）	1	2	3	4	5	6
雨量/mm	23.0	31.0	39.5	47.0	9.0	3.0
初损/mm	23.0					
后期下渗/mm		9.0	9.0	9.0	9.0	3.0
地面净雨/mm	0.0	22.0	30.5	38.0	0.0	0.0

三、设计净雨的划分

一般情况下，降雨所产生的径流量包括地面径流和地下径流两部分。由于地面径流和地下径流的汇流特性不同，在推求洪水过程线时要分别处理。为此，需将求得的设计净雨划分为设计地面净雨和设计地下净雨两部分。

按蓄满产流方式，当流域降雨使包气带缺水得到满足后，全部降雨形成径流，其中按稳定入渗率 f_c 入渗的水量形成地下径流 h_g，降雨强度 i 超过 f_c 的那部分水量形成地面径流 h_s。设时段为 Δt，时段净雨为 h，则：

当 $i>f_c$ 时，以稳定渗率 f_c 入渗，所形成的径流量分别为

地下径流：$h_g = f_c \Delta t$

地面径流：$h_s = h - h_g = (i - f_c)\Delta t$

当 $i \leqslant f_c$ 时，降雨全部形成地下径流，即

地下径流：$h_g = h = i\Delta t$

地面径流：$h_s = 0$

从以上分析可以看出，只要知道稳定入渗率 f_c，就可以将设计净雨划分为地下径流 h_g 和地面径流 h_s。f_c 是流域土壤、地质、植被等因素的综合反映，如流域自然条件无显著变化，一般认为 f_c 是不变的。f_c 可通过实测雨洪资料分析求得，对于资料缺乏的中、小流域，可查阅各省（自治区）的《水文手册》（图集）中关于 f_c 的分析成果。

第三节　设计洪水过程推求

降雨经产流过程形成净雨后，经过坡地和河网汇流形成出口断面流量过程线的整个过程为流域汇流过程。设计洪水过程线的推求，就是设计净雨的汇流计算。其中地面净雨部分可通过单位线的汇流计算求得设计地面洪水过程线，设计地下洪水过程线可采用简化的方法求得。

一、单位线

单位线是指在特定的流域上，单位时段内分布均匀的一次单位地面净雨在流域出口断面所形成的地面径流过程线，如图 10-4 所示。单位净雨常取 10mm，单位时段 Δt 则根据流域洪水特性而定，一般取单位线涨洪历时 t_m 的 1/4 ～ 1/2，常取的时段有 1h、3h、6h、12h、24h 等。所取的时段不同，单位线也就不同。控制单位线形状的指标有单位线洪峰流量 q_m、涨洪历时 t_m 及单位线总历时 T，常称为单位线三要素。

单位线包围的面积 W 为径流量，如换算成径流深 R 应为 10mm，水文计算中可据此校核单位线，即

$$R = \frac{3.6\Delta t \sum q_i}{F}$$

式中　R——径流深，mm；

F——流域面积，km^2；

Δt——单位线时段长，h；

q_i——单位线的纵坐标，m^3/s。

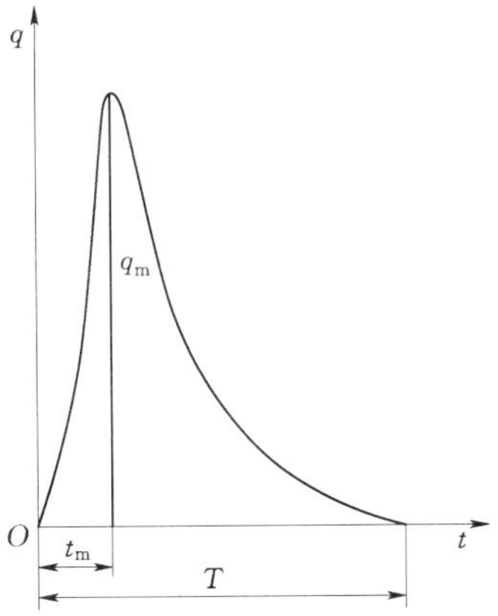

图 10-4

由于实际净雨不一定正好是一个单位深度（10mm），净雨历时也不一定正好等于所选取的单位时段，在利用单位线推求洪水过程中，必须寻求暴雨洪水与单位线间的关系以及相互转换的原理和方法。根据大量的资料分析，这种关系可概括如下。

（1）倍比假定：单位时段内 N 倍单位净雨量形成的地面径流量值是单位线的 N 倍，且总历时不变。

（2）叠加假定：时段净雨量所产生的出流过程互不干扰，出口断面的流量等于各单位时段净雨量所形成的流量之和。

当流域上有了单位线后，就可以利用单位线的倍比假定，先求出各时段净雨所产生的地面径流过程；再利用叠加假定将它们叠加起来，形成总的设计地面洪水过程；最后加上地下径流，即可得到设计洪水过程。

【例题 10－3】 某水文站以上流域面积为 $1521km^2$，其 200 年一遇的各时段设计净雨列于表 10－5 中（2）栏，该流域上 3h 10mm 的单位线列于（3）栏，已求得设计地下径流过程，列于（10）栏。试求该流域 200 年一遇的设计洪水。

解： 计算过程见表 10－5，该流域 200 年一遇的设计洪水成果列于（11）栏。

表 10－5　　某水文站 200 年一遇的设计洪水计算表

时间 /h	设计净雨 /mm	单位线 q /(m^3/s)	各时段净雨产生的地面径流/(m^3/s)					总地面径流 /(m^3/s)	设计地下径流 /(m^3/s)	设计洪水流量 /(m^3/s)
			5.7mm	30.6mm	23.1mm	12.0mm	3.4mm			
(1)	(2)	(3)	(4)	(5)	(6)	(7)	(8)	(9)	(10)	(11)
0		0	0					0	34	34
3	5.7	448	255	0				255	38	293
6	30.6	410	234	1371	0			1605	43	1648
9	23.1	259	148	1255	1035	0		2437	47	2484
12	12.0	148	84	793	947	538	0	2362	51	2413
15	3.4	79	45	453	598	492	152	1741	56	1797
18		40	23	242	342	311	139	1057	60	1117
21		18	10	122	182	178	88	581	64	645
24		6	3	55	92	95	50	296	68	364
27		0	0	18	42	48	27	135	73	208
30				0	14	22	14	49	77	126
33					0	7	6	13	81	94
36						0	2	2	86	88
39							0	0	90	90

二、瞬时单位线

（一）瞬时单位线的概念

瞬时单位线是指在无穷小时段内（$\Delta t \to 0$），流域上均匀分布的单位净雨在出口断面处形成的地面径流过程线，常用 $u(t)$ 或 $u(0,t)$ 表示。瞬时单位线集中反映了流域的汇流特性，可用数学方程式表示，便于分析，在流域汇流计算中具有重要意义。

J. E. Nash 设想流域的汇流作用可看作是由 n 个调蓄作用相同的串联水库来调节，且假定每一个水库的蓄泄关系为线性，如图 10－5 所示。那么，流域出口断面的流量过程便是流域净雨经过这些水库调蓄后的出流过程。根据这个设想，推导出瞬时单位线的数学方

程为

$$u(t)=\frac{1}{K\Gamma(n)}\left(\frac{t}{K}\right)^{n-1}e^{-t/K}$$

式中　$u(t)$ ——t 时刻的瞬时单位线的纵高；

n——线性水库的个数；

$\Gamma(n)$——n 的伽马函数；

K——线性水库的调蓄系数，具有时间因次；

e——自然对数的底。

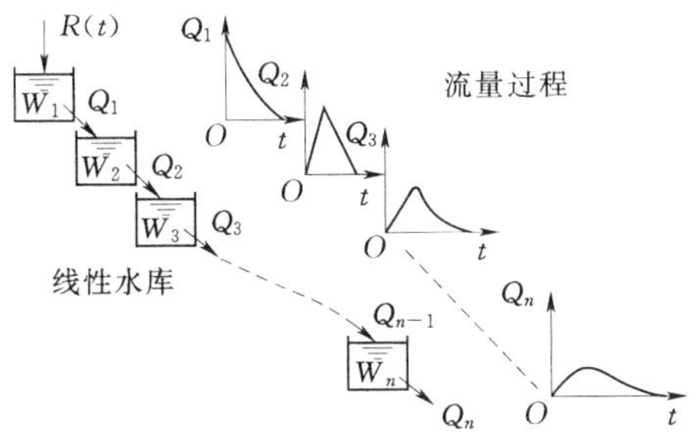

图 10-5

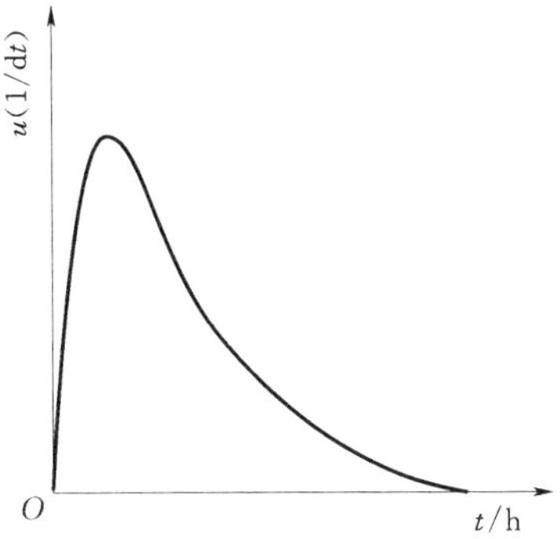

图 10-6

上式中仅有 n 和 K 两个参数，当 n 和 K 一定时，便可由该式绘制出瞬时单位线 $u(t)$，如图 10-6 所示。它表示流域上瞬时（$\Delta t\to 0$）降 1 个单位的净雨在流域出口断面形成的流量过程线。其横坐标代表时间 t，纵坐标代表流量，具有抽象的单位 $1/\mathrm{d}t$。瞬时单位线与时间轴所包围的面积为 1.0，即

$$\int_0^{\infty}u(t)\mathrm{d}t=1.0$$

单位线的倍比假定和叠加假定同样适用于瞬时单位线。

（二）瞬时单位线的应用

由于瞬时单位线是由瞬时净雨产生的，而实际应用时无法提供瞬时净雨，所以用瞬时单位线推求设计地面洪水过程线时，需将瞬时单位线转换成与净雨时段相同的时段 Δt、净雨深为 10mm 的时段单位线后，再进行汇流计算。为解决这个问题，可利用 S 曲线将单位线转化成净雨时段为 Δt、净雨深为 10mm 的时段单位线。具体方法如下。

先求瞬时单位线方程的积分：

$$S(t)=\int_0^t u(t)\mathrm{d}t=\frac{1}{K\Gamma(n)}\int_0^{t/k}\left(\frac{t}{K}\right)^{n-1}e^{-t/K}\mathrm{d}\left(\frac{t}{K}\right)$$

如图 10-7 所示，为上积分式的图形，为一种 S 曲线。

当 $t\to\infty$时：$S(t)_m=\int_0^{\infty}u(t)\mathrm{d}t=1$

将 $t=0$ 为起点的 S 曲线 $S(t)$ 向后平移一个时段，就可得到 $S(t-\Delta t)$ 曲线，如图 10-7 所示。两条 S 曲线的纵坐标差表示为

$$u(\Delta t,t)=S(t)-S(t-\Delta t)$$

图 10－7 中的 $u(\Delta t,t)_1$，$u(\Delta t,t)_2$，…，$u(\Delta t,t)_5$ 可以构成一个新图形，称为时段为 Δt 的无因次时段单位线，如图 10－8 所示。从图 10－8 可以看出：

$$\sum u(\Delta t,t)=1$$

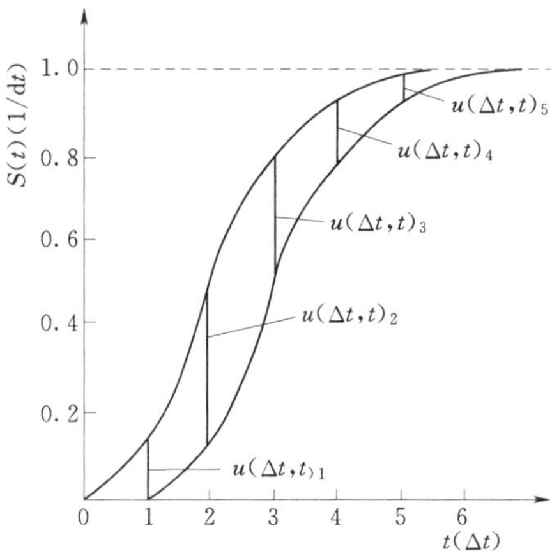

图 10－7

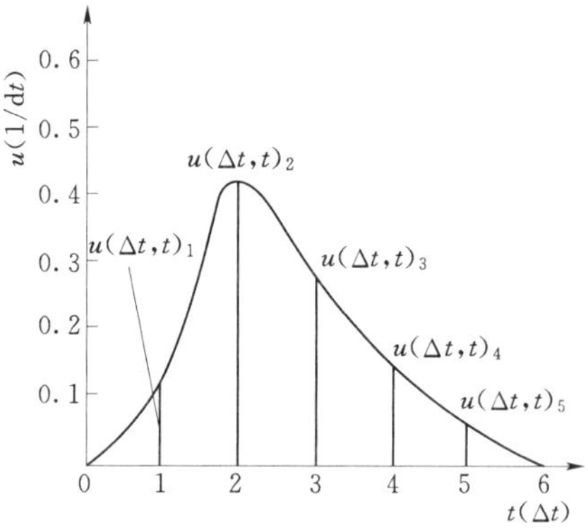

图 10－8

有了无因次时段单位线，还需转换为 10mm 净雨的单位线，设净雨时段为 Δt、净雨深为 10mm 的单位线也是每隔一个时段 Δt 读取一个流量 q，则有

$$\sum q=\frac{10F}{3.6\Delta t}$$

式中　$\sum q$——10mm 净雨时段单位线纵坐标之和，m^3/s；

F——流域面积，km^2。

因

$$\frac{\sum q}{\sum u(\Delta t,t)}=\frac{\frac{10F}{3.6\Delta t}}{1}$$

所以，10mm 净雨时段单位线的各纵坐标为

$$q_i=\frac{10F}{3.6\Delta t}u_i(\Delta t,t)$$

当 n、K 为已知时，瞬时单位线的 S 曲线可用积分求得。生产中为了应用方便，已制成 $S(t)$ 关系表供查用，见附录中的瞬时单位线 S 曲线查用表。

三、地下径流的汇流计算

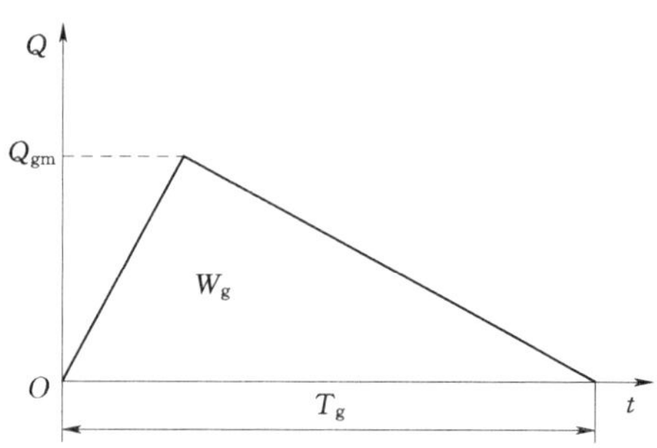

图 10－9

下渗的雨水有一部分渗透到地下潜水面，然后沿水力坡度最大的方向流入河网，最后汇至流域出口断面，形成地下径流过程。设计地下洪水过程线可采用简化三角形的方法推求。该法认为地面、地下径流的起涨点相同，由于地下汇流较地面汇流缓慢，所以将地下径流的出流过程概化为三角形，如图 10－9 所示，其

底宽 T_g 为地面径流过程线底宽的 n 倍，常取 2～3 倍。

三角形面积为地下径流总量 W_g，计算式为

$$W_g=\frac{Q_{gm}T_g}{2}$$

而地下径流总量等于地下净雨总量，即

$$W_g=1000h_gF$$

所以

$$Q_{gm}=\frac{2W_g}{T_g}=\frac{2000h_gF}{T_g}$$

式中　W_g——地下径流总量，m^3；

Q_{gm}——地下径流过程线的洪峰流量，m^3/s；

T_g——地下径流过程总历时，s；

h_g——地下净雨深，mm；

F——流域面积，km^2。

一般情况下，湿润地区的设计洪水过程线是设计地面洪水过程线、设计地下洪水过程线和基流三部分叠加而成的，而干旱地区的设计地面洪水过程线即为所求的设计洪水过程线。

【例题 10-4】 江苏省某流域属于山丘区，流域面积 $F=118km^2$，干流平均坡度 $J=0.05$，$P=1\%$的设计地面净雨过程（$\Delta t=6h$），$h_1=15mm$，$h_2=25mm$，设计地下总净雨深 $h_g=9.5mm$，基流 $Q_{基}=5m^3/s$，地下径流历时为地面径流的 2 倍。已根据《江苏省暴雨洪水手册》查得该地瞬时单位线数学方程中的参数 $n=3$，$K=7$。试求该流域 $P=1\%$的设计洪水过程线。

解：（1）将各时段 $N=0$，1，2，…依次填入表 10-6 中（1）栏。

（2）因 $\Delta t=6h$，用 $t=N\Delta t$，$N=0$，1，2，…计算出 t，进而计算 t/K，列于（3）栏；利用 t/K 值，查瞬时单位线 S 曲线查用表得瞬时单位线的 $S(t)$ 曲线，见（4）栏。

（3）将 $S(t)$ 曲线顺时序向后移一个时段（$\Delta t=6h$），得 $S(t-\Delta t)$ 曲线，列于（5）栏，利用公式 $u(\Delta t,t)=S(t)-S(t-\Delta t)$ 计算无因次时段单位线，列于（6）栏。

（4）利用公式 $q_i=\frac{10F}{3.6\Delta t}u_i(\Delta t,t)$ 将（6）栏的无因次时段单位线转换为有因次的时段单位线，列于（7）栏。此处可利用 $R=\frac{3.6\Delta t\sum q_i}{F}=10mm$ 检验计算是否正确。

（5）各时段设计地面净雨换算成 10 的倍数后，分别去乘单位线的纵坐标得到相应的部分地面径流过程，列于（8）栏；然后把它们分别错开一个时段后叠加便得到设计地面洪水过程，列于（9）栏。

（6）因地下径流历时为地面径流的 2 倍，所以

$$T_g=2T_s=2\times16\times6=192(h)$$

根据公式 $Q_{gm}=\frac{2W_g}{T_g}=\frac{2000h_gF}{T_g}$ 计算得 $Q_{gm}=3.2m^3/s$，按直线比例内插的每一时段地下径流的涨落均为 $0.2m^3/s$。经计算即可得出（10）栏的设计地下径流过程。

（7）将（9）栏设计地面径流、（10）栏地下径流及（11）栏的基流相加，得设计洪水过程线。列于（12）栏。

表 10-6　设计洪水过程线计算

时段(6h)	设计净雨/mm	t/K	$S(t)$	$S(t-\Delta t)$	$u(t)$	$q(t)$/(m^3/s)	部分地面径流/(m^3/s)		$Q_s(t)$/(m^3/s)	$Q_g(t)$/(m^3/s)	$Q_基$/(m^3/s)	Q_p/(m^3/s)
							15mm	25mm				
(1)	(2)	(3)	(4)	(5)	(6)	(7)	(8)		(9)	(10)	(11)	(12)
0	15	0.0	0.000		0.000	0.0	0.0		0.0	0.0	5.0	5.0
1	25	0.9	0.063	0.000	0.063	3.4	5.2	0.0	5.2	0.2	5.0	10.4
2		1.7	0.243	0.063	0.180	9.8	14.8	8.6	23.4	0.4	5.0	28.8
3		2.6	0.482	0.243	0.239	13.1	19.6	24.6	44.2	0.6	5.0	49.8
4		3.4	0.660	0.482	0.178	9.7	14.6	32.6	47.2	0.8	5.0	53.0
5		4.3	0.803	0.660	0.143	7.8	11.7	24.3	36.0	1.0	5.0	42.0
6		5.1	0.884	0.803	0.081	4.4	6.6	19.5	26.2	1.2	5.0	32.4
7		6.0	0.938	0.884	0.054	3.0	4.4	11.1	15.5	1.4	5.0	21.9
8		6.9	0.968	0.938	0.030	1.6	2.5	7.4	9.8	1.6	5.0	16.4
9		7.7	0.983	0.968	0.015	0.8	1.2	4.1	5.3	1.8	5.0	12.1
10		8.6	0.991	0.983	0.008	0.4	0.7	2.0	2.7	2.0	5.0	9.7
11		9.4	0.995	0.991	0.004	0.2	0.3	1.1	1.4	2.2	5.0	8.6
12		10.3	0.998	0.995	0.003	0.2	0.2	0.5	0.8	2.4	5.0	8.2
13		11.1	0.999	0.998	0.001	0.1	0.1	0.4	0.5	2.6	5.0	8.1
14		12.0	1.000	0.999	0.001	0.1	0.1	0.1	0.2	2.8	5.0	8.0
15				1.000	0.000	0.0	0.0	0.1	0.1	3.0	5.0	8.1
16								0.0	0.0	3.2	5.0	8.2
17										3.0	5.0	8.0
18										2.8	5.0	7.8
19										2.6	5.0	7.6
合计					1.0	54.6						

知识与技能训练

10-1　为什么要用暴雨资料推求设计洪水？

10-2　由暴雨资料推求设计洪水，主要包括哪些计算环节？

10-3　什么叫定点定面关系？如何建立一个流域的定点定面关系？

10-4　什么叫动点动面关系？如何建立一个流域的动点动面关系？

10-5　选择典型暴雨的原则是什么？

10-6　请简述设计净雨的推求方法和步骤。

10-7　请简述如何利用单位线的汇流计算求得设计地面洪水过程线的过程。

第十一章 水库调度及大坝安全监测

【学习目标】

通过本章的学习，要熟悉水库特征水位及特征库容；了解水库兴利调节计算原理，掌握年调节水库兴利调节计算方法，了解水库设计兴利库容的确定方法；掌握水库防洪计算的任务和基本原理，掌握调洪计算的列表试算法，能够确定坝顶高程；了解大坝监测的项目和任务。

第一节 水库调度的基本概念

一、径流调节分类

水库是一种蓄水工程，具有径流调节的作用。所谓水库的兴利调节，就是当来水大于用水时，水库将余水暂时蓄存起来，等到来水小于用水时，再放水补充，保证缺水期供水。

水库的蓄泄随来水与用水的变化而变化，水库由库空到蓄满，再到放空，循环一次所经历的时间称为调节周期。按照调节周期的长短，水库兴利调节可分为日调节、周调节、年调节和多年调节。

（一）日调节

河川天然来水在一昼夜（24h）基本上是均匀的，而生产、生活用水和发电用水一般在白天多于夜间，昼夜间不均匀。水库将夜间多余的来水蓄存起来，待白天用水多时再放出，将昼夜间基本均匀的来水进行重新分配，这就是径流的日调节，如图 11-1 所示。

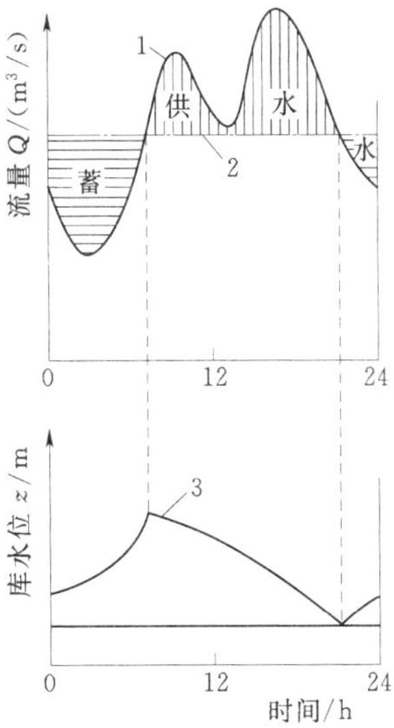

图 11-1

1—用水流量；2—天然日平均流量；3—库水位变化过程线

（二）周调节

一周内，在用水少的日子里，将余水量蓄存起来，在其他用水多的日子里放出，调节周期为一周，称为周调节，如图 11-2 所示。

（三）年调节

河川径流一般在年内变化也很大，洪水期流量和枯水期流量相差悬殊，常常出现丰水期水量过剩、枯水期水量不足的现象。按照用水部门的年内需水过程，将一年中丰水期多余水量蓄存起来，用以提高枯水期的供水量，其调节周期为一年，称为年调节，如图 11-3

所示。

（四）多年调节

如果水库的容积比较大，可以将多年中的丰水期水量蓄存入库，用以补充枯水期的用水不足，这样水库往往需要经若干年后才能蓄满，再经若干枯水年后才能将蓄水用掉，而并非年年蓄满或放空，即调节周期为多年（几年或十几年），称为多年调节，如图 11 - 4 所示。

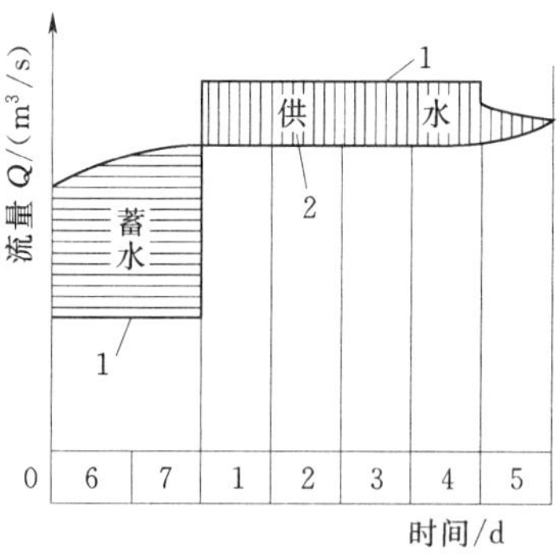

图 11 - 2　径流周调节

1—用水流量；2—天然流量

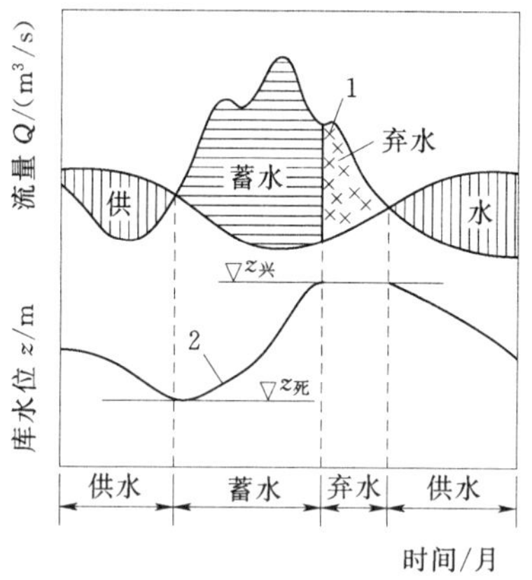

图 11 - 3

1—天然流量过程线；2—库水位变化过程线

相对于一定的河流来水量而言，如果水库蓄水容积越大，它的调节周期也就越长，调节的程度也就越完善。多年调节的水库可同时进行年调节、周调节、日调节。同理，年调节水库也可同时进行周调节、日调节。

按径流利用程度来分类，水库兴利调节又可分为完全调节和不完全调节。完全调节是指水库在调节周期中没有弃水，不完全调节过程中则有弃水。

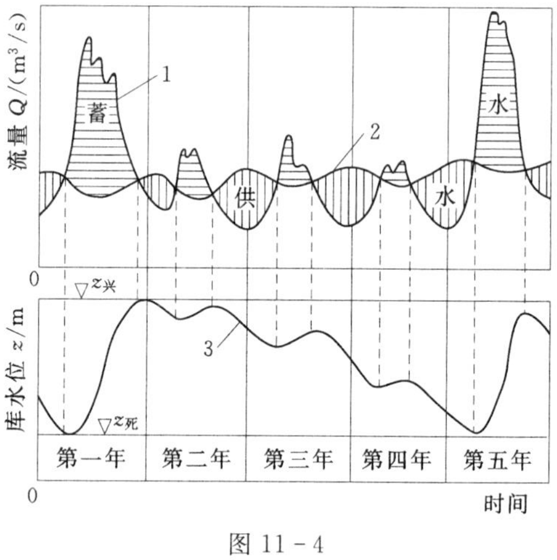

图 11 - 4

1—天然流量过程线；2—用水流量过程线；
3—库水位变化过程线

二、水库特性曲线

水库特性曲线是用来反映水库库区地形特性的曲线，有水位-面积曲线和水位-容积曲线两种。水库特性曲线和特征水位是水库规划设计的重要依据。

（一）水位-面积曲线

水库的水位-面积曲线简称水库面积曲线，反映了水库的水面面积随着库水位变化而变化的情况。水库面积曲线可根据库区地形图，用求积仪或电子版地图借助于 CAD 绘图软件以及利用数字化地图配备地理信息系统的可视化方法，在等高线与坝轴线所围成的闭合地形图上，量测计算每一水位所包围的面积；然后以水位为纵坐标，以相应水库面积为横坐标，即可点绘成水位-面积曲线。水库面积曲线的绘制方法可参看图 11 - 5。

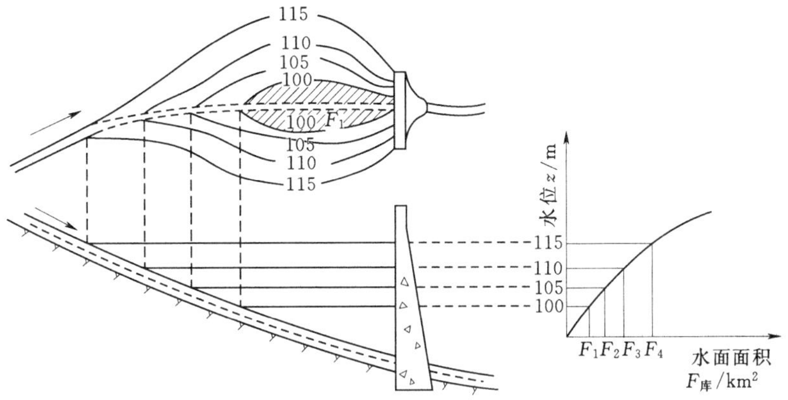

图 11 - 5

（二）水位-容积曲线

水库的水位-容积曲线简称水库容积曲线，是反映水库水位与水库容积的关系曲线，可由面积曲线积分求得。实际工作中，一般是通过计算相邻水位间的部分容积，再自库底向上累加而得各水库水位对应的库容。

相邻水位间的容积可用下式计算：

$$\Delta V=\frac{F_{上}+F_{下}}{2}\Delta Z$$

式中　ΔV——相邻水位间的库容；

$F_{上}$、$F_{下}$——相邻上、下两水位对应的水库水面面积；

ΔZ——水位差。

相邻水位间的容积还可采用以下较准确的公式计算：

$$\Delta V=\frac{1}{3}(F_{下}+\sqrt{F_{下}F_{上}}+F_{上})\Delta Z$$

水位-容积曲线绘制方法可参看图 11 - 6。

三、水库特征水位及特征库容

库容大小决定着水库调节径流的能力和它所能提供的效益，确定水库各种特征水位及相应库容是水利工程规划、设计的主要任务之一。反映水库工作状态的特征水位有死水位、正常蓄水位、防洪限制水位、防洪高水位、设计洪水位、校核洪水位，对应的特征库容有死库容、兴利库容、结合库容、防洪库容、拦洪库容、调洪库容、总库容和有效库容，如图 11 - 7 所示。

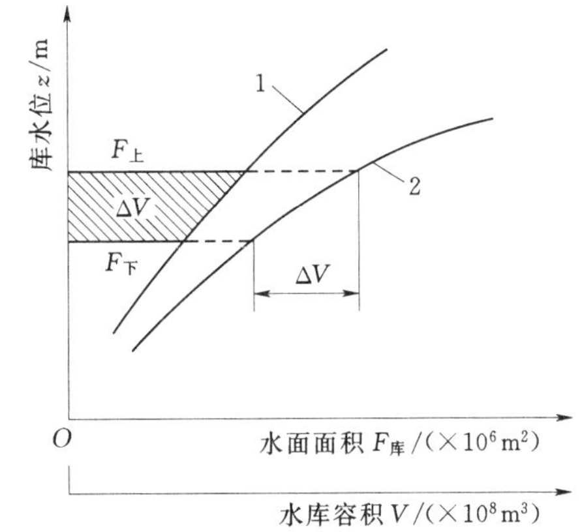

图 11 - 6

1—水位-面积曲线；2—水位-容积曲线

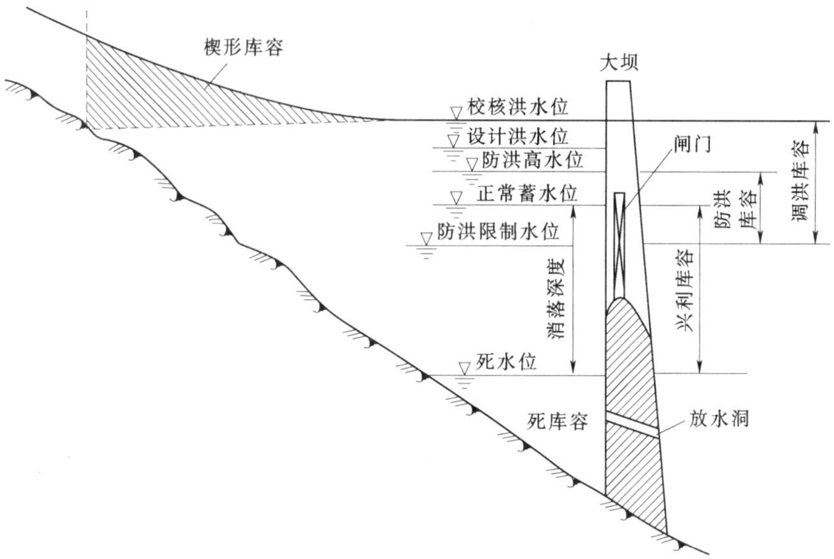

图 11-7

（一）死水位和死库容

水库在正常运用的情况下，允许消落的最低水位称死水位。死水位以下的容积称死库容或垫底库容。死库容一般用于容纳水库泥沙、抬高坝前水位和库内水深。除遇特殊情况（如排洪、检修和战略需要等）外，死库容不参与径流调节，也不放空。

（二）正常蓄水位和兴利库容

水库在正常运用情况下，为满足设计的兴利要求，在开始供水时应蓄到的水位，称正常蓄水位或正常高水位。正常蓄水位与死水位之间的库容，称为兴利库容或调节库容，是水库实际可用于径流调节的库容。正常蓄水位与死水位之间的深度，称为消落深度或工作深度。

（三）防洪限制水位和结合库容

水库在汛期允许兴利蓄水的上限水位，称防洪限制水位。修建水库后，为了确保汛期安全泄洪和减少泄洪设备，常要求有一部分库容作为拦蓄洪水和削减洪峰之用。该水位以上的库容用来调节洪水，只有在出现洪水时，水库水位才允许超过防洪限制水位。一旦洪水开始消退，水库应尽快泄洪，使库水位降到防洪限制水位，以便应对下一次洪水的来临。

防洪限制水位常定在正常蓄水位之下，防洪限制水位与正常蓄水位之间的库容，称为结合库容，又称共用库容或重叠库容。结合库容在汛期是防洪库容的一部分，在汛后又是兴利库容的一部分。

（四）防洪高水位和防洪库容

当遇到下游防护对象的设计标准洪水时，水库为控制下泄流量而拦蓄洪水，这时在坝前（上游侧）达到的最高水位称为防洪高水位。防洪高水位与防洪限制水位间的库容称为防洪库容。

只有当水库承担下游防洪任务时，才需要确定防洪高水位。防洪高水位可采用相应下游防洪标准的各种典型洪水，按拟定的防洪调度方式，自防洪限制水位开始进行水库调洪计算求得。

（五）设计洪水位和拦洪库容

当水库遇大坝设计洪水时，在坝前达到的最高水位称设计洪水位。设计洪水位与防洪限制水位之间的容积称为拦洪库容。

设计洪水位是正常运用情况下允许达到的最高库水位，可采用相应大坝设计标准的设计洪水，按拟定的调洪方式，自防洪限制水位开始进行调洪计算求得。

（六）校核洪水位和调洪库容

当水库遇大坝校核洪水时，在坝前达到的最高水位称校核洪水位。校核洪水位与防洪限制水位之间的库容称为调洪库容。

校核洪水位是水库在非常运用情况下允许达到的临时性最高洪水位，是确定坝顶高程及进行大坝安全校核的主要依据。可采用相应大坝校核标准的校核洪水，按拟定的调洪方式，自防洪限制水位开始进行调洪计算求得。

（七）总库容和有效库容

校核洪水位以下的全部水库库容称总库容，校核洪水位至死水位之间的库容称为有效库容。

总库容是水库最主要的一个指标。在设计洪水位或校核洪水位以上，按照有关设计规程加上一定数量的风浪爬高值和安全超高值，即可确定坝顶高程。

四、设计保证率

由于河川径流在年际、年内间水量均有变化，在丰水年份各兴利部门的正常用水要求较易满足，但在很少出现的特殊枯水年份，如要满足这些部门的正常用水要求，则要修建库容很大的水库，并配套相应的水利设置，这在技术上可能有困难，在经济上也不合理。为此，一般不要求在设计使用年限的全部时间内都能绝对保证正常供水，而是可以在非常情况下允许水库适当的断水或减少供水量。

各用水部门的正常用水得到保证的程度，常用正常供水保证率 P 来衡量，也称设计保证率，一般以正常供水的年数或供水不被破坏的年数占总年数的百分数来表示，即

$$P=\frac{\text{正常供水年数}}{\text{总年数}+1}\times 100\%$$

例如，设计保证率 $P=90\%$，表示平均每100年中，由水库供水可保证90年遇旱不成灾。

目前，设计保证率是水库规划设计中最常用的形式，如灌溉供水、蓄水式电站、工业和民用供水等的设计保证率都是用多年工作期中能保证正常工作的相对年数来表示的。例如我国水利工程《灌溉与排水工程设计规范》（GB 50288—2018）中规定的灌溉设计保证率可参看表11-1。

表11-1　水利工程灌溉设计保证率

地区	作物种类	灌溉设计保证率 P/%
缺水地区	以旱作物为主	50～75
	以水稻为主	70～80
丰水地区	以旱作物为主	70～80
	以水稻为主	75～95

第二节　水库的兴利调节计算

一、水库兴利调节所需的基本资料

水库的兴利调节，是通过水库的蓄泄操作使来水过程适应需水过程的要求。水库的来水、用水及各种损失资料是进行水库兴利调节计算的基本资料。

（一）来水资料

水库的来水资料是指河川径流资料，它是水库兴利调节的基本依据。由于水文现象具有随机性和多变性的特点，通常只能用以往的资料来预估水库运行期间的水文情势和来水特性。可利用前面所述的设计年径流的计算方法，求得水库在未来运行期间的设计来水过程。

（二）用水资料

水库的用水资料是指各兴利部门的用水要求，这是水库兴利调节计算的基本依据之一。国民经济用水总体上可以划分为农业用水、工业用水、居民生活用水和生态环境用水等。确定用水过程，需了解与掌握用水部门的用水情况，以及当前和远景的发展规划。在用水调查的基础上，作出用水预测，求得水库在未来运行期间的设计用水过程。

（三）水库水量损失

水库建成后，改变了天然河流的原状，形成了人工湖泊，增加的蒸发损失和渗漏损失，统称为水库水量损失。在水库规划设计和运用中，必须考虑这些水量损失，以保证正常供水。

1. 水库的蒸发损失

修建水库前，除原河道有水面蒸发外，整个库区都是陆面蒸发。建成水库后，库区内原陆面面积变为水库水面的这部分面积，由原来的陆面蒸发变为水面蒸发，因水面蒸发比陆面蒸发量大，这部分额外增加的蒸发量就是水库的蒸发损失，用 $W_{蒸}$ 表示：

$$W_{蒸}=1000(E_{水}-E_{陆})F_{库}$$

式中　$W_{蒸}$——水库的蒸发损失量，m^3；

$E_{水}$——一年内水面蒸发深度，mm；

$E_{陆}$——一年内陆面蒸发深度，mm；

$F_{库}$——水库计算面积，km^2，即水库库面面积与建库前原有水面面积之差，当原有水面面积相对库面面积较小时，则取库面面积。

2. 水库的渗漏损失

水库建成蓄水后，由于水位抬高，水压力增大，水库中的蓄水可通过能透水的坝身、闸门、库底以及库岸四周向外渗漏，渗漏量的大小与库区、坝址的地质及水文地质条件，以及坝的施工质量有关。其值可根据水文地质条件，参考已建水库的实际渗漏资料，选用经验指标进行估算，可参看表 11－2。

表 11-2　　计算渗漏损失的经验数值表

水文地质条件	月渗漏量与水库蓄水量之比 /%	年渗漏量与水库蓄水量之比 /%
优良	0.0～1.0	0～10
中等	1.0～1.5	10～20
恶劣	1.5～3.0	20～40

二、水库兴利调节计算原理和水库运用分析

（一）水库兴利调节计算的任务

一般来说，水库兴利调节计算的任务主要有以下三种类型：

（1）根据用水要求，确定设计兴利库容及正常蓄水位。

（2）根据设计兴利库容，确定设计保证率条件下的调节流量。

（3）根据设计兴利库容和水库操作方案，确定水库的运用过程。

（二）水库兴利调节计算的基本原理

水库兴利调节计算的基本原理是水库水量平衡。水库从死水位开始蓄水，达到正常蓄水位后又泄放消落到死水位所经历的时间称为调节周期。调节计算时，将整个调节周期划分为若干个计算时段，然后逐时段进行水量平衡计算。在任一时段内，进入水库的水量和流出水库的水量之差，等于水库在这一时段内蓄水量的变化。对于某一时段 Δt 内水库水量平衡方程可用下式表示：

$$\Delta V=(Q_{入}-q_{出})\Delta t$$

式中　ΔV——计算时段 Δt 内水库蓄水量的变化值，蓄水量增加时为正，蓄水量减少时为负，m^3；

$Q_{入}$——计算时段 Δt 内平均入库流量，m^3/s；

$q_{出}$——计算时段 Δt 内自水库取用及消耗的平均流量，包括各兴利部门的用水流量、水量损失流量以及水库蓄满后产生的无益弃水流量等，m^3/s。

计算时段 Δt 的长短，应根据调节周期的长短和来、用水变化的剧烈程度而定。对于日调节水库，Δt 一般以小时计；对于年调节或多年调节水库，Δt 一般以月或旬计。

（三）水库运用情况分析

水库的蓄泄过程称为水库的运用。在水库调节计算时，必须分析调节周期内水库的运用情况，以便正确确定水库的兴利库容。在整个调节周期内，按照来水和用水过程的配合情况，年调节水库可分为一回运用、两回运用和多回运用。

1. 一回运用

水库在整个调节年度内充蓄一次和泄放一次，称为一回运用。如图 11-8 所示，水库自调节年度开始的 t_0 时刻起，至 t_2 时刻止，来水 Q 均大于用水 q，共产生余水 V_1。自 t_2 时刻起，至调节年度终了时刻 t_3 止，来水 Q 均小于用水 q，缺水总量为 V_2，且 $V_1>V_2$。于是，水库只需在余水期蓄满 V_2 的水量，就能保证该年的用水要求。所以，该年度所需的调节库容，即兴利库容 $V_{兴}=V_2$。由于 $V_1>V_2$，水库在保证蓄满的前提下，还将产生

V_1-V_2 的弃水。

2. 两回运用

水库在整个调节年度内充蓄两次和泄放两次，称为两回运用。在总余水量大于总缺水量的前提下，兴利库容的判别可根据余、缺水量的分配情况进行。

（1）如图 11－9（a）所示，如 $V_1>V_2$，$V_3>V_4$，则 $V_{兴}=\max\{V_2，V_4\}$；又因 $V_2>V_4$，于是 $V_{兴}=V_2$。也就是说，当两个余水量大于其后的两个缺水量时，水库的两回运用是相互独立的，兴利库容为两个缺水量中的较大者。

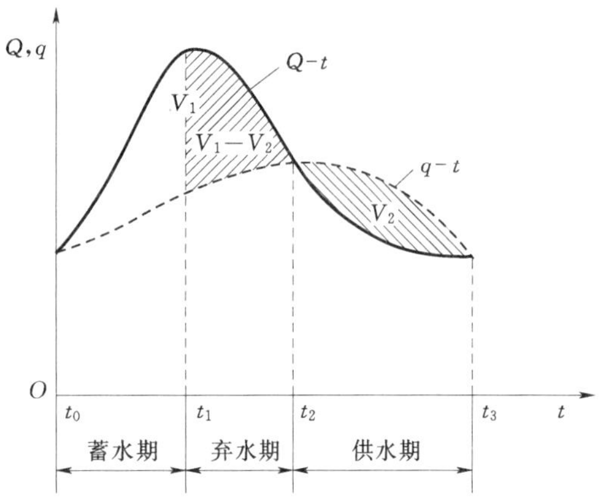

图 11－8

（2）如图 11－9（b）所示，如 $V_1>V_2$，$V_3<V_4$，则 $V_{兴}=\max\{V_2，V_4，V_2+V_4-V_3\}$；当 $V_2<V_4$，则 $V_{兴}=V_4$。即水库可在 $t_0\sim t_1$ 时段内，蓄满兴利库容 V_4；在 $t_1\sim t_2$ 时段内供水 V_2；在 $t_2\sim t_3$ 时段内，由于 $V_3>V_2$，水库又可蓄满兴利库容，并正好满足 $t_3\sim t_4$ 时段的缺水量。

（3）如图 11－9（c）所示，如 $V_1>V_2$，$V_3<V_4$，$V_3<V_2$，则 $V_{兴}=V_2+V_4-V_3$。由于 $V_3<V_2$，所以水库在 $t_0\sim t_1$ 时段内除应蓄满 V_2 水量外，尚应再多蓄 V_4-V_3 的水量，用以满足 $t_3\sim t_4$ 时段的缺水量。

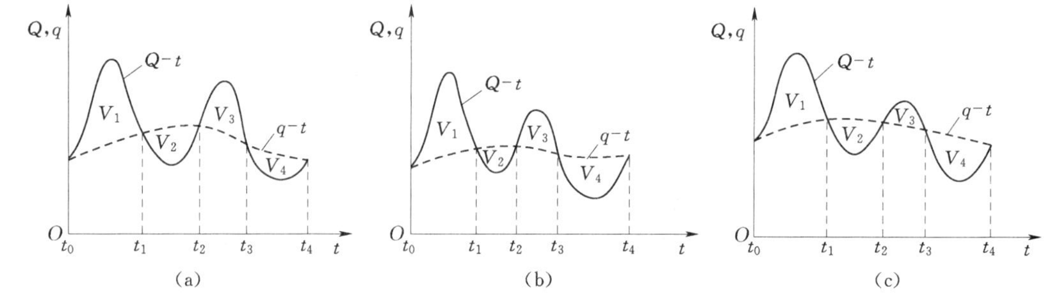

图 11－9

3. 多回运用

当水库在一个调节年度内蓄泄次数多于两次时，称为多回运用。此时，兴利库容的判断可采用逆时序累加余、缺水量的方法进行。即由调节年度末水库放空时刻起，逆时序往前进行水量平衡计算，见缺水就加，见余水就减，若减后数值小于零则取为零。求出各时段末的应蓄水量，其中的最大值为累计最大缺水量，也就是水库该调节年度所需的兴利库容。这种方法同样适用于一回运用或两回运用，如图 11－10 所示。

三、年调节水库兴利调节计算

年调节水库兴利计算多采用列表计算法，根据调节年度内来水过程系列和用水过程系列，进行逐时段（月或旬）的水量平衡计算，以求得水库蓄泄过程和兴利库容。根据是否考

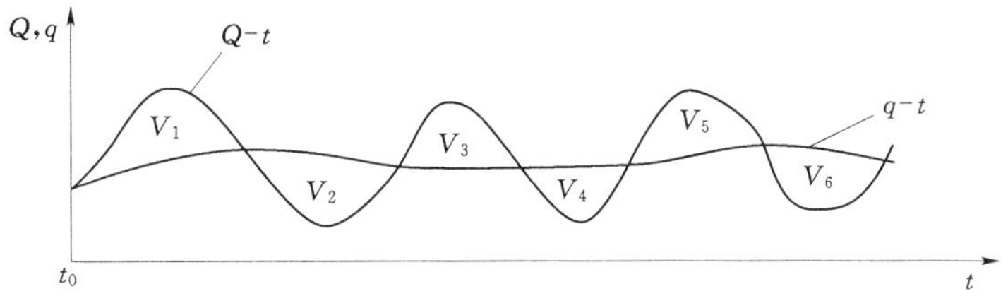

图 11-10

虑水库的水量损失，又分为不计水量损失和计入水量损失列表计算两种情况。不计水量损失的列表计算法常用于方案比较阶段，而水库兴利库容的确定必须考虑水库的水量损失。

（一）不计水量损失的年调节列表计算法

【例题 11-1】 表 11-3 所示为某水库 1978 年 7 月至 1979 年 6 月调节年度资料。第（1）栏为计算时段（月份），各月的入库水量列于表中第（2）栏，用水部门各月需水量列于表中第（3）栏。试根据已知条件进行不计水量损失的年调节列表计算。

表 11-3　　列表法年调节计算　　单位：万 m^3

时间	来水量	用水量	来水量一用水量		早蓄方案		迟蓄方案	
			余水（+）	亏水（-）	水库月末蓄水量	弃水量	水库月末蓄水量	弃水量
(1)	(2)	(3)	(4)	(5)	(6)	(7)	(8)	(9)
					0		0	3711
1978 年 7 月	21140	8356	12784		12784		9073	
1978 年 8 月	8560	2941	5619		18403		14692	
1978 年 9 月	6390	930	5460		23863		20152	
1978 年 10 月	7360	640	6720		30583		26872	
1978 年 11 月	4500	2205	2295		31337	1541	29167	
1978 年 12 月	1860	0	1860		31337	1860	31027	
1979 年 1 月	1320	1930		610	30727		30417	
1979 年 2 月	1255	335	920		31337	310	31337	
1979 年 3 月	1487	5204		3717	27620		27620	
1979 年 4 月	2524	11169		8645	18975		18975	
1979 年 5 月	3362	14416		11054	7921		7921	
1979 年 6 月	4624	12545		7921	0		0	
合计	64382	60671	35658	31947		3711		3711
校核	64382-60671=3711		35658-31947=3711					

解：将各月余、亏水量列于表 11-3 的第（4）栏和第（5）栏，可以看出本案例为两回运用。调节年度内余、亏水情况如下。

1978 年 7 月至 1978 年 12 月：　余水 34738 万 m^3；

1979 年 1 月：　亏水 610 万 m^3；

1979 年 2 月：　余水 920 万 m^3；

1979 年 3 月至 1979 年 6 月：　亏水 31337 万 m^3。

此案例属于两回运用中的第二种情况，兴利库容应为 1979 年 3 月至 1979 年 6 月的亏水量 31337 万 m^3。

1979 年 2 月末为库满点，即 1979 年 2 月末水库必须蓄水 31337 万 m^3，否则就不能保证 1979 年 3 月至 1979 年 6 月的用水量。1979 年 6 月末为库空点，此时兴利库容正好用完。表 11-3 中第（6）～（9）栏在分析该调节年度所需兴利库容后，采用早蓄方案及迟蓄方案计算的水库蓄水过程和弃水过程。早蓄方案中，水库在蓄水期有余水就蓄，兴利库容蓄满后有余水再弃水。早蓄方案一般采用顺时序计算，水库在规划设计中主要采用早蓄方案。而迟蓄方案采用逆时序计算较为方便，水库兴利库容调度图的编制工作中多采用迟蓄方案。

（二）计入水量损失的年调节列表计算法

不计水量损失的年调节水库兴利计算结果比较粗糙，一般只能用于水库的项目建议书或可行性研究阶段。在水库设计阶段，尤其是水量损失比较大的水库，兴利调节计算时必须计入水量损失。

计入水量损失的列表计算法是在不计水量损失列表计算的基础上进行的。即先根据不计入水量损失近似求得水库各时段的蓄水库容，进而求出水库各时段的水量损失，将水库的水量损失作为增量加到用水量中，然后重新进行调节计算，求得计入水量损失后水库所需的兴利库容。

【例题 11-2】　表 11-4 为某水库 1956 年 7 月至 1957 年 6 月调节年度资料。第（1）栏为计算时段（月份），各月的入库水量列于表中第（2）栏，各月灌溉用水量列于表中第（3）栏。已知死库容 $V_{死}=200$ 万 m^3，试根据已知条件，进行计入水库水量损失的年调节列表计算。

解：首先不考虑水量损失，计算各时段的蓄水量，注意表 11-4 中第（6）栏水库蓄水量中加死库容 200 万 m^3。

第（7）栏月平均蓄水量 $\overline{V}=\dfrac{1}{2}(V_1+V_2)$，即各时段初、末蓄水量的平均值。

第（8）栏月平均水面面积 $\overline{A}$ 为与月平均蓄水量 $\overline{V}$ 对应的水库月平均水面面积，可由第（7）栏的 $\overline{V}$ 查水库的 $z-V$ 曲线和 $z-A$ 曲线获得。

第（9）栏蒸发损失标准由当年实测资料计算而得。

第（10）栏蒸发损失水量 $W_{蒸}$＝第（8）栏×第（9）栏，注意单位转换。

第（11）栏为渗漏损失标准，因本案例中库区地质及水文地质条件属于中等，故按水库当月平均蓄水量的 1%计，数值按“四舍五入”规则修约。

第（12）栏渗漏损失量 $W_{渗}$＝第（7）栏×第（11）栏，注意单位转换。

表 11-4 **计入水量损失的年调节计算表**

时间	来水量 $W_{来}$ /万 m^3	灌溉用水量 $W_{用}$ /万 m^3	来水－用水 余水（+）/万 m^3	来水－用水 亏水（−）/万 m^3	水库蓄水量 V /万 m^3	月平均蓄水量 $\overline{V}$ /万 m^3	月平均水面面积 $\overline{A}$ /万 m^2	水库水量损失 蒸发 标准 /mm	水库水量损失 蒸发 $W_{蒸}$ /万 m^3	水库水量损失 渗漏 标准 /%	水库水量损失 渗漏 $W_{渗}$ /万 m^3	水库水量损失 总水量损失 $W_{损}$ /万 m^3	考虑损失后的用水量 M /万 m^3	来水－用水 余水（+）/万 m^3	来水－用水 亏水（−）/万 m^3	水库蓄水量 V' /万 m^3	弃水量 $W_{弃}$ /万 m^3
(1)	(2)	(3)	(4)	(5)	(6)	(7)	(8)	(9)	(10)	(11)	(12)	(13)	(14)	(15)	(16)	(17)	(18)
					200											200	
1956年7月	1989	520	1469			935	103	122	13		9	22	542	1447			
					1669											1647	
1956年8月	2657	262	2395			2034	160	91	15		20	35	297	2360			1394
					2399											2613	
1956年9月	725	1280		555		2122	165	76	13		21	34	1314		589		
					1844											2024	
1956年10月	330	262	68			1878	153	63	10	以当月水库蓄水量的1%计	19	28	290	40			
					1912											2063	
1956年11月	208	262		54		1885	154	32	5		19	24	286		78		
					1858											1985	
1956年12月	93	262		169		1774	147	20	3		18	21	283		190		
					1689											1796	
1957年1月	65	262		197		1591	137	23	3		16	19	281		216		
					1492											1579	
1957年2月	53	262		209		1388	124	27	3		14	17	279		226		
					1283											1353	
1957年3月	180	262		82		1242	117	58	7		12	19	281		101		
					1201											1252	
1957年4月	287	731		444		979	104	113	12		10	22	753		466		
					757											787	
1957年5月	259	605		346		584	81	160	13		6	19	624		365		
					411											422	
1957年6月	338	549		211		306	56	129	7		3	10	559		221		
					200											200	
合计	7184	5519	3932	2267				914	104		167	271	5790	3846	2452		1394
校核	$\sum(2)-\sum(3)-\sum(13)-\sum(18)=7184-5519-271-1394=0$																

第（13）栏总水量损失 $W_{损}$＝第（10）栏＋第（12）栏。

第（14）栏考虑损失后的用水量 M＝第（3）栏＋第（13）栏。

第（15）栏为多余水量，当第（2）栏－第（14）栏为正时，填入此栏。

第（16）栏为不足水量，当第（2）栏－第（14）栏为负时，填入此栏。

第（17）栏为加上死库容后的各时段水库蓄水量，反映水库的蓄、泄水过程。

第（18）栏为水库的弃水量。

校核：水库经过充蓄和泄放，在1957年6月末水库兴利库容应放空，即放到死库容200万 m^3。此外，应满足 $\sum W_{来}-\sum W_{用}-\sum W_{损}-\sum W_{弃}=0$，本案例中对应的数值为

7184－5519－271－1394＝0，说明计算正确无误。

四、水库设计兴利库容的确定

根据水库某一调节年度的来水与用水过程，可以采用前述的列表计算法确定当年所需的兴利库容。但由于天然来水量各年不同，年内分配也不一样，用水过程不同年份间也不一定完全相同。所以，计算出来每年所需的兴利库容也不一样。通常可根据资料情况及对精度的要求，采用长系列法或代表年法来确定水库的设计兴利库容。

（一）长系列法

假设有 n 年来水及用水资料，可利用前述列表计算法确定 n 个年调节库容，然后将这 n 个年调节库容按由小到大的顺序进行排列，用经验频率公式 $P=\frac{m}{n+1}\times 100\%$求出每一库容的频率，点绘出库容频率曲线，据用水设计保证率 $P_{设}$，查库容频率曲线即可求得相应的设计兴利库容 $V_{兴,P}$。

（二）代表年法

所谓代表年法，是指选择一个合适的年型进行年调节计算，求得的兴利库容即为设计兴利库容。在中、小型水库的规划设计中资料缺乏，或者在初步设计阶段进行多方案比较等情况下常用代表年法。根据代表年的选择原则的不同，可分为实际代表年法和设计代表年法两类。

实际代表年法就是选用符合或接近设计保证率的实际年份作为代表年，以该年实测的来水和用水过程为代表，进行调节计算确定水库的设计兴利库容。

设计代表年法就是利用频率计算的方法，求得相应于设计保证率的设计年径流量及年内分配，作为水库设计枯水年的来水过程，再根据选定的设计枯水年的用水资料，进行调节计算确定水库的设计兴利库容。

水库的设计兴利库容确定后，由设计兴利库容加上死库容查水库容积曲线即可得到水库的正常蓄水位。

第三节　水库的防洪计算

一、水库防洪计算的任务和基本原理

（一）水库防洪计算的任务

不同阶段，水库防洪计算的任务有所不同。规划设计阶段，水库防洪计算主要是根据水文计算提供的设计洪水资料，通过调节计算和工程的效益投资分析，确定水库的调洪库容、最高洪水位、最大泄流量、坝高和泄洪建筑物尺寸等。运行管理阶段，水库防洪计算主要是求出某种频率洪水，确定水库洪水位与最大下泄流量的定量关系，为编制防洪调度规程，制订防洪措施，提供科学依据。

水库防洪计算主要有以下三个步骤：

（1）拟定比较方案。根据地形、地质、施工条件和洪水特性等，拟定若干个泄洪建筑

物形式、位置、尺寸以及起调水位方案。

（2）调洪计算。求得每个方案对应于各种安全标准设计洪水的最大泄流量、调洪库容和最高洪水位。

（3）方案选择。根据调洪计算成果，计算各方案的大坝造价、上游淹没损失、泄洪建筑物投资、下游堤防造价及下游受淹损失等，通过经济技术比较，选择最优的方案。

本书主要介绍水库调洪计算的原理与方法。

（二）水库调洪计算的基本原理

水库的蓄泄过程受水流的连续性方程和能量方程支配。连续性方程用水库水量平衡方程表示，能量方程可用水库蓄泄方程（蓄泄曲线）表示。水库调洪计算就是从起调时刻开始，逐时段联立求解这两个方程，求出各时段的下泄流量和水库蓄水量。

1. 水库水量平衡方程

在计算时段 Δt 内，进入水库的水量与水库下泄水量之差，应等于该时段内水库蓄水量的变化。因此，水库水量平衡方程为

$$\frac{Q_1+Q_2}{2}\Delta t-\frac{q_1+q_2}{2}\Delta t=V_2-V_1$$

式中　Q_1、Q_2——计算时段始、末的入库流量，m^3/s；

q_1、q_2——计算时段始、末的出库流量，m^3/s；

V_1、V_2——计算时段始、末的水库蓄水量，m^3；

Δt——计算时段，其长短可根据进度要求，视入库洪水过程的变化情况而定，s。

2. 水库蓄泄方程或水库蓄泄曲线

水库蓄泄方程一般是指水库蓄水量与水库下泄流量之间的关系方程。水库的泄洪建筑物主要是指溢洪道和泄洪洞，水库的下泄流量就是它们的过水流量。在泄洪建筑物形式、尺寸一定的情况下，水库通过泄洪建筑物的流量取决于水头 H，即 $q=f(H)$。例如在溢洪道无闸门控制或闸门全开的情况下，溢洪道的泄流量可按堰流公式计算，即

$$q=m_1BH^{3/2}$$

式中　m_1——溢洪道流量系数；

B——溢洪道堰顶宽度；

H——溢洪道堰上水头。

泄洪洞的泄流量可按有压管流计算，即

$$q=m_2FH_{洞}^{3/2}$$

式中　m_2——泄洪洞流量系数；

F——泄洪洞洞口的断面面积；

$H_{洞}$——泄洪洞的计算水头。

同时，根据水库的水位-容积曲线可知，泄流水头 H 是水库蓄水量 V 的单值函数，所以泄流量 q 也是水库蓄水量 V 的单值函数，即

$$q=f(V)$$

上式就是水库的蓄泄方程，也称蓄泄曲线。由于水库容积曲线没有具体的函数形式，

故很难列出 $q=f(V)$ 的具体函数式。水库的蓄泄方程只能用列表或图示的方式表示。蓄泄曲线是由静库容曲线和泄流计算公式综合而成。

联立上两方程求解就可求得时段末的水库蓄水量 V_2 和泄流量 q_2。而逐时段联立求解方程式，便可以求得与入库洪水过程相应的水库蓄水过程和泄流过程。

但对于狭长的河川式水库，在通过洪水流量时，由于回水影响，水面常呈现明显的坡降。在这种情况下，按静库容曲线进行调洪计算常带来较大误差，这时就要考虑动库容影响，此部分内容可参看相关文献，本书主要介绍按静库容曲线进行的调洪计算。

二、调洪计算的列表试算法

不考虑动库容的调洪计算，假设水库水面为水平，常采用列表试算法。这种方法是通过列表试算逐时段联立求解水量平衡方程和蓄泄方程，以求得水库的下泄流量过程线，其主要步骤是：

（1）引用水库的入库洪水过程线 $Q(t)$。

（2）求水库的蓄泄曲线 $q-V$。首先，应根据库区地形资料，绘制出水库水位容积关系曲线 $z-V$，并根据拟定的泄洪建筑物类型、尺寸，用相应的水力学公式计算并绘制水库的 $q-V$ 曲线。

（3）调洪计算。从第一时段开始调洪，由起调水位（即汛前水位）查 $z-V$ 曲线和 $q-V$ 曲线，得出水量平衡方程中的 V_1 和 q_1；由入库洪水过程线 $Q(t)$ 查得 Q_1、Q_2；假设一个 q_2，根据水量平衡方程计算出 V_2。由 V_2 在 $q-V$ 曲线上查得 q_2，若假设的 q_2 与 $q-V$ 曲线上查得的 q_2 相等，则 q_2 即为所求。否则，应重新假设 q_2，重复以上过程，直至两者相等为止。

（4）将上一时段末的 V_2、q_2 值作为下一时段的起始条件，重复上述试算过程。这样，逐时段试算就可求得水库泄流过程和相应的水库蓄水量。

（5）将入库洪水过程线 $Q(t)$ 和计算的 $q(t)$ 曲线点绘在一张图上，若计算求得的最大下泄流量 q_m 正好是两条曲线的交点，说明计算的 q_m 是正确的。否则，说明计算的 q_m 有误，应改变时段 Δt 重新进行试算，直至计算的 q_m 正好是两条曲线的交点为止。

（6）由 q_m 查 $q-V$ 曲线，得最高洪水位时的总库容 V_m，从中减去堰顶以下的库容，即可得到调洪库容 $V_{调}$；由 V_m 查 $z-V$ 曲线，得最高洪水位 $z_{洪}$。显然，当入库洪水为设计标准的洪水时，求得的 q_m、$V_{调}$、$z_{洪}$ 即为设计标准的最大泄流量、设计调洪库容和设计洪水位。当入库洪水为校核标准的洪水时，求得的 q_m、$V_{调}$、$z_{洪}$ 即为校核标准的最大泄流量、校核调洪库容和校核洪水位。

【例题 11－3】　某水库泄洪建筑物为无闸溢洪道，堰顶高程为 116m，堰顶宽 $B=45\text{m}$，堰流计算公式为 $q=mBH^{3/2}$，其中流量系数 $m=1.6$。该水库设有小型水电站，汛期按水轮机过水能力 $Q_{电}=10\text{m}^3/\text{s}$ 引水发电。水库库容曲线和设计洪水过程线数值分别列于表 11－5 和表 11－6 中。试求水库下泄流量过程线 $q(t)$。

解： 根据给出的设计洪水过程线，取计算时段 $\Delta t=12\text{h}$，假定洪水到来时，水位刚好与溢洪道堰顶齐平，即起调水位为 116m。

（1）绘制 $z-V$ 曲线。

表 11-5　　水库水位容积关系

水库水位 z/m	116	117	118	119	120	121
库容 $V/(\times10^6 m^3)$	247	261	276	291	307	322

表 11-6　　设计洪水过程线

时间/h	0	12	24	36	48	60	72	84	96
库容/(m^3/s)	10	140	710	279	131	65	32	15	10

根据表 11-5 所给数据，绘制静库容曲线 $z-V$，如图 11-11 所示。

(2) 列表计算 $q-V$ 曲线。

在堰顶高程 116m 之上，假设不同水库水位 z，用水库水位减去堰顶高程 116m，得堰上水头 H，代入堰流公式 $q=mBH^{3/2}$，算出各 H 相应的溢洪道泄流量 q，加上发电流量 $10m^3/s$，得 z 值相应的水库泄流能力 $q=q_{溢}+q_{电}$。由水库水位 z 值查图 11-12 中的 $z-V$ 曲线，得不同 z 值相应的库容 V。具体计算过程列入表 11-7 中。

表 11-7　　水库 $q-V$ 关系计算表

水库水位 z/m	116	117	118	119	120	121
堰顶水头 H/m	0	1	2	3	4	5
泄流能力 q/(m^3/s)	10	82	214	384	586	804
库容 $V/(\times10^6 m^3)$	247	261	276	291	307	322

(3) 绘制 $q-V$ 曲线。

根据不同泄流量 q 值与其相应的库容 V，绘制该水库的蓄洪曲线 $q-V$，如图 11-11 所示。

(4) 推求下泄流量过程线 $q(t)$。

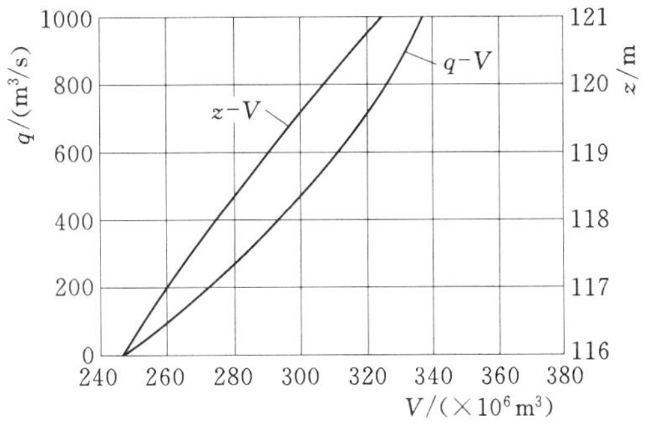

图 11-11

按表 11-8 的格式逐时段进行试算。对于第一时段，按起始条件 $V_1=247\times10^6 m^3$，$q_1=10m^3/s$ 和已知设计洪水过程 $Q_1=10m^3/s$，$Q_2=140m^3/s$，求 V_2、q_2。首先，假设 $q_2=30m^3/s$，由水库水量平衡方程式 $\frac{Q_1+Q_2}{2}\Delta t-\frac{q_1+q_2}{2}\Delta t=V_2-V_1$ 求得 $V_2=249.38\times10^6 m^3$；再查图 11-11 中的 $q-V$ 曲线，得 $q_2=20m^3/s$，这与假设不符，所以应重新假设 q_2 值再次进行试算。重新假设 $q_2=20m^3/s$，可求得 $V_2=249.59\times10^6 m^3$，由 $q-V$ 曲线查得 $q_2=20m^3/s$，与原假设相符，故 $q_2=20m^3/s$，$V_2=249.59\times10^6 m^3$ 即为所求。分别填入表 11-8 中该时段末的第 (6)、(9) 栏中。

以第一时段所求的 V_2、q_2 作为第二时段初的 V_1、q_1，重复第一时段的试算过程，可进一步求得第二时段末 $V_2=265.26\times10^6 m^3$，$q_2=105m^3/s$。如此继续试算下去，可得表 11-8 第 (6) 栏的水库流量下泄过程 $q(t)$。

（5）确定最大下泄流量 q_m。

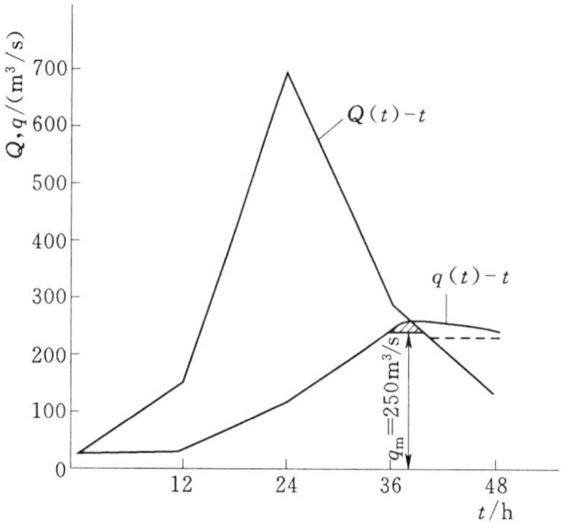

图 11-12

根据表 11-8 中的第（1）、（3）、（6）栏的 t、Q、q 值，绘出如图 11-12 的 $Q(t)-t$ 和 $q(t)-t$ 的过程线，由于 $q(t)-t$ 曲线上最大值 $q_m=240\text{m}^3/\text{s}$ 没有落在 $Q(t)-t$ 曲线上，所以 q_m 值以后的曲线用虚线绘出。从两曲线的变化趋势可知，正确的 q_m 值应比 $240\text{m}^3/\text{s}$ 大一些，出现的时间也应稍晚些，根据已绘出的曲线取 $q_m=q_2=250\text{m}^3/\text{s}$，在图中查得 $\Delta t=2\text{h}$，显然，该时段初的 $V_1=269.18\times10^6\text{m}^3$，$q_1=240\text{m}^3/\text{s}$，$Q_1=279\text{m}^3/\text{s}$，由水库水量平衡方程式计算得 $V_2=279.32\times10^6\text{m}^3$，在 $q-V$ 曲线上查得 $q_2=250\text{m}^3/\text{s}$，与假设一致。所以，最大下泄流量 $q_m=250\text{m}^3/\text{s}$，它出现的时刻为第 38h。以此为新起点，按第 4 步的方法，求得 38～48h 的 $q(t)$ 曲线，在图 11-12 中以实线绘出。

表 11-8　　水库调洪计算表（列表计算法）

时间 t /h	时段 Δt /h	Q /(m³/s)	$\frac{Q_1+Q_2}{2}$ /(m³/s)	$\frac{Q_1+Q_2}{2}\Delta t$ /(×10⁶m³)	q /(m³/s)	$\frac{q_1+q_2}{2}$ /(m³/s)	$\frac{q_1+q_2}{2}\Delta t$ /(×10⁶m³)	V /(×10⁶m³)	z /m
(1)	(2)	(3)	(4)	(5)	(6)	(7)	(8)	(9)	(10)
0		10			10			247.00	116.0
	12		75	3.24		15	0.65		
12		140			20			249.59	116.2
	12		425	18.36		625	2.70		
24		710			105			265.26	117.2
	12		494.5	21.36		1725	7.45		
36		279			240			269.18	118.2
	2		264.5	1.90		245	1.76		
38		250			250			279.32	118.2
	10		190.5	6.86		240	8.64		
48		131			230			277.54	118.1
⋮	⋮	⋮	⋮	⋮	⋮	⋮	⋮	⋮	⋮

（6）推求设计防洪库容 $V_{设}$ 和设计水位 $z_{设}$。

按 $q_m=250\text{m}^3/\text{s}$ 从图 11-12 的 $q-V$ 曲线上查得相应的总库容 $V_m=279.32\times10^6\text{m}^3$，减去堰顶高程以下的库容 $247\times10^6\text{m}^3$，即得 $V_{设}=32.32\times10^6\text{m}^3$；由 V_m 值从图 11-11 的 $z-V$ 线上查得 $z_{设}=118.21\text{m}$。

三、坝顶高程的确定

由入库设计洪水或校核洪水经调洪计算，可得出相应于某一溢洪道尺寸的水库坝前设计洪水位 $z_{设}$ 或校核洪水位 $z_{校}$。为了确保水库安全，非溢流坝的坝顶高程 H 必须超过 $z_{设}$ 或 $z_{校}$，坝顶高程 H 可按下两式计算，并取其中较大者作为最后选定的方案。

$$H = z_{设} + H_{浪,设} + \Delta h_{设}$$

$$H = z_{校} + H_{浪,校} + \Delta h_{校}$$

式中　$H_{浪,设}$、$H_{浪,校}$——设计和校核条件下的风浪爬高，按有关规范计算；

$\Delta h_{设}$、$\Delta h_{校}$——设计和校核条件下的安全超高，按有关规范计算。

第四节　大 坝 安 全 监 测

国务院颁布的《水库大坝安全管理条例》中明确指出："大坝管理单位必须按照有关技术标准，对大坝进行安全监测和检查；对监测资料应当及时整理分析，随时掌握大坝运行状况。发现异常现象和不安全因素时，大坝管理单位应当立即报告大坝主管部门，及时采取措施"。

《土石坝安全监测技术规范》（SL 551—2012）则根据《水库大坝安全管理条例》的要求，为加强土石坝安全监测技术工作，制定了相应标准。

土石坝的安全监测，应根据工程等级、规模、结构型式及其地形、地质条件和地理环境等因素，设置必要的监测项目及其相应设施，定期进行系统的监测。各类监测项目及其设置，详见表 11-9。

表 11-9　　安全监测项目测次表

监测项目	监测阶段和测次		
	第一阶段（施工期）	第二阶段（初蓄期）	第三阶段（运行期）
日常巡视检查	8～4 次/月	30～8 次/月	3～1 次/月
1. 坝体表面变形	4～1 次/月	10～1 次/月	6～2 次/年
2. 坝体（基）内部变形	10～4 次/月	30～2 次/月	12～4 次/年
3. 防渗体变形	10～4 次/月	30～2 次/月	12～4 次/年
4. 界面及接（裂）缝变形	10～4 次/月	30～2 次/月	12～4 次/年
5. 近坝岸坡变形	4～1 次/月	10～1 次/月	6～4 次/年
6. 地下洞室围岩变形	4～1 次/月	10～1 次/月	6～4 次/年
7. 渗流量	6～3 次/月	30～3 次/月	4～2 次/月
8. 坝基渗流压力	6～3 次/月	30～3 次/月	4～2 次/月
9. 坝体渗流压力	6～3 次/月	30～3 次/月	4～2 次/月

续表

监 测 项 目	监测阶段和测次		
	第一阶段（施工期）	第二阶段（初蓄期）	第三阶段（运行期）
10. 绕坝渗流	4～1 次/月	30～3 次/月	4～2 次/月
11. 近坝岸坡渗流	4～1 次/月	30～3 次/月	2～1 次/月
12. 地下洞室渗流	4～1 次/月	30～3 次/月	2～1 次/月
13. 孔隙水压力	6～3 次/月	30～3 次/月	4～2 次/月
14. 土压力（应力）	6～3 次/月	30～3 次/月	4～2 次/月
15. 混凝土应力应变	6～3 次/月	30～3 次/月	4～2 次/月
16. 上、下游水位	2～1 次/日	4～1 次/日	2～1 次/日
17. 降水量、气温	逐日量	逐日量	逐日量
18. 库水温		10～1 次/月	1 次/月
19. 坝前泥沙淤积及下游冲刷		按需要	按需要
20. 冰压力	按需要	按需要	按需要
21. 坝区平面监测网	取得初始值	1～2 年 1 次	3～5 年一次
22. 坝区垂直监测网	取得初始值	1～2 年 1 次	3～5 年一次
23. 水力学		根据需要确定	

注　1. 表中测次，均系正常情况下人工测读的最低要求。如遇特殊情况（如高水位、库水位骤变、特大暴雨、强地震、以及边坡、地下洞室开挖等）和工程出现不安全征兆时应增加测次。
2. 第一阶段：若坝体填筑进度快，变形和土压力测次可取上限。
3. 第二阶段：在蓄水时，测次可取上限；完成蓄水后的相对稳定期可取下限。
4. 第三阶段：渗流、变形等性态变化速率大时，测次应取上限；性态趋于稳定时可取下限。
5. 相关监测项目应力求同一时间监测。

土石坝安全监测主要包括以下几大项内容：①变形监测；②渗流监测；③压力（应力）监测；④环境量监测。

各监测项目的主要任务和目的如下：

（1）变形监测项目主要包括坝体（基）的表面变形和内容部变形，防渗体变形，界面、接（裂）缝和脱空变形，近坝岸坡变形以及地下洞室围岩变形等。

（2）渗流监测内容包括渗流压力、渗流量及水质分析。

（3）压力（应力）监测内容包括孔隙水压力、土压力、混凝土应力应变、钢筋（钢板、锚杆）应力、预应力锚索锚固力。

（4）环境量监测内容包括水位、库水温、气温、降水量、冰压力、坝前淤积及下游冲刷等项目。

各监测项目应使用标准记录表格，认真记录、填写，不应涂改、损坏和遗失。整理整编成果应做到项目齐全，考证清楚，数据可靠，方法合理，图表完整，规格统一，说明完备。

监测资料应及时整理和整编，包括施工期和运行期的日常整理和定期整编。当监测资料出现异常并影响工程安全时，应及时分析原因，并上报主管部门。

检测仪器的要求和测点的布置情况具体可参考有关规范要求。

知识应用——北京市《水利专业基础与实务（中级）》考试

本章内容在北京市《水利专业基础与实务（中级）》考试大纲中的体现如下：

（1）掌握水库调洪计算的基本原理与方法。

（2）熟悉洪水的控制与管理措施（水库防洪计算、水库防洪能力复核）。

（3）掌握不同水工建筑物（如土石坝等）运行管理与维护的基本内容及要求。

知识与技能训练

11-1　某水库泄流建筑物为无闸河床式溢洪道，堰顶高程与正常蓄水位齐平，为132m，堰顶净宽度 $B=40$m，流量系数 $m=1.6$，堰流计算公式为 $q=mBH^{3/2}$。水库设有小型水电站，汛期水库蓄水能力 $Q_{电}=10\text{m}^3/\text{s}$ 引水发电，尾水再引入渠首灌溉。水库容积曲线见表11-10所示，水库设计标准为百年一遇，设计洪水过程见表11-11。用试算法推求水库泄流过程、设计最大修流量、设计调洪库容和设计洪水位。

表11-10　某水库容积曲线

库水位 z/m	116	118	120	122	124	126	128	130	132	134	136	137
库容 $V/(\times10^4\text{m}^3)$	0	20	82	210	418	732	1212	1700	2730	3600	4460	4880

表11-11　某水库设计洪水过程线

时间 t/h	0	8	16	24	28	30	32	40	48	56	64	72
流量 $Q/(\text{m}^3/\text{s})$	0	100	480	840	730	650	560	340	210	132	81	21

11-2　有下列数据进行某水库年调节计算，推求计入损失的兴利库容及正常蓄水位。①河流来水及灌区用水年内分配见表11-12；②水库蒸发标准见表11-13；③水库水位、面积关系见表11-14；④水库渗漏损失按各月蓄水量的1%计；⑤水库死库容28万 m^3。

表11-12　河流来水及灌区用水年内分配表（$P=75\%$）

月份	1	2	3	4	5	6	7	8	9	10	11	12	全年
来水/万 m^3	304	254	292	282	357	211	359	747	891	592	375	286	4950
用水/万 m^3	0	0	481	538	663	1111	486	0	374	386	374	0	4413

表 11-13　　水库蒸发标准表

月份	1	2	3	4	5	6	7	8	9	10	11	12	全年
蒸发量/mm	19.8	24.2	47.8	70.1	81.4	82.5	48.6	74	47	36	23.4	19.1	602

表 11-14　　水库水位、面积关系表

水位/m	2460	2465	2470	2475	2480	2485	2490	2495	2500	2505	2510	2515	2520
面积/km^2	0	0.03	0.07	0.12	0.19	0.27	0.36	0.48	0.61	0.725	0.85	0.98	1.12

参 考 文 献

[1] Melvyn Kay（梅尔文·凯）. 实用水力学（原书第2版）[M]. 何国桢，译. 北京：中国水利水电出版社，2016.

[2] 张志昌. 水力学（上册）[M]. 2版. 北京：中国水利水电出版社，2016.

[3] 宋星原，雒文生，赵英林，等. 工程水文学题库及题解 [M]. 北京：中国水利水电出版社，2003.

[4] 赵文举，樊新建，范严伟. 工程水文学与水利计算 [M]. 北京：中国水利水电出版社，2016.

[5] 李继清，门宝辉. 水文水利计算 [M]. 北京：中国水利水电出版社，2015.

[6] 王金亭，张艳萍. 工程水力水文学 [M]. 3版. 郑州：黄河水利出版社，2020.

[7] 杨林林，韩敏琦. 水力水文应用 [M]. 北京：中国水利水电出版社，2014.

[8] 崔振才，杜守建，王启田. 工程水文及水资源学习指导与技能训练 [M]. 北京：中国水利水电出版社，2007.

[9] 《工程水文及水力计算》课程建设团队.《工程水文及水力计算》工学结合案例及技能训练项目集 [M]. 北京：中国水利水电出版社，2010.

[10] 刘文灵，谢静如. 水力学与桥涵水文 [M]. 郑州：黄河水利出版社，2008.

[11] 任树梅，李靖. 工程水文与水力计算 [M]. 北京：中国农业出版社，2004.

[12] 张春娟. 水力学与桥涵水文 [M]. 北京：中国水利水电出版社，2007.

[13] 张春满，郭义. 工程水文水力学 [M]. 北京：中国水利水电出版社，2007.

[14] 张耀先. 水力学 [M]. 北京：化学工业出版社，2005.

[15] 赵明登. 水力学学习指导与习题解答 [M]. 北京：中国水利水电出版社，2009.

[16] 者建伦，张春娟，于金凤. 工程水力学 [M]. 郑州：黄河水利出版社，2009.

[17] SL 551—2012 土石坝安全监测技术规范 [S]

[18] SL 21—2015 降雨量观测规范 [S]

[19] SL 44—2006 水利水电工程设计洪水计算规范 [S]

[20] SL 278—2020 水利水电工程水文计算规范 [S]

[21] SL 252—2017 水利水电工程等级划分及洪水标准 [S]

[22] GB 50179—2015 河流流量测验规范 [S]

[23] GB 50201—2014 防洪标准 [S]